高职高专"十三五"规划教材

电路分析基础

刘玉宾　主编

余艳伟　吴 萍　副主编

化学工业出版社

·北京·

本书较全面地介绍了电路的基本概念、基本定理和基本分析方法，主要内容包括：电路的基本概念和电路定律、电阻电路的一般分析、正弦交流电路的稳态分析、耦合电感和变压器、三相交流电路、线性动态电路的时域分析、非正弦周期电流电路的分析与计算以及相关电路实验。

本书内容简洁，语言流畅，保证基础，重点突出，配合正文内容有适量的例题和习题。在内容组织和编写安排上，有难有易，深入浅出，通俗易懂，并注重与后续课程之间良好衔接。为了兼顾教学和自学，每章后附有小结和习题。

本书适合作为高职高专院校、中职技校电类各专业"电路分析""电工基础"等课程教材，也可供有关工程技术人员参考。

图书在版编目（CIP）数据

电路分析基础/刘玉宾主编. —北京：化学工业
出版社，2017.12（2024.8重印）
高职高专"十三五"规划教材
ISBN 978-7-122-30900-6

Ⅰ.①电… Ⅱ.①刘… Ⅲ.①电路分析-高等职业教
育-教材 Ⅳ.①TM133

中国版本图书馆 CIP 数据核字（2017）第 265187 号

责任编辑：王听讲
责任校对：边 涛 装帧设计：韩 飞

出版发行：化学工业出版社（北京市东城区青年湖南街 13 号 邮政编码 100011）
印 装：大厂聚鑫印刷有限责任公司
787mm×1092mm 1/16 印张 13 字数 318 千字 2024 年 8 月北京第 1 版第 7 次印刷

购书咨询：010-64518888 售后服务：010-64518899
网 址：http://www.cip.com.cn
凡购买本书，如有缺损质量问题，本社销售中心负责调换。

定 价：39.00 元

前　言

电路分析基础课程以电路理论的经典内容为核心，以提高学生的电路理论水平和分析、解决实际问题的能力为出发点，以培养"厚基础、宽口径、会设计、可操作、能发展"，具有创新精神和实践能力人才为目的。

本书在编写的过程中，以"必需、够用"为原则，针对高职高专院校的教学实际情况，注重电路分析课程的基本理论和基本分析方法的系统讲述，在保证基础的前提下，突出理论在实践中的应用，使学生在电路分析方面获得基本的知识和技能，并为以后学习各专业课程、科学研究和接受更高层次的学习打下良好的基础。

本书较全面地介绍了电路的基本概念、基本定理和基本分析方法，主要内容包括：电路的基本概念和电路定律、电阻电路的一般分析、正弦交流电路的稳态分析、耦合电感和变压器、三相交流电路、线性动态电路的时域分析、非正弦周期电流电路的分析与计算以及相关电路实验。在内容组织和编写安排上，有难有易，深入浅出，通俗易懂，并注重与后续课程之间良好衔接。本书内容简洁，语言流畅，重点突出，保证基础，为了学生更好地理解和巩固所学知识，书中有适量的例题和习题，每章后附有小结和习题。

本书适合作为高等职业学校、高等专科学校、成人高等学校、本科院校举办的二级职业技术学院以及民办高等学校电类各专业"电路分析""电工基础"等课程教材，也可供有关工程技术人员参考。

为了更好地教学电路分析基础这门课程，我们将为使用本书的教师免费提供电子教案等教学资源，需要者可以到化学工业出版社教学资源网站 http://www.cipedu.com.cn 免费下载使用。

本书由黄河水利职业技术学院刘玉宾担任主编，河南机电职业技术学院余艳伟和吴萍担任副主编。第 1 章由余艳伟编写；第 2 章和第 3 章由刘玉宾编写；第 4 章和第 5 章由黄河水利职业技术学院张慧宁编写；第 6 章和第 7 章由黄河水利职业技术学院毕立恒编写；第 8 章由吴萍编写，河南机电职业技术学院徐鹏飞、钱莹、台畅也参加了本书的编写工作。全书由刘玉宾统稿，由黄河水利职业技术学院葛芸萍主审。

由于编者水平有限，加之时间仓促，书中难免有不妥之处，恳请广大读者批评指正，帮助我们不断改进和提高教材质量。

编　者

目　录

第1章

电路的基本概念和电路定律

1.1 电路和电路模型

1. 电路的概念

人们在生产和生活中经常会遇到一些实际电路，它们是由各种电气器件按照一定方式连接而成，其结构形式多种多样，所完成的任务各不相同。图 1-1 所示为一个简单的直流照明电路，它由三部分组成：①电源（供能元件）：为电路提供电能的设备和器件（如电池、发电机等），作用是将其他形式的能量转换成为电能；②负载（耗能元件）：使用（消耗）电能的设备和器件（如灯泡等用电器），作用是将电能转换成为其他形式的能量；③辅助元件：控制电路工作状态的器件或设备（如开关等），起着传输和分配电能的作用；④连接导线：将电气设备和元器件按一定方式连接起来（如各种铜、铝电缆线等）。

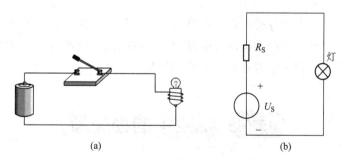

(a)　　　　　　　　　　　　　(b)

图 1-1　简单的直流照明电路

由此可以看出，电路的一个重要作用是进行电能的转换、传输与分配。

电路的另一个重要作用是信号的传输与处理。图 1-2 所示是一个扩音机的工作过程。话筒将声音的振动信号转换为电信号，即相应的电压和电流，经过放大处理后，通过电路传递给扬声器，再由扬声器还原为声音信号。

实际电路的结构和复杂程度相差很大。例如，电力系统或通信系统可能长达数百、数千，甚至上万公

图 1-2　扩音机工作过程

里；集成电路可以在很小的芯片上集中成千上万，甚至数十万个晶体管，相互连接成为一个复杂的电路或系统。电路理论主要研究电路中发生的电磁现象，并用电流、电压或磁通等物理量来描述其工作过程。电路理论主要用于计算电路中各器件的端子电流和端子间的电压，一般不涉及内部发生的物理过程。

2. 电路模型

本书讨论的不是实际的电路，而是电路模型。由理想元件相互连接构成的电路叫做实际电路的电路模型，也叫做实际电路的电路原理图，简称电路图。实际电路元件可由理想元件或其组合来模拟。这些理想元件是组成电路模型的最小单元，是具有某种确定电磁性质的假想元件，是一种理想化的模型，并具有精确的数学定义，不考虑其实际上的结构、材料、形状等非电磁特性。理想元件根据其端子数目的不同，分为二端、三端、四端元件，等等。当电路的几何尺寸远小于电路工作时的波长时，可以认为理想电路元件的电磁过程都是集中在元件内部进行的，即满足：在任何时刻，流入二端元件的电流恒等于流出元件另一端的电流，两个端子之间的电压是单值的。这样的元件称为集总（参数）元件，由集总元件构成的电路称为集总电路或具有集总参数的电路。本书只讨论集总电路，具有分布参数的电路请参阅其他书籍。

对于图 1-1（a）所示照明电路，其电路模型如图 1-1（b）所示，小灯泡用标准灯泡符号表示，干电池用电压源和电池本身的电阻串联来表示，连接导线用相应的理想导线（即认为其电阻为零）或线段表示。

用理想电路元件或其组合来模拟实际电路元件时，必须要考虑其工作条件，按照不同精度要求，把给定工况下的主要物理现象及功能反映出来。例如，在直流工况下，一个线圈的模型可以用一个电阻元件来模拟；在工作频率较低时，可以用电阻元件和电感元件的串联进行模拟；在频率较高时，线圈绕线间的电容效应不容忽视，在这种情况下，表征该线圈的较精确模型应当包含电容元件。可见，在不同的条件下，同一个实际器件可能要用不同的电路模型来模拟。

本书的主要内容是电路分析，研究电路的基本定律和定理，讨论各种计算方法，即根据已建立的电路模型，研究其中的电压、电流和电功率之间的联系规律，并为后续学习电气工程技术、电子和信息工程技术等建立必要的理论基础。

1.2 电路中的物理量

描述电路状态的物理量有电流、电压、电荷、磁通、电功率和电能等，本节只讨论电流、电压、电功率和电能。

1.2.1 电流

电荷定向移动形成了电流，电流的大小用电流强度来表示（简称电流）。电流强度是指单位时间内通过导体横截面积的电荷量，即

$$i = \frac{\mathrm{d}q}{\mathrm{d}t} \tag{1-1}$$

式中，q 表示电荷量。在国际单位制（SI）中，电流的单位为安培，简称安，用 A 表示。常用的还有 kA（千安）、mA（毫安）、μA（微安）等，三者之间相差 10^3 个数量级。

习惯上，把正电荷移动的方向规定为电流的方向。通常，电流的实际方向很可能是未知的，也可能是随时间而变动的，因此在分析电路时，有必要预先假定电流的参考方向。如图 1-3 所示为某电路的一部分，其中的矩形框表示一个二端元件。流过这个元件的电流为 i，图中用实线箭头表示电流的参考方向，它不一定就是电流的实际方向（图中用虚线箭头表示）。把电流看成是代数量，如果电流的参考方向与实际方向一致，则电流为正值，即 $i>0$；如果电流的参考方向与实际方向相反，则电流为负值，即 $i<0$。这样，在假定的电流参考方向下，电流值的正、负就可以反映出它的实际方向。

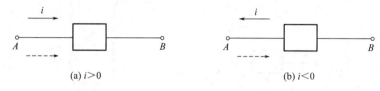

(a) $i>0$　　　　　　　　　　(b) $i<0$

图 1-3　电流的参考方向

在电路的分析过程中，电流的参考方向是假定的，在电路中一般用箭头表示，也可以用双下标表示。例如，i_{AB} 表示电流的参考方向为由 A 到 B，很明显，在图 1-3 中，$i_{AB}=-i_{BA}$。需要注意的是，在电路分析中，参考方向是预先假定好的，在整个分析计算过程中，不允许变更，否则，将导致错误的分析计算结论。

1.2.2　电压

在电路中，两点之间的电位差（或电势差）就是两点间的电压。从能量的观点来说，单位正电荷在电场中从 A 点移动到 B 点时电场力所做的功，定义为 A、B 两点间的电压，即

$$u=\frac{\mathrm{d}w}{\mathrm{d}q} \tag{1-2}$$

式中，$\mathrm{d}q$ 是由 A 点移动到 B 点的电荷量，单位为库伦，用 C 表示。$\mathrm{d}w$ 是电场力所做的功，单位为焦耳，用 J 表示。

在国际单位制（SI）中，电压的单位为伏特，用 V 表示。常用的还有 kV（千伏）、mV（毫伏）、μV（微伏）等，三者之间相差 10^3 个数量级。

两点之间电压的实际方向规定为由高电位点指向低电位点。在电路分析中，同电流一样，也可以引入参考方向的概念。如图 1-4 所示，两点之间电压的参考方向可以用正（＋）、负（－）极性表示，正极指向负极的方向就是电压的参考方向。指定好电压的参考方向后，就可以把电压看作是一个代数量。在图 1-4 中，如果 A 点电位高于 B 点电位，即电压的实际方向由 A 指向 B，与参考方向一致，则电压为正值，即 $u>0$；反之，电压为负值，即 $u<0$。

电压的参考方向除了用正（＋）、负（－）极性表示以外，还可以用箭头或者双下标表示（如图 1-4 所示）。例如，u_{AB} 表示 A、B 两点之间的电压参考方向为由 A 指向 B，显然 $u_{AB}=-u_{BA}$。

电流和电压的参考方向也叫做正方向。一个元件的电流和电压的参考方向之间没有相互依赖和相互约束的关系，因此它

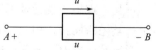

图 1-4　电压的参考方向

3

们可以独立任意地选定。如果指定流过元件的电流的参考方向是从电压参考极性的正极指向负极，即两者的参考方向一致，则把这种电流和电压的参考方向称为关联参考方向；如果电流和电压的参考方向不一致，则称为非关联参考方向，如图 1-5 所示。

在图 1-6 中，N 表示电路的一部分，它有两个端子与外电路连接。我们将这种电路称为二端电路，也叫二端网络。二端网络 N 的两个引出端子构成了一个端口，因此二端网络也称为一端口网络。对于图 1-6(a) 所示的二端网络，电流 i 的参考方向由电压 u 的参考方向正极性端流入电路，从负极性端流出，两者的参考方向一致，所以是关联参考方向；而在图 1-6(b) 中，电流与电压为非关联参考方向。

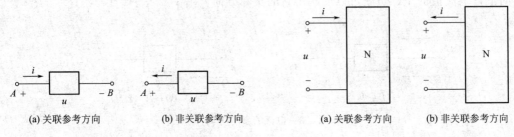

| (a) 关联参考方向 | (b) 非关联参考方向 | (a) 关联参考方向 | (b) 非关联参考方向 |

图 1-5　关联参考方向和非关联参考方向　　　图 1-6　二端网络的参考方向

大小和方向都不随时间变化的电流和电压，称为恒定电流和恒定电压，也叫做直流电流和直流电压，用大写字母 I 和 U 表示。大小或方向随时间变化的电流和电压称为时变电流和时变电压，任意时刻 t 的电流和电压用 $i(t)$ 和 $u(t)$ 表示，一般简写为 i 和 u。

1.2.3　电功率

能量和功率的计算是电路分析的一项重要内容。这是因为电路在工作时总是伴随有电能与其他形式能量的相互交换；另外，电气设备和电路元件本身也都有着功率的限制，使用的时候必须注意其电流和电压是否超过额定值，过载将有可能造成设备或元器件损坏，或者是不能正常工作。

电路工作时，电场力在单位时间内对运动电荷所做的功，称为电功率，用 p 表示。设在 dt 时间内，电场力对运动电荷做功为 dw，则电功率为

$$p = \frac{dw}{dt} \tag{1-3}$$

图 1-7　元件的功率

如图 1-7 所示，设元件两端电压为 u，流过的电流为 i，取关联参考方向。若在 dt 时间内，有 dq 的正电荷从 A 点经元件移动到 B 点，则由电压的定义，有 $dw = u\,dq$，在电压和电流的关联参考方向下有 $i = \dfrac{dq}{dt}$，故有

$$p = \frac{dw}{dt} = u\,\frac{dq}{dt} = ui \tag{1-4}$$

可见，理想二端元件的瞬时功率等于元件两端电压和流过电流的瞬时值的乘积。此结论对于二端网络同样适用。

对于直流电路，有 $p = UI$。

在国际单位制（SI）中，功率的单位是瓦特，简称瓦，用 W 表示。常用的还有 MW

（兆瓦）、kW（千瓦）、mW（毫瓦）等。

电路元件在工作时，可能吸收功率，也可能发出功率。如果正电荷是从元件的"＋"极经过元件移动到"－"极，则电场力对电荷做正功，正电荷具有的电位能减少，此时，元件吸收电能；反之，正电荷从元件的"－"极经过元件移动到"＋"极，则电场力对电荷做负功，正电荷具有的电位能增加，这时，元件向外释放电能。注意：此处所说的极性是指元件两端的真实极性，而不是参考极性。由此可以得出，当元件两端的电压和流过元件的电流的实际方向一致时，元件吸收功率；反之，元件发出功率。

元件吸收功率还是发出功率，可以根据参考方向与 p 值的正负来判断。当元件上的电压和电流为关联参考方向时，$p>0$，表示元件吸收功率，$p<0$，表示元件发出功率；如为非关联参考方向，$p>0$，表示元件发出功率，$p<0$，表示元件吸收功率。可通过表 1-1 来判断元件上的功率情况。

表 1-1　元件吸收或发出功率判断

u、i 参考方向	p 值	吸收或发出功率
关联参考方向	$p>0$	吸收
	$p<0$	发出
非关联参考方向	$p>0$	发出
	$p<0$	吸收

【例 1-1】　求图 1-8 所示二端网络的功率，并判断是吸收还是发出功率。

解：图 1-8（a）中，$p=100\times2=200$（W）。由于 u 和 i 为关联参考方向，且 $p>0$，故该二端网络吸收功率 200W。

图 1-8（b）中，$p=100\times(-3)=-300$（W）。由于 u 和 i 为关联参考方向，且 $p<0$，故该二端网络发出功率 300W。

图 1-8（c）中，$p=-100\times3=-300$（W）。由于 u 和 i 为非关联参考方向，且 $p<0$，故该二端网络吸收功率 300W。

图 1-8（d）中，$p=-100\times(-2)=200$（W）。由于 u 和 i 为非关联参考方向，且 $p>0$，故该二端网络发出功率 200W。

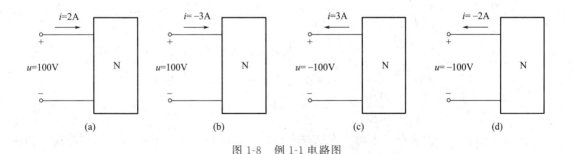

图 1-8　例 1-1 电路图

1.2.4　电能

电场力对运动电荷做功，也就是能量转换和传递的过程。当电场力对运动电荷做正功时，元件吸收电能，在元件内部将电能转换成为其他形式的能量；当电场力对运动电荷做负

功时，元件发出电能，在元件内部将其他形式的能量转换成为电能。由式(1-3) 可知，

$$\mathrm{d}w = p\,\mathrm{d}t \tag{1-5}$$

故，元件在 t_1 到 t_2 时刻吸收或发出的电能为

$$W = \int_{t_1}^{t_2} p\,\mathrm{d}t \tag{1-6}$$

可见，任意二端元件在 t_1 到 t_2 时刻内所吸收或发出的电能等于此二端元件的电功率在区间 $[t_1, t_2]$ 上对时间的积分。

在直流电路中，元件在时间 T 内吸收或发出的电能为

$$W = pT = UIT$$

在国际单位制（SI）中，能量的单位是焦耳，简称焦，用 J 表示。常用的是 kJ（千焦）。工程上常用"度"来作为电能的单位，1 度 =1kW·h（千瓦·时）=3.6×10⁶J。

1.3 电阻元件

1. 电阻元件

电阻器、白炽灯、电炉等实际器件在一定条件下可以用二端线性电阻元件（为了简化，以后讨论中将略去"二端"两字）作为其理想化模型。可以这样定义线性电阻元件：在电压和电流取关联参考方向的前提下，任意时刻，线性电阻元件两端的电压和流过元件的电流服从欧姆定律，即

$$u = Ri \tag{1-7}$$

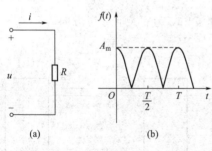

图 1-9(a) 所示为线性电阻元件的符号。在式(1-7) 中，R 为元件的电阻值，它是表征线性电阻元件的一个电气参数。R 是一个正实常数。在国际单位制（SI）中，当电压的单位是 V（伏），电流的单位是 A（安）时，电阻的单位为欧姆，简称欧，用 Ω 表示。常用的还有 $k\Omega$（千欧）、$M\Omega$（兆欧）等。

电阻元件还可以用另外一个参数——电导来表示，令 $G = \dfrac{1}{R}$，式(1-7) 变为

$$i = Gu \tag{1-8}$$

图 1-9 电阻元件及其伏安特性

式中，G 称为电阻元件的电导。在国际单位制中，电导的单位是西门子，简称西，用 S 表示。

2. 电阻的伏安特性

如果以电阻元件的电流为横坐标，电压为纵坐标，画出电压和电流的关系曲线，称之为该电阻元件的伏安特性曲线，如图 1-9(b) 所示。它是在 i-u 平面上一条通过原点的直线。直线的斜率与电阻值 R 的大小有关。利用伏安特性，可由下式确定电阻值：

$$R = \frac{m_u}{m_i}\tan\alpha \tag{1-9}$$

式中，m_u 和 m_i 分别为电压和电流在 $i\text{-}u$ 平面坐标上的比例尺，α 是伏安特性曲线与横坐标轴（电流轴）的夹角。

由式(1-7)、式(1-8)或伏安特性曲线均可看出，线性电阻元件的电压和电流的实际方向总是一致的。同时可以看出，在任何时刻，线性电阻元件的电压值（或电流值）完全由该时刻的电流值（或电压值）决定，而与该时刻以前的电流值（或电压值）无关。因此，电阻元件是一种"无记忆"元件，也称"即时"元件。

由于制作材料的电阻率与温度有关，实际上所有电阻器件的伏安特性曲线都带有一定的非线性因素。但是，在一定条件下，许多实际器件，如金属膜电阻器、线绕电阻器等，它们的伏安特性近似为一条通过原点的直线，因此用线性电阻元件作为其电路模型，可以很好地满足工程精度的要求。

非线性电阻元件的伏安特性不是一条通过原点的直线，其电压和电流关系一般写为 $u = f(i)$。还有一类电阻，其阻值 R 随时间而变化，称为时变电阻元件。本教材只讨论线性时不变电阻元件。

3. 开路与短路

对于线性电阻元件，有两个比较特殊的状态，即开路状态和短路状态。对于一个线性电阻元件，当其两端电压 u 不论为何值时，只要流过它的电流恒为零值，就称之为开路。开路的伏安特性是 $u\text{-}i$ 平面上与电压轴重合的一条直线，它相当于 $R = \infty$ 或 $G = 0$，如图 1-10(a) 所示。当流过线性电阻元件的电流 i 不论为何值时，只要其两端电压 u 恒为零值，就称之为短路，它相当于 $R = 0$ 或 $G = \infty$，其伏安特性为 $u\text{-}i$ 平面上与电流轴重合的一条直线，如图 1-10(b) 所示。

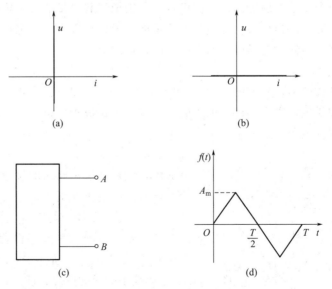

图 1-10　开路和短路的伏安特性

如果电路中的一对端子处于断开状态，相当于这对端子之间接有 $R = \infty$ 的电阻，称这对端子处于开路状态，如图 1-10(c) 所示。如果这对端子用理想导线连接起来，则称这对端子被短路，如图 1-10(d) 所示。电路分析中可以用开路和短路的概念来简化电路。如果流过某元件的电流为零，可简化为开路；当电路中的某两点电压为零时，可用理想导线（$R=0$）将其连接起来。

4. 电阻元件的功率与能量

在电阻元件上的电压和电流取关联参考方向的前提下，任一时刻电阻元件吸收的功率为

$$p=ui=Ri^2=Gu^2 \tag{1-10}$$

由于电阻 R 和电导 G 为正实常数，故在任意时刻，均有 $p \geqslant 0$，功率恒为正值。这表明电阻元件在任意时刻都不能发出电能，它总是吸收电能并消耗。因此，线性电阻元件（$R>0$）不仅是无源元件，而且是耗能元件。

在 t_1 到 t_2 时间内，电阻元件吸收的电能为

$$W=\int_{t_1}^{t_2} ui\,\mathrm{d}t=\int_{t_1}^{t_2} Ri^2\,\mathrm{d}t=\int_{t_1}^{t_2} Gu^2\,\mathrm{d}t$$

电阻元件一般把吸收的电能转换成为热能消耗掉。

1.4 电容元件

1.4.1 电容元件及其伏安关系

1. 电容器

电容器是工程技术上应用十分广泛的一种电路元件。电容器的品种和规格多种多样，但就其构成原理来说都是一样的。它是由两块金属板用不同介质（云母、绝缘纸、电解质等）隔开所组成。当两个极板外加电源以后，极板上分别聚集起等量的正、负电荷，在介质中建立电场并储存电场能量。当移去电源后，电荷可继续聚集在极板上，电场也将继续存在。所以，电容器是一种能够储存电场能量的电路元件。理想电容元件就是反映这种物理现象的电路模型。

线性电容元件的图形符号如图 1-11(a) 所示，图中 $+q$ 和 $-q$ 是电容元件正、负极板上聚集的电荷量。如果规定电容元件上电压的参考方向为正极指向负极，则任意时刻电容极板上的电荷与其两端的电压关系如下所示：

$$q=Cu \tag{1-11}$$

式中，C 是电容元件的电容量，简称电容。C 是一个与电荷 q 和电压 u 无关的正实常数。在国际单位制（SI）中，电压的单位为 V（伏），电荷的单位为 C（库），则电容的单位为法拉，简称法，用 F 表示。F 是一个很大的单位，工程上常采用 μF（微法）、pF（皮法）等较小的辅助单位。$1F=10^6\mu F=10^{12}pF$。

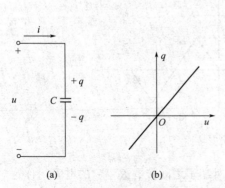

(a)   (b)

图 1-11 电容元件及其库伏特性

2. 电容的伏安特性

以电压 u 为横坐标，电荷 q 为纵坐标，画出电容元件的关系曲线，称为库伏特性曲线。在 u-q 平面

上，线性电容元件的库伏特性是一条通过坐标原点的直线，如图 1-11(b) 所示。

如图 1-11(a) 所示，电容元件的电压和电流取关联参考方向，则有

$$i = \frac{dq}{dt} = \frac{d(Cu)}{dt} = C\frac{du}{dt} \tag{1-12}$$

由式(1-12) 可以看出：在任何时刻，流过电容元件的电流与其两端的电压变化率成正比。当电容元件两端的电压发生剧变，即 $\frac{du}{dt}$ 很大时，将产生很大的电流；当其两端电压不变时，电流为零，这时电容元件相当于开路，故电容具有隔断直流（简称隔直）的作用。

对式(1-12) 两边取积分，可以得到在 t 时刻电容元件上用电流 i 表示的电压 u 的方程式

$$u = \frac{1}{C}\int_{-\infty}^{t} i\,d\tau = \frac{1}{C}\int_{-\infty}^{0} i\,d\tau + \frac{1}{C}\int_{0}^{t} i\,d\tau$$

$$= u(0) + \frac{1}{C}\int_{0}^{t} i\,d\tau \tag{1-13}$$

式中，$u(0)$ 为 $t=0$ 时刻电容元件上的初始电压。上式表明：电容元件在某一时刻 t 的电压反映了 t 以前流过的全部电流的累积效应。也就是说，在某一时刻 t，电容元件的电压不仅与 0 到 t 的电流值有关，还与初始电压 $u(0)$ 有关。因此，电容元件是一种具有"记忆"的元件。

1.4.2　电容元件的储能

在电压和电流取关联参考方向的情况下，线性电容元件吸收的功率为

$$p = ui = Cu\frac{du}{dt}$$

从 $t=-\infty$ 到 t 时刻，电容元件吸收的电场能量为

$$W_C = \int_{-\infty}^{t} ui\,d\tau = \int_{-\infty}^{t} Cu\frac{du}{d\tau}d\tau$$

$$= C\int_{u(-\infty)}^{u(t)} u\,du$$

$$= \frac{1}{2}Cu^2(t) - \frac{1}{2}Cu^2(-\infty)$$

电容元件吸收的能量以电场能量的形式存储在元件的电场中。可以认为在 $t=-\infty$ 时，$u(-\infty)=0$，其电场能量也为零。这样，电容元件在任意时刻 t 存储的能量为

$$W_C = \frac{1}{2}Cu^2(t) \tag{1-14}$$

从时间 t_1 到 t_2，电容元件吸收的能量为

$$W_C = C\int_{u(t_1)}^{u(t_2)} u\,du$$

$$= \frac{1}{2}Cu^2(t_2) - \frac{1}{2}Cu^2(t_1)$$

$$= W_C(t_2) - W_C(t_1)$$

电容元件在充电时，$|u(t_2)| > |u(t_1)|$，$W_C(t_2) > W_C(t_1)$，$W_C > 0$，元件吸收电能并将其转换为电场能量存储起来；电容元件在放电时，$|u(t_2)| < |u(t_1)|$，$W_C(t_2) < W_C$

(t_1)，$W_C < 0$，元件释放电能。如果元件原来没有充电，那么它在充电时存储起来的能量一定会在放电完毕时全部释放出来，它并不消耗能量，所以电容元件是一种储能元件。同时，它不会释放出多于吸收或存储的能量，因此电容元件又是一种无源元件。

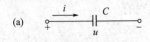

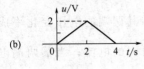

电容值随时间变化的电容元件称为时变电容元件，电容值随元件电压或电荷而变化的电容元件称为非线性电容元件。非线性电容元件的库伏特性不是通过 u-q 平面原点的直线。

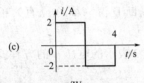

电容代表着电路中的电场效应。严格讲，凡有电场存在的场合，都存在电容。例如，两条导线之间、线圈的任意两个线匝之间、晶体管的端子之间，都存在电容，称为寄生或分布电容。一般情况下，这些"杂散"电容都很小，可以忽略不计。

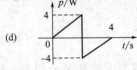

【例 1-2】 如图 1-12(a) 所示电路中，电压 $u(t)$ 的波形如图 1-12(b) 所示，电容 $C = 2\mathrm{F}$。求 $i(t)$、$p(t)$ 和 $W(t)$，并绘出它们的波形。

解：（1）由图 1-12(b) 写出电压的表达式为

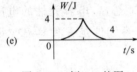

图 1-12　例 1-2 的图

$$u(t) = \begin{cases} 0 & t < 0 \\ t & 0 \leqslant t \leqslant 2 \\ 4 - t & 2 \leqslant t \leqslant 4 \\ 0 & t > 4 \end{cases}$$

（2）由图 1-12(a) 知，电压和电流为关联参考方向，再由 $i = C \dfrac{\mathrm{d}u}{\mathrm{d}t}$，写出电流的表达式为

$$i(t) = \begin{cases} 0 & t < 0 \\ 2 & 0 \leqslant t \leqslant 2 \\ -2 & 2 \leqslant t \leqslant 4 \\ 0 & t > 4 \end{cases}$$

（3）由 $p = ui$，得电容吸收的功率为

$$p(t) = \begin{cases} 0 & t < 0 \\ 2t & 0 \leqslant t \leqslant 2 \\ 2t - 8 & 2 \leqslant t \leqslant 4 \\ 0 & t > 4 \end{cases}$$

（4）由 $W_C = \dfrac{1}{2} C u^2(t)$，得电容储能为

$$W(t) = \begin{cases} 0 & t < 0 \\ t^2 & 0 \leqslant t \leqslant 2 \\ (4 - t)^2 & 2 \leqslant t \leqslant 4 \\ 0 & t > 4 \end{cases}$$

各量的波形分别如图 1-12(c)、(d)、(e) 所示。

从例题中可以看出，电容上的电流和功率都是可以跃变的，其储能始终大于或等于零。功率为正值时，电容从电源吸收能量；功率为负值时，电容释放能量。

1.5 电感元件

1.5.1 电感元件及其伏安关系

1. 电感元件

工程技术上,用导线绕制的空心或者具有铁芯的电感线圈应用十分广泛,如电磁铁或者变压器中绕制在铁芯上的线圈等等。当线圈中通入电流 i 时,将在线圈周围建立磁场,产生磁通。如果磁通随时间变化,将在线圈中产生感应电压。

如图 1-13 所示线圈,通入电流 i,产生的磁通 Φ 与 N 匝线圈交链,则磁链 $\Psi = N\Phi$。由于磁通 Φ 和磁链 Ψ 都是由线圈本身的电流 i 产生的,故称为自感磁通和自感磁链。磁通 Φ 和磁链 Ψ 的参考方向与电流 i 的参考方向满足右手螺旋关系。当磁链 Ψ 随时间变化时,线圈的端子间将产生感应电压。如果感应电压 u 和磁链 Ψ 的参考方向符合右手螺旋关系,根据电磁感应定律,有

$$u = \frac{\mathrm{d}\Psi}{\mathrm{d}t} \tag{1-15}$$

线性电感元件的图形符号如图 1-14(a) 所示,它是实际线圈的一种理想化电路模型,反映了电流产生磁通和存储磁场能量的物理现象。如果规定磁通 Φ 与电流 i 的参考方向满足右手螺旋关系,对于线性电感元件的自感磁链 Ψ 与流过它的电流 i,有

$$\Psi = Li \tag{1-16}$$

式中,L 是电感元件的参数,称为自感(系数)或电感。L 是一个正实常数。在国际单位制(SI)中,磁通 Φ 和磁链 Ψ 的单位为 Wb(韦伯,简称韦),电流的单位为 A(安),则电感的单位为亨利,简称亨,用 H 表示。常用的还有 mH(毫亨)、μH(微亨)等。

2. 电感的伏安特性

以电流 i 为横坐标,磁链 Ψ 为纵坐标,画出它们之间的关系曲线,称为韦安特性曲线。线性电感元件的韦安特性是 i-Ψ 平面上通过原点的一条直线,如图 1-14(b) 所示。

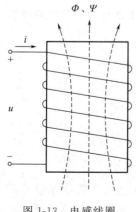

图 1-13 电感线圈

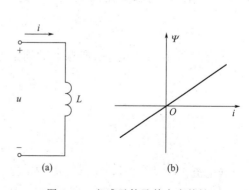

图 1-14 电感元件及其韦安特性

当电感元件的电压 u 和电流 i 取关联参考方向，并且磁链 Ψ 与电流 i 的参考方向满足右手螺旋关系时，有

$$u = \frac{\mathrm{d}\Psi}{\mathrm{d}t} = L\frac{\mathrm{d}i}{\mathrm{d}t} \tag{1-17}$$

上式表明，电感元件上的电压 u 与电流 i 的变化率成正比。当电感的电流发生剧变，即 $\frac{\mathrm{d}i}{\mathrm{d}t}$ 很大时，将产生很高的电压；当电流不随时间变化时，电压为零。这说明电感元件在直流情况下相当于短路。

对式(1-17)两边取积分，得到在 t 时刻电感元件上用电压 u 表示的电流 i 的方程式：

$$
\begin{aligned}
i &= \frac{1}{L}\int_{-\infty}^{t} u\,\mathrm{d}\tau \\
&= \frac{1}{L}\int_{-\infty}^{0} u\,\mathrm{d}\tau + \frac{1}{L}\int_{0}^{t} u\,\mathrm{d}\tau \\
&= i(0) + \frac{1}{L}\int_{0}^{t} u\,\mathrm{d}\tau
\end{aligned}
\tag{1-18}
$$

式中，$i(0)$ 为 $t=0$ 时刻电感元件的电流初始值。上式表明：在任意时刻，线性电感元件的电流 i 与该时刻以前感应的电压值都有关。因此，电感元件也是一种具有"记忆"的元件。

1.5.2　电感元件的储能

在电压和电流取关联参考方向的情况下，线性电感元件吸收的功率为

$$p = ui = Li\frac{\mathrm{d}i}{\mathrm{d}t}$$

从 $t=-\infty$ 到 t 时刻，电感元件吸收的电能为

$$
\begin{aligned}
W_{\mathrm{L}} &= \int_{-\infty}^{t} ui\,\mathrm{d}\tau = \int_{-\infty}^{t} Li\frac{\mathrm{d}i}{\mathrm{d}\tau}\mathrm{d}\tau \\
&= L\int_{i(-\infty)}^{i(t)} i\,\mathrm{d}i \\
&= \frac{1}{2}Li^2(t) - \frac{1}{2}Li^2(-\infty)
\end{aligned}
$$

电感元件吸收的能量以磁场能量的形式存储在元件的磁场中。可以认为，在 $t=-\infty$ 时，$i(-\infty)=0$，其磁场能量也为零。这样，电感元件在任意时刻 t 存储的磁场能量为

$$W_{\mathrm{L}} = \frac{1}{2}Li^2(t) \tag{1-19}$$

从时间 t_1 到 t_2，电感元件吸收的能量为

$$
\begin{aligned}
W_{\mathrm{L}} &= L\int_{i(t_1)}^{i(t_2)} i\,\mathrm{d}i \\
&= \frac{1}{2}Li^2(t_2) - \frac{1}{2}Li^2(t_1) \\
&= W_{\mathrm{L}}(t_2) - W_{\mathrm{L}}(t_1)
\end{aligned}
$$

当电流 $|i|$ 增大时，$W_{\mathrm{L}}(t_2) > W_{\mathrm{L}}(t_1)$，$W_{\mathrm{L}} > 0$，电感元件吸收能量并转变成磁场能量；当电流 $|i|$ 减小时，$W_{\mathrm{L}}(t_2) < W_{\mathrm{L}}(t_1)$，$W_{\mathrm{L}} < 0$，电感元件释放能量。由此可见，电

感元件也是一种储能元件，同时，它也不会释放出多于它吸收或存储的能量，所以它又是一种无源元件。

随时间变化的电感元件称为时变电感元件。L 随磁链或电流而变化的电感元件称为非线性电感元件，其韦安特性不是通过 i-Ψ 平面原点的直线。一般情况下，含有铁磁物质的电感线圈，其模型就属于非线性电感元件；不含铁磁物质的空心线圈，一般可用线性电阻元件和线性电感元件的串联组合来模拟。另外，含有较大空气隙的，或者在铁磁材料的非饱和状态下工作的铁芯线圈，也可以当作线性电感元件来处理。

电感代表着磁场效应。凡有磁场存在的场合就有电感，例如电容元件的引线，晶体管的端子、连接导线等都有电感，统称为寄生电感或分布电感，因为一般都很小，往往都忽略不计。

【例 1-3】　在图 1-15(a) 所示电路中，电流 $i(t)$ 的波形如图 1-15(b) 所示，电容 $L=2\text{H}$。求 $u(t)$、$p(t)$、$W(t)$，并绘出它们的波形。

解：(1) 由图 1-15(b)，写出电流的表达式为

$$i(t)=\begin{cases}0 & t<0 \text{ 或 } t>6 \\ t & 0\leqslant t\leqslant 2 \\ 2 & 2\leqslant t\leqslant 4 \\ 6-t & 4\leqslant t\leqslant 6\end{cases}$$

(2) 由图 1-15(a) 可知，电压和电流为关联参考方向，再由 $u=L\dfrac{\mathrm{d}i}{\mathrm{d}t}$ 写出电压的表达式为

$$u(t)=\begin{cases}0 & t<0 \text{ 或 } t>6 \\ 2 & 0\leqslant t\leqslant 2 \\ 0 & 2\leqslant t\leqslant 4 \\ -2 & 4\leqslant t\leqslant 6\end{cases}$$

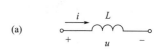
(a)

(3) 由 $p=ui$，得电感吸收的功率为

$$p(t)=\begin{cases}0 & t<0 \text{ 或 } t>6 \\ 2t & 0\leqslant t\leqslant 2 \\ 0 & 2\leqslant t\leqslant 4 \\ 2t-12 & 4\leqslant t\leqslant 6\end{cases}$$

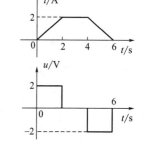
(b)

(c)

(4) 由 $W_{\mathrm{L}}=\dfrac{1}{2}Li^2(t)$，得出电感储能为

$$W(t)=\begin{cases}0 & t<0 \text{ 或 } t>6 \\ t^2 & 0\leqslant t\leqslant 2 \\ 4 & 2\leqslant t\leqslant 4 \\ (6-t)^2 & 4\leqslant t\leqslant 6\end{cases}$$

各量的波形分别如图 1-15(c)、(d)、(e) 所示。

可以看出，电感上的电压和功率都是可以跃变的，其储能始终大于或等于零。功率为正值时，电感从电源吸收能量；功率为负值时，电感释放能量。

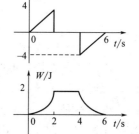
(d)

(e)

图 1-15　例 1-3 的图

1.6 电压源和电流源

电源是向电路提供电能或输入信号的一种电路元件。实际电源各种各样，如蓄电池、干电池、发电机、信号源等等。电压源和电流源就是从实际电源抽象出来的电路模型，它们都是有源二端元件。

1.6.1 电压源

1. 电压源的伏安特性

电压源是这样一种理想电路元件：在任意时刻 t，元件的端电压 $u_s(t)$ 与通过元件的电流无关，始终保持为恒定值，或者为某一给定的时间函数。所以，电压源具有两个基本特性：①元件上的电压是恒定值或给定的时间函数，与其所外接的电路无关；②流过电压源的电流随着与其外接电路的不同而变化。

电压源的图形符号如图 1-16(a) 所示。对于直流电压源，有时采用如图 1-16(b) 所示的图形符号，其中长横表示电源的正极，短横表示电源的负极，电压值用 U_s 表示。电压源的电压随时间变化的曲线称为电压源的电压波形。图 1-16(c)、(d)、(e) 分别示出了直流电压、正弦电压和矩形脉冲电压的波形曲线。

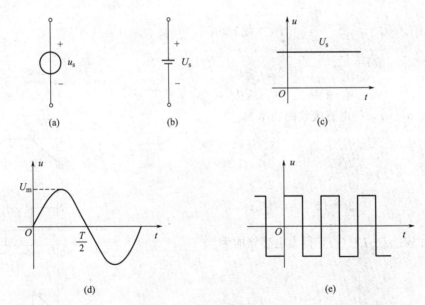

图 1-16　电压源的图形符号

当电压源连接外电路之后，如图 1-17(a) 所示，外电路的电压 u 和电流 i 为关联参考方向。此时，端子 A、B 之间的电压 u 始终等于电压源电压 u_s，不受外电路的影响。电压源的伏安特性是 i-u 平面上一族平行于电流轴的直线，直线的位置决定于不同时刻的电压值，如图 1-17(b) 所示。直流电压源 $(u_s=U_s)$ 的伏安特性是 i-u 平面上一条不通过原点且与电流轴平行的直线，如图 1-17(c) 所示。

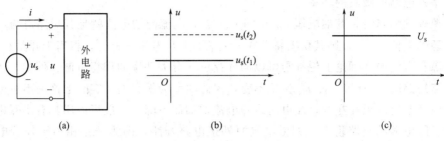

图 1-17　电压源的伏安特性

2. 电压源的功率

由图 1-17(a) 可以看出，电压源的电压和通过它的电流常取为非关联参考方向。此时，电压源发出的功率为

$$p = u_s i$$

它也是外电路所吸收的功率。

电压源没有外接电路时，其电流 $i = 0$。此时，电压源处于开路状态。若令电压源的电压 $u_s = 0$，则其伏安特性在 $i\text{-}u$ 平面上与电流轴重合，相当于短路。

1.6.2　电流源

1. 电流源及伏安特性

电流源是另一个理想二端元件。电流源发出的电流 $i(t) = i_s(t)$，$i_s(t)$ 为给定的时间函数，称为电流源的激励电流。因而，电流源的电流与元件的端电压无关，总保持为恒定值或某一给定的时间函数。

电流源的特点是：①元件的电流是恒定值或给定的时间函数，与其所外接的电路无关；②电流源的端电压随着与其外接电路的不同而变化。

电流源的图形符号如图 1-18(a) 所示，图 1-18(b) 所示是电流源连接外电路的情况。与电压源类似，电流源通常取为非关联参考方向，其伏安特性为 $i\text{-}u$ 平面上一族平行于电压轴的直线，直线的位置决定于不同时刻的电流值，如图 1-18(c) 所示。直流电流源（$i_s = I_s$）的伏安特性是 $i\text{-}u$ 平面上一条不通过原点且与电压轴平行的直线，如图 1-18(d) 所示。

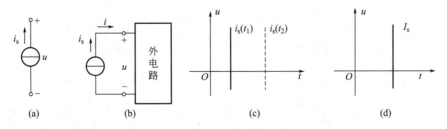

图 1-18　电流源及其伏安特性

2. 电流源的功率

由图 1-18(b) 可知，电流源的电流和电压取为非关联参考方向，电流源发出的功率为

$$p = u i_s$$

它也是外电路所吸收的功率。

电流源外部短路时，其端电压 $u=0$，而 $i=i_s$，电流源的电流就是其短路电流。如果令一个电流源的电流 $i_s=0$，则其伏安特性在 i-u 平面上与电压轴重合，相当于开路。

电压源和电流源从理论上说都是可以向外提供无穷大功率的理想电源。例如，当电压源的外接电路短路时，$i\rightarrow\infty$，而 u_s 保持不变，因此功率为无穷大。实际上这是不可能的。实际电源的内部是有内阻存在的，端电压将随电流增加而下降。一般可以用具有串联电阻的电压源作为实际电源的电路模型。如果电流源外接电路开路，因为开路相当于外接电阻 $R\rightarrow\infty$，而 i_s 保持不变，根据 $p=Ri^2$ 可知输出功率为无穷大。实际上这也是不可能的。一般可用具有并联电阻的电流源作为实际电源的电路模型。在工作时，电压源不能短路，电流源不能开路。

电压源的电压和电流源的电流都不受外电路的影响，常将上述电压源和电流源称为独立电源。

1.7 受控源

受控源又称非独立源。受控源的电压或电流不是独立存在的，而是受到电路中某处电压或者电流的控制。

根据受控源在电路中呈现的是电压还是电流，以及这一电压和电流是受到另一处的电压还是电流控制，受控源分为四种类型：电压控制电压源（VCVS）、电压控制电流源（VCCS）、电流控制电压源（CCVS）和电流控制电流源（CCCS）。

受控源的图形符号如图 1-19 所示，区别于独立源，受控源用菱形表示其电源部分。图中，u_1 和 i_1 分别表示控制电压和控制电流，μ、r、β、g 分别是相关的控制系数。其中，μ、β 是无量纲的量，r 和 g 分别具有电阻和电导的量纲。当这些系数为常数时，被控量与控制量成正比，这种受控源称为线性受控源。本书只讨论线性受控源，故一般略去"线性"二字。

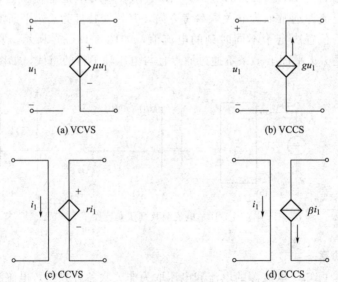

(a) VCVS (b) VCCS

(c) CCVS (d) CCCS

图 1-19　受控源

受控源是实际电路器件的一种抽象。很多电子器件或电子电路可以用受控源来表征，即用受控源来作为它们的电路模型，描述它们输入与输出的关系。例如，晶体三极管的集电极电流受基极电流控制，可以用含有受控源的电路模型来表示。在图 1-20(a) 所示的晶体管电路中，b 是基极，e 是发射极，c 是集电极。在基极 b 和发射极 e 之间输入信号电压 u_{be}，得到如下简化关系式：

$$u_{be} = r_{be} i_b$$
$$i_c = \beta i_b$$

式中，r_{be} 是 b-e 之间的等效电阻，β 为三极管的电流放大倍数。据此画出如图 1-20(b) 所示等效电路。其中，βi_b 就是一个电流控制的电流源。

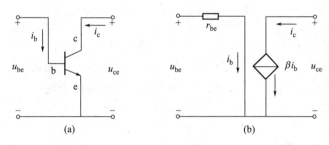

图 1-20　晶体三极管及其等效电路

独立源在电路中作为电源或输入信号时，起着"激励"的作用，因为有了它，电路中才会产生电压和电流。受控源则不同，其电压或电流受电路中其他电压或电流的控制，当这些控制量为零时，受控源的电压或者电流也为零，相当于短路或者开路。因此，受控源是用来反映电路中某处的电压或电流受到另一处的电压或电流控制这一现象的，它本身不直接起"激励"作用。

1.8　基尔霍夫定律

1.8.1　相关概念

在学习基尔霍夫定律之前，首先介绍支路、节点、回路、网孔等与电路连接相关的基本概念。

(1) 支路：由电路元件组成的一段没有分支的电路称为支路。在一条支路中，电流处处相等。

(2) 节点：三条及三条以上支路的连接点称为节点。

(3) 回路：由若干条支路构成的闭合路径称为回路。

(4) 网孔：在平面电路中，没有被其他支路穿过的回路称为网孔。网孔一定是回路，但回路不一定是网孔。

如图 1-21 所示，元件（1，2）构成一条支路，元件（3，4，5，6，7）分别构成一条支路，共有 6 条支路。图中，有 a、b、c、d 共 4 个节点。元件（1，2，3）构成一个回路；同理，元件（3，4，5，7）、元件（5，6）、元件（1，2，4，5，7）、元件（1，2，4，6，

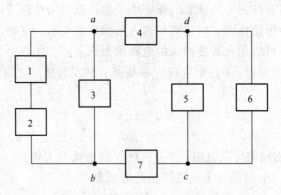

图 1-21　支路、节点、回路和网孔

7)、元件（3，4，6，7）分别构成回路，共有 6 条回路。图 1-21 中共有 3 个网孔，分别由元件（1，2，3）、元件（3，4，5，7）和元件（5，6）构成。由元件（1，2，4，5，7）、元件（1，2，4，6，7）、元件（3，4，6，7）构成的回路不能称为网孔。

　　流过支路的电流称为支路电流，支路两端的电压称为支路电压。

1.8.2　基尔霍夫定律

　　在电路中，支路电流和支路电压受到两类约束。一类是元件特性构成的约束。如线性电阻元件的电压和电流在关联参考方向条件下必须满足 $u=Ri$ 的关系，这种关系称为元件的组成关系或电压电流关系（VCR）。另一类是元件之间相互连接所带来的支路电流和支路电压之间的约束关系，这类约束关系称为拓扑约束。基尔霍夫定律就是描述这类约束关系的电路定律，它是电路中电压和电流所遵循的基本规律，是分析和计算较为复杂电路的基础，包括基尔霍夫电流定律（KCL）和基尔霍夫电压定律（KVL）。基尔霍夫定律既可以用于直流电路分析，也可以用于交流电路分析，还可以用于含有电子元件的非线性电路分析。

1. 基尔霍夫电流定律（KCL）

　　基尔霍夫电流定律（KCL）指出：在集总电路中，任何时刻，对于任一节点，所有流入该节点的支路电流的代数和恒等于零，即

$$\sum i = 0 \tag{1-20}$$

　　此处，电流的代数和是以电流流出节点还是流入节点来判断的。根据电流的参考方向，流入节点的电流前面取"＋"号，流出节点的电流前面取"－"号。

　　如图 1-22 所示，对节点 a 列写 KCL 方程，有

$$-i_1 - i_2 + i_3 = 0$$

上式可改写为

$$i_3 = i_1 + i_2$$

　　此式表明，流入 a 节点的支路电流之和等于流出该节点的支路电流之和。因此，KCL 也可表述为：在集总电路中，任何时刻，流入任一节点的支路电流之和恒等于流出该节点的支路电流之和。

　　KCL 不仅适用于电路中的任一节点，还适用于包含几个节点的闭合面 S。在图 1-22 中，虚线包围的闭合面 S 包含 b、c、d 共 3 个节点，对其中的每个节点列写 KCL 方程，有

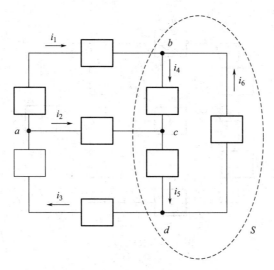

图 1-22　KCL 示意图

$$i_1 - i_4 + i_6 = 0$$
$$i_2 + i_4 - i_5 = 0$$
$$-i_3 + i_5 - i_6 = 0$$

将以上三式相加，得到闭合面 S 的电流的代数和为

$$i_1 + i_2 - i_3 = 0$$

其中，i_1 和 i_2 流入闭合面，i_3 流出闭合面。

可见，通过一个闭合面的支路电流的代数和恒等于零，或者说，流入闭合面的电流之和恒等于流出同一闭合面的电流之和。KCL 的实质是电流连续性的原理，也是电荷守恒定律的具体体现。基尔霍夫电流定律是确定电路中任意节点处各支路电流之间关系的定律，因此又称为节点电流定律。

2. 基尔霍夫电压定律（KVL）

基尔霍夫电压定律（KVL）指出：在集总电路中，任何时刻，沿任意回路，所有支路电压的代数和恒等于零，即

$$\sum u = 0 \tag{1-21}$$

应当指出：在列写回路电压方程时，首先要对回路选取一个回路"绕行方向"，各电压变量前的正、负号取决于各电压的参考方向与回路"绕行方向"的关系（是相同，还是相反）；各电压值的正、负，反映了该电压的实际方向与参考方向的关系（是相同，还是相反）。通常规定，对参考方向与回路"绕行方向"相同的电压取正号，对参考方向与回路"绕行方向"相反的电压取负号。回路"绕行方向"是任意选定的，通常在回路中以虚线表示。

在图 1-23 中，由元件（1，3，4，6）构成的回路指定绕行方向如图中所示。对该回路列写 KVL 方程，有

$$-u_1 + u_3 + u_6 - u_4 = 0$$

由上式可知：

$$u_6 = u_1 - u_3 + u_4$$

上式说明，对于节点 b、c 来说，不论是沿着由元件 6 构成的路径，还是沿着由元件

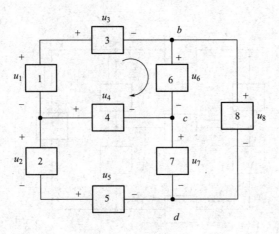

图 1-23 KVL 示意图

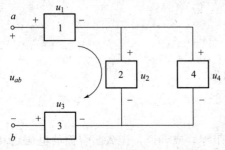

图 1-24 KVL 应用于不闭合路径

（1，3，4）构成的路径，节点间的电压值是相等的。KVL 实质上是电压与路径无关这一性质的具体反映。

KVL 通常应用于回路，但对于一段不闭合电路也可以应用。如图 1-24 所示，设 a、b 端子间电压为 u_{ab}，对于由 a、b 端子以及元件（1，2，3）所构成的一段不闭合路径，按图示绕行方向应用 KVL，可得

$$u_1+u_2-u_3-u_{ab}=0$$

进一步求得：

$$u_{ab}=u_1+u_2-u_3$$

上式说明：电路中任意两点之间的电压等于由起点到终点沿途各电压的代数和，电压方向与路径方向（由起点到终点的方向）一致时为正，相反取负。

基尔霍夫定律仅与元件的互相连接有关，与元件的性质无关。因此，无论元件是线性的还是非线性的，是时变的还是时不变的，基尔霍夫定律对于集总电路是普遍适用的。

利用 KCL 和 KVL 求解电路时，应对电路中的各节点和支路编号，并指定回路的绕行方向，同时指定各支路电流和支路电压的参考方向。一般两者取关联参考方向。

【例 1-4】 如图 1-25 所示，$R_1=2\Omega$，$R_2=3\Omega$，$R_3=2\Omega$，$u_{s1}=4V$，$u_{s2}=6V$，求支路电流 i_1、i_2 和 i_3。

解：各支路电流和电压的参考方向如图中所示。求解时，除了需要应用 KCL 和 KVL 外，还要用到元件的 VCR。对节点①应用 KCL，有

$$i_1+i_2-i_3=0$$

对于回路Ⅰ和Ⅱ，按图示绕行方向分别列写 KVL 方程，有

回路Ⅰ：$-u_{s1}+u_1+u_3=0$

回路Ⅱ：$u_{s2}-u_3-u_2=0$

由元件的 VCR 可知：$u_1=R_1i_1$，$u_2=R_2i_2$，$u_3=$

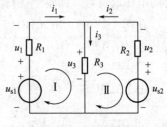

图 1-25 例 1-4 的图

$R_3 i_3$，分别代入回路Ⅰ和Ⅱ的 KVL 方程，有

回路Ⅰ：$-u_{s1}+R_1 i_1+R_3 i_3=0$

回路Ⅱ：$u_{s2}-R_3 i_3-R_2 i_2=0$

将各元件参数值代入，并与 KCL 方程联立，有

$$\begin{cases} i_1+i_2-i_3=0 \\ -4+2i_1+2i_3=0 \\ 6-2i_3-3i_2=0 \end{cases}$$

解得：$i_1=0.5(A)$，$i_2=1(A)$，$i_3=1.5(A)$。

1.9 电位的计算

在电子电路中，经常会遇到电路中的电位计算问题。

电路中某点的电位是指该点到参考点之间的电压，用 V 表示。在电路中，一般参考点用接地符号标识，如图 1-26 所示。

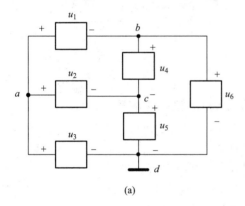 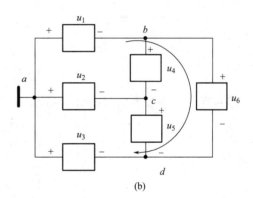

(a) (b)

图 1-26　电位

如选择节点 d 为参考点，如图 1-26(a) 所示，则各点电位为

$$V_d=0,\ V_a=u_3,\ V_b=u_6,\ V_c=u_5$$

计算 a、b 节点之间的电压为：$u_{ab}=V_a-V_b=u_3-u_6$

当选择节点 a 为参考点时，如图 1-26(b) 所示，则各点电位为

$$V_a=0,\ V_b=-u_1,\ V_c=-u_2,\ V_d=-u_3$$

计算 a、b 节点之间的电压为：$u_{ab}=V_a-V_b=u_1$

按图 1-26(b) 中所标识的绕行方向，对由元件（1，6，3）构成的回路应用 KVL，有

$$u_1+u_6-u_3=0$$

亦即

$$u_1=u_3-u_6$$

由此可以看出：①电位值是相对的，参考点选取不同，电路中各点的电位随之改变；②电路中两点间的电压值是确定的，不会因为参考点的不同而变化，即与零电位参考点的选择无关。

参考点确定以后，电路中某点电位的计算问题就转化为计算该点至参考点的电压问题。

【例 1-5】 如图 1-27(a) 所示电路，分别求以节点 d 和 b 为参考点时各点的电位。

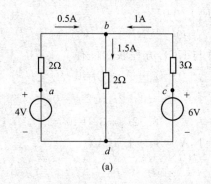

(a)

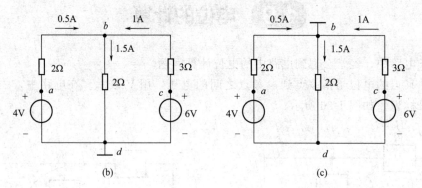

(b)　　　　　　　　　　　　(c)

图 1-27　例 1-5 的图

解： 当以 d 为参考点时，如图 1-27(b) 所示，各点电位计算如下：

$$V_d = 0$$
$$V_a = u_{ad} = 4(\text{V})$$
$$V_b = u_{bd} = 2 \times 1.5 = 3(\text{V})$$
$$V_c = u_{cd} = 6(\text{V})$$

当以 b 为参考点时，如图 1-27(c) 所示，各点电位计算如下：

$$V_b = 0$$
$$V_a = u_{ab} = 2 \times 0.5 = 1(\text{V})$$
$$V_c = u_{cb} = 3 \times 1 = 3(\text{V})$$
$$V_d = u_{db} = -2 \times 1.5 = -3(\text{V})$$

建立电位概念后，可以简化电路图。即在电路中不画出电源，而是用电源值和极性来表示电源。在电子电路中，经常采用这种简化电路图。

【例 1-6】 电路如图 1-28(a) 所示，求 A 点电位 V_A。

解： 将电路改画成图 1-28(b) 所示电路。求 A 点电位，实际就是求电压 u_{AO}。

对节点 A 应用 KCL，对回路 I 和回路 II 分别应用 KVL 及元件的 VCR，可得

$$\begin{cases} i_1 + i_2 - i_3 = 0 \\ -4 + 2i_1 + i_3 = 0 \\ 2 - i_3 - 2i_2 = 0 \end{cases}$$

解此方程组可得：$i_1 = 1.25(\text{A})$，$i_2 = 0.25(\text{A})$，$i_3 = 1.5(\text{A})$

故 A 点电位为：$V_A = u_{AO} = 1 \times 1.5 = 1.5(\text{V})$

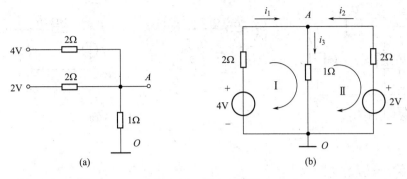

图 1-28　例 1-6 的图

小　结

本章主要讲解电路的基本概念,描述电路的变量及其参考方向,基尔霍夫定律、电路元件的性质以及支路电流法。电路由电源、负载和中间环节组成。电路重要的作用是实现电能的转换、传输与分配,或完成信号的传输与处理。

电路的主要物理量有电流、电压、电功率和电能等。在复杂电路中,电压和电流的真实方向往往很难确定,电路中只标出参考方向。KCL 和 KVL 均是对参考方向列方程,根据方程的解的正、负,与参考方向相比较来确定实际方向。

当元件上的电压和电流为关联参考方向时,$p>0$,表示元件吸收功率;如为非关联参考方向,$p>0$,表示元件发出功率。

独立电压源的端电压是给定的函数,端电流由外电路确定(一般不为 0);独立电流源的端电流是给定的函数,端电压由外电路确定(一般不为 0)

受控源的本质不是电源,往往是一个元件或者一个电路的抽象化模型,不关心如何控制,只关心控制关系。在求解电路时,把受控源当成独立源去列写方程,然后代入控制关系。

习　题

1-1　在题 1-1 图所示电路中,已知:$U_1=1V,U_2=-6V,U_3=-4V,U_4=5V,U_5=-10V,$
$I_1=1A,I_2=-3A,I_3=4A,I_4=-1A,I_5=-3A$。

试求:(1)各二端元件吸收的功率;(2)整个电路吸收的功率。

1-2　电路如题 1-2 图所示。试求开关 S 断开后,电流 i 和 b 点的电位。

1-3　电路如题 1-3 图所示。已知:$u_{s1}=10V,R_1=2\Omega,R_2=1\Omega,i_{s1}=1A,i_{s2}=3A$。求电压源和各电流源发出的功率。

1-4　在题 1-4 图所示电路中,已知:$u_1=2V,u_2=12V,u_3=10V,u_4=6V,u_5=8V,u_6=$

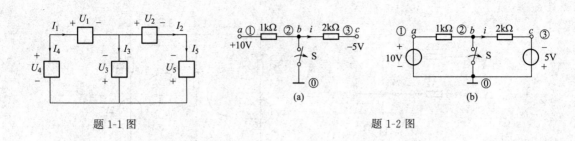

题 1-1 图　　　　　　　　　　题 1-2 图

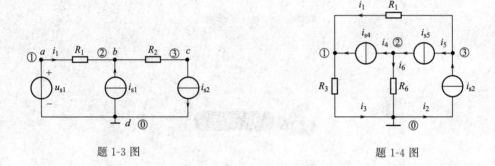

题 1-3 图　　　　　　　　　　题 1-4 图

4V，$i_1=-6A$，$i_2=4A$，$i_3=-9A$，$i_4=3A$，$i_5=2A$，$i_6=5A$。

试用观察法求各支路电压和支路电流。

1-5　题 1-5 图电路中，已知：$i_{s2}=8A$，$i_{s4}=1A$，$i_{s5}=3A$，$R_1=2\Omega$，$R_3=3\Omega$，$R_6=6\Omega$。

试用观察法求各支路电流和支路电压。

1-6　电路如题 1-6 图所示，求电压 U_{ab}。

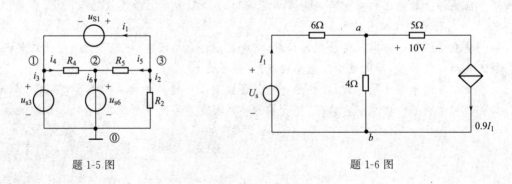

题 1-5 图　　　　　　　　　　题 1-6 图

1-7　题 1-7 图所示电路中，求电压源和电流源的功率，并判断是吸收功率还是发出功率。

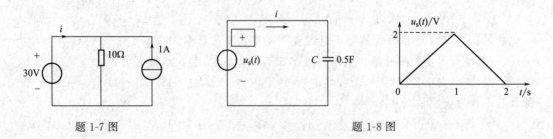

题 1-7 图　　　　　　　　　　题 1-8 图

1-8　电路如题 1-8 图所示，求电流电容的 i、功率 $P(t)$ 和储能 $W(t)$。

1-9　如题 1-9 图所示，电路中开关 S 原来处于闭合状态。经过很长时间后，打开开关 S，求开关断开瞬间电流 i 的值。

1-10　利用叠加原理如题 1-10 图所示，计算电流 i 和受控源的吸收功率。

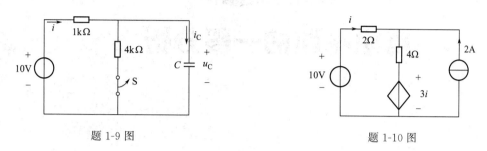

题 1-9 图　　　　　　　　　　　　题 1-10 图

第2章

电阻电路的一般分析

由线性电阻和电源元件(含线性受控源)构成的电路,称为线性电阻电路,简称电阻电路。本章主要讨论电阻电路的等效变换,及其一般分析方法和基本定理。

2.1 电路的等效变换

电路分析时,可以把电路中的某一部分用一个较为简单的电路来替代,使整个电路得以简化。如图 2-1(a)中,虚线框内由几个电阻构成的电路可以用图 2-1(b)所示的一个电阻 R_{eq} 来替代。当然,这种替代是有条件的,即替代前后,被替代部分端子间的电压和电流保持不变。此时,替代与被替代的电路在整个电路中的效果是相同的。这就是"等效"的概念。图 2-1(b)中的 R_{eq} 称为等效电阻。

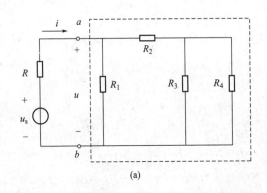
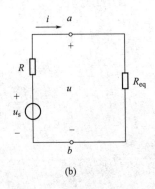

图 2-1　等效电阻

一般地,当电路中的某一部分用其等效电路替代后,未被替代部分的电压和电流均应保持不变。需要注意的是,用等效变换的方法求解电路时,电压和电流保持不变的部分是等效电路以外的部分,这就是"对外等效"的概念。等效电路与被它替代的那部分电路显然是不同的,用 R_{eq} 替代图 2-1(a)中的虚线框部分电路后,很容易按图 2-1(b)求得电流 i 和电压 u;但如果要求解图 2-1(a)中虚线框内各电阻的电流和电压,必须回到原电路,根据已经求得的电流 i 和电压 u 进行求解。

2.2　电阻的串联和并联

2.2.1　电阻的串联

图 2-2(a)所示电路是由 n 个电阻 $R_1, R_2, \cdots, R_n$ 串联构成的。电阻串联时，每个电阻上流过的是同一个电流。

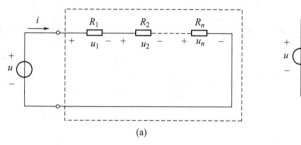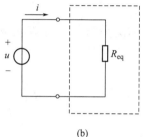

(a)　　　　　　　　　　(b)

图 2-2　电阻的并联

在这一电路中，根据 KCL 和电阻元件的 VCR，可得

$$u = u_1 + u_2 + \cdots + u_n = R_1 i + R_2 i + \cdots + R_n i = (R_1 + R_2 + \cdots + R_n)i$$

此时，如果用一个电阻 R_{eq} 替代这 n 个串联的电阻，如图 2-2(b) 所示，并且使

$$R_{eq} = R_1 + R_2 + \cdots + R_n = \sum_{k=1}^{n} R_k \tag{2-1}$$

显然，R_{eq} 是这些串联电阻的等效电阻。而且，R_{eq} 必然大于其中任何一个串联电阻的阻值。

电阻串联时，各电阻上的电压为

$$u_k = R_k i = \frac{R_k}{R_{eq}} u, \quad k = 1, 2, \cdots, n \tag{2-2}$$

上式说明，电阻串联时，各个电阻的电压与该电阻的阻值成正比。或者说，总电压是根据各个串联电阻的阻值进行分配的，阻值大的电阻上分得的电压也大。式(2-2) 称为串联分压公式。

2.2.2　电阻的并联

图 2-3(a) 所示为 n 个电阻的并联组合。电阻并联时，各电阻两端的电压是同一电压。根据 KCL，可得

$$i = i_1 + i_2 + \cdots + i_n = G_1 u + G_2 u + \cdots + G_n u = (G_1 + G_2 + \cdots + G_n)u$$

式中，G_1，G_2，$\cdots$，G_n 为电阻 R_1，R_2，$\cdots$，R_n 的电导。若用一个电阻替代这 n 个电阻，如图 2-3(b) 所示，且使该电阻的电导为：

$$G_{eq} = G_1 + G_2 + \cdots + G_n = \sum_{k=1}^{n} G_k \tag{2-3}$$

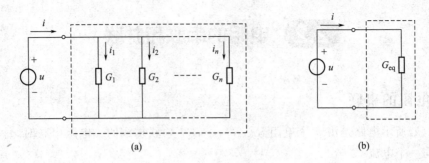

图 2-3 电阻的并联

显然，G_{eq} 为这 n 个电阻并联后的等效电导。并联后的等效电阻 R_{eq} 可由式（2-3）推得

$$\frac{1}{R_{eq}} = \frac{1}{R_1} + \frac{1}{R_2} + \cdots + \frac{1}{R_n} = \sum_{k=1}^{n} \frac{1}{R_k}$$

即

$$R_{eq} = \frac{1}{\dfrac{1}{R_1} + \dfrac{1}{R_2} + \cdots + \dfrac{1}{R_n}} = \frac{1}{\displaystyle\sum_{k=1}^{n} \dfrac{1}{R_k}} \tag{2-4}$$

不难看出，并联等效电阻小于任一个并联的电阻。

电阻并联时，各个电阻的电流为

$$i_k = G_k u = \frac{G_k}{G_{eq}} i, k = 1, 2, \cdots, n \tag{2-5}$$

上式说明，电阻并联时，各个电阻的电流与其电导值成正比。或者说，总电流是根据各个并联电阻的电导值进行分配的，电导值大的电阻上分得的电流也大。式（2-5）称为并联分流公式。

在电路分析中，经常遇到两个电阻并联的情况，如图 2-4 所示。由式（2-4）推出等效电阻为

$$R_{eq} = \frac{R_1 R_2}{R_1 + R_2} \tag{2-6}$$

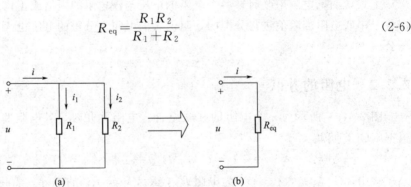

图 2-4 两个电阻的并联

两个并联电阻的分流可由式（2-5）推出：

$$i_1 = \frac{R_2}{R_1 + R_2} i$$

$$i_2 = \frac{R_1}{R_1 + R_2} i$$

（2-7）

若电阻的连接中既有串联又有并联，则称为电阻的串并联或混联。对于电阻混联电路，可依据其串、并联关系逐次对电路进行等效变换，最终等效为一个电阻。如图 2-5 所示，R_3、R_4 串联后与 R_2 并联，再与 R_1 串联，其等效电阻为

$$R_{eq} = R_1 + \frac{R_2(R_3 + R_4)}{R_2 + R_3 + R_4}$$

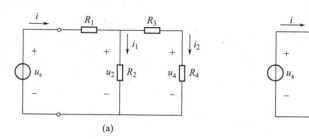 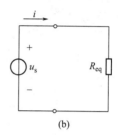

(a)　　　　　　　　　　　　(b)

图 2-5　电阻的混联

【例 2-1】　在图 2-5（a）所示电路中，已知：$R_1 = R_2 = 3\Omega$，$R_3 = 2\Omega$，$R_4 = 4\Omega$，$u_s = 6V$。求各支路电流以及电阻 R_2 和 R_4 上的电压 u_2 和 u_4。

解： 各支路电流和电压的参考方向如图中所示。根据电阻的串、并联关系，将电路等效为如图 2-5（b）所示，等效电阻为

$$R_{eq} = R_1 + \frac{R_2(R_3 + R_4)}{R_2 + R_3 + R_4} = 3 + \frac{3 \times (2+4)}{3+2+4} = 5(\Omega)$$

由图 2-5（b）可知：

$$i = \frac{u_s}{R_{eq}} = \frac{6}{5} = 1.2(A)$$

回到原电路，即图 2-5（a），根据分流公式，求得

$$i_1 = \frac{R_3 + R_4}{R_2 + R_3 + R_4} i = \frac{2+4}{3+2+4} \times 1.2 = 0.8(A)$$

$$i_2 = \frac{R_2}{R_2 + R_3 + R_4} i = \frac{3}{3+2+4} \times 1.2 = 0.4(A)$$

进而求得

$$u_2 = R_2 i_1 = 3 \times 0.8 = 2.4(V)$$

$$u_4 = R_4 i_2 = 4 \times 0.4 = 1.6(V)$$

2.3　电阻的Y形连接和△形连接及其等效变换

1．Y 形连接和△形连接

在电路中，电阻有时既非串联，也非并联。如图 2-6 所示，电阻 R_1、R_2、R_3 构成一个

Y 形连接，而 R_{12}、R_{23}、R_{31} 构成一个△形连接。端子 1、2、3 与电路的其他部分连接，图中未画出。当图 2-6(a)、(b) 所示的两种连接满足一定的条件时，它们就可以相互等效变换。这种等效变换的条件就是对应端子之间具有相同的电压 u_{12}、u_{23} 和 u_{31}，并且流入对应端子的电流分别相等，即 $i_1=i_1'$，$i_2=i_2'$，$i_3=i_3'$。

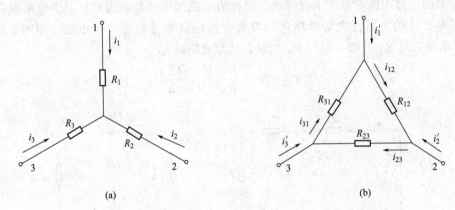

(a)   (b)

图 2-6   Y 形连接和△形连接

对于△形连接电路，各电阻的电流为

$$i_{12}=\frac{u_{12}}{R_{12}}, \quad i_{23}=\frac{u_{23}}{R_{23}}, \quad i_{31}=\frac{u_{31}}{R_{31}}$$

由 KCL，可得各端子电流为

$$\left. \begin{aligned} i_1'&=i_{12}-i_{31}=\frac{u_{12}}{R_{12}}-\frac{u_{31}}{R_{31}} \\ i_2'&=i_{23}-i_{12}=\frac{u_{23}}{R_{23}}-\frac{u_{12}}{R_{12}} \\ i_3'&=i_{31}-i_{23}=\frac{u_{31}}{R_{31}}-\frac{u_{23}}{R_{23}} \end{aligned} \right\} \qquad (2\text{-}8)$$

对于 Y 形连接电路，根据 KCL 和 KVL，可列出

$$i_1+i_2+i_3=0$$
$$R_1 i_1-R_2 i_2=u_{12}$$
$$R_2 i_2-R_3 i_3=u_{23}$$

解得：

$$\left. \begin{aligned} i_1&=\frac{R_3 u_{12}}{R_1 R_2+R_2 R_3+R_3 R_1}-\frac{R_2 u_{31}}{R_1 R_2+R_2 R_3+R_3 R_1} \\ i_2&=\frac{R_1 u_{23}}{R_1 R_2+R_2 R_3+R_3 R_1}-\frac{R_3 u_{12}}{R_1 R_2+R_2 R_3+R_3 R_1} \\ i_3&=\frac{R_2 u_{31}}{R_1 R_2+R_2 R_3+R_3 R_1}-\frac{R_1 u_{23}}{R_1 R_2+R_2 R_3+R_3 R_1} \end{aligned} \right\} \qquad (2\text{-}9)$$

2. Y 形连接和△形连接等效

当 Y 形连接和△形连接等效时，流入对应端子的电流相等。比较式(2-8) 和式(2-9) 可得

$$R_{12}=R_1+R_2+\frac{R_1R_2}{R_3}$$
$$R_{23}=R_2+R_3+\frac{R_2R_3}{R_1}$$
$$R_{31}=R_3+R_1+\frac{R_3R_1}{R_2}$$

(2-10)

式(2-10) 就是 Y→△变换时，已知 Y 形连接的 3 个电阻，求解等效变换成△形连接的 3 个电阻的计算公式。

当已知△形连接的 3 个电阻，求解△→Y 等效变换时，Y 形连接的 3 个电阻的计算公式为

$$R_1=\frac{R_{12}R_{31}}{R_{12}+R_{23}+R_{31}}$$
$$R_2=\frac{R_{23}R_{12}}{R_{12}+R_{23}+R_{31}}$$
$$R_3=\frac{R_{31}R_{23}}{R_{12}+R_{23}+R_{31}}$$

(2-11)

如果 Y（或△）形连接中的 3 个电阻相等，则等效变换为△（或 Y）形连接的 3 个电阻也相等，且有

$$R_{\triangle}=3R_{Y}\ 或\ R_{Y}=\frac{1}{3}R_{\triangle}$$

【例 2-2】 求图 2-7(a) 所示电路的等效电阻 R_{ab}。

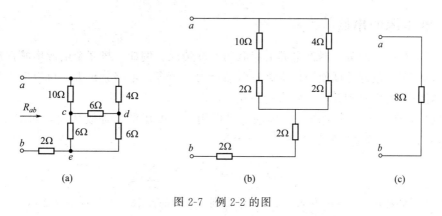

图 2-7 例 2-2 的图

解：将节点 c、d、e 内△形连接的 3 个 6Ω 电阻用等效的 Y 形电路替代，得到图 2-7(b) 所示电路。其中

$$R_{Y}=\frac{1}{3}\times6=2(\Omega)$$

再利用电阻的串、并联关系，得到图 2-7(c)，求得

$$R_{ab}=\frac{(10+2)\times(4+2)}{10+2+4+2}+2+2=8(\Omega)$$

本例也可将节点 a、d、e 内 Y 形电路（以 c 为公共节点）等效变换为△形电路，然后利用串、并联关系求解。求解过程的电路如图 2-8 所示。

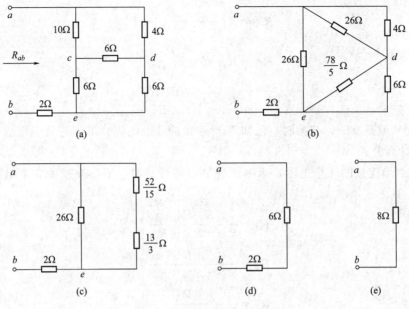

图 2-8　例 2-2 的另一种解法

2.4 电压源、电流源的串联和并联

2.4.1 电压源的串联

在工程实践中，经常会遇到电源的串联与并联情况。例如，将多个电源串联使用以提高输出电压，将多个电源并联使用以提高带负载能力，等等。电路分析中，可以应用等效变换的方法，对电源的串联和并联电路进行简化。

图 2-9(a) 所示为 n 个电压源的串联，可以用一个电压源来等效替代，如图 2-9(b) 所示。根据 KVL，等效电压源的电压为

$$u_s = u_{s1} + u_{s2} + \cdots + u_{sn} = \sum_{k=1}^{n} u_{sk}$$

上式中，如果 u_{sk} 的参考方向与 u_s 一致，则 u_{sk} 的前面取 "+" 号，反之取 "−" 号。

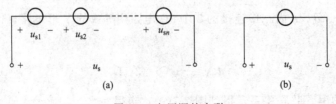

图 2-9　电压源的串联

2.4.2 电流源并联

图 2-10(a) 所示为 n 个电流源的并联，可以用一个电流源来等效替代，如图 2-10(b)

所示。根据 KCL，等效电流源的电流为

$$i_s = i_{s1} + i_{s2} + \cdots + i_{sn} = \sum_{k=1}^{n} i_{sk}$$

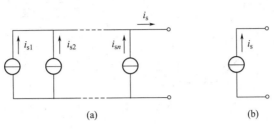

图 2-10　电流源的并联

上式中，如果 i_{sk} 的参考方向与 i_s 的参考方向一致，则 i_{sk} 的前面取 "＋" 号，反之取 "－" 号。

只有电压相同且极性一致的电压源才允许并联，否则将违反 KVL。其等效电路为其中的任一电压源，但是电压源的并联组合向外部提供的电流在各个电压源之间的分配是无法确定的。

只有电流相等且方向一致的电流源才允许串联，否则将违反 KCL。其等效电路为其中的任一电流源，但是电流源的串联组合中总电压在各个电流源之间的分配是无法确定的。

2.5　实际电源的模型及其等效变换

2.5.1　实际电源的两种模型

实际电源可以用两种不同的电路模型来表示。一种是用理想电压源与电阻的串联组合来表示，称为电源的戴维南模型；另一种是用理想电流源与电阻的并联组合来表示，称为电源的诺顿模型。

1. 戴维南模型

图 2-11(a) 所示为实际电源的戴维南模型。根据 KVL，其输出电压 u 和输出电流 i 的关系为

$$u = u_s - Ri \tag{2-12}$$

在 $u\text{-}i$ 平面上，其外特性为一条直线，如图 2-11(b) 所示。其与 u、i 轴各有一个交点，与 u 轴的交点相当于 $i=0$ 时的电压，即开路电压，用 u_{oc} 表示，$u_{oc}=u_s$；与 i 轴的交点相当于 $u=0$ 时的电流，即短路电流，用 i_{sc} 表示，$i_{sc}=\dfrac{u_s}{R}$。

2. 诺顿模型

图 2-12(a) 所示为实际电源的诺顿模型。根据 KCL，其输出电压 u 和输出电流 i 的关系为

$$i = i_s - \frac{u}{R} \tag{2-13}$$

在 u-i 平面上，其外特性也为一条直线，如图 2-12(b) 所示。与戴维南模型一样，其与 u、i 轴的交点分别为开路电压和短路电流点，且 $u_{oc}=Ri_s$，$i_{sc}=i_s$。

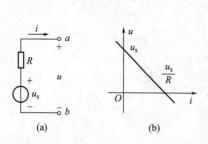

图 2-11　实际电源的戴维南模型及其外特性

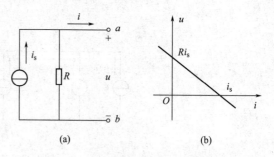

图 2-12　实际电源的诺顿模型及其外特性

2.5.2　实际电源模型的等效变换

由式(2-12)和式(2-13)可以看出，只要实际电源的戴维南模型中理想电压源串联的电阻与诺顿模型中理想电流源并联的电阻相同，且满足 $u_s=Ri_s$，式(2-12)和式(2-13)所示的两个方程将完全相同。这也是两种实际电源模型等效变换必须满足的条件。要注意的是 u_s 和 i_s 的参考方向，i_s 的参考方向是由 u_s 的负极指向正极。

应当指出，两种模型的等效只是对外部等效，对内部而言并不等效。例如，在图 2-11 和图 2-12 中，端子 a、b 开路时，对外均不发出功率，但此时电压源发出的功率为零，电流源发出的功率为 i_s^2R；反之，若端子 a、b 短路，电流源发出的功率为零，电压源发出的功率为 $\dfrac{u_s^2}{R}$。

还应强调，单独的电压源和电流源之间是不能进行等效变换的。

【例 2-3】　求图 2-13(a) 所示电路中的电流 i。

解：图 2-13(a) 所示电路可以简化为图 2-13(e) 所示的单回路电路，简化过程如图 2-13(b)、(c)、(d)、(e) 所示。由化简后的电路求得电流为

$$i=\frac{1}{3+2}=0.2(\text{A})$$

受控电压源、电阻的串联组合与受控电流源、电阻的并联组合也可以利用以上方法进行等效变换。此时，应当把受控源当做独立源处理，需要注意的是在变换过程中要保留控制量所在支路，不要把它消掉。

【例 2-4】　在图 2-14(a) 所示电路中，已知 $u_s=12\text{V}$，$R=2\Omega$，VCCS 的电流 i_c 受电阻 R 上的电压 u_R 控制，并且 $i_c=gu_R$，$g=2\text{S}$。求 u_R、i、i_1 及 i_c。

解：利用等效变换，将受控电流源与电阻的并联组合变换为受控电压源与电阻的串联组合，但要保留控制量 u_R 所在支路，如图 2-14(b) 所示。

等效变换后，受控电压源的电压为：

$$u_c=Ri_c=2\times2u_R=4u_R$$

对图 2-14(b) 所示单回路电路应用 KVL，有

$$Ri+Ri+u_c=u_s$$

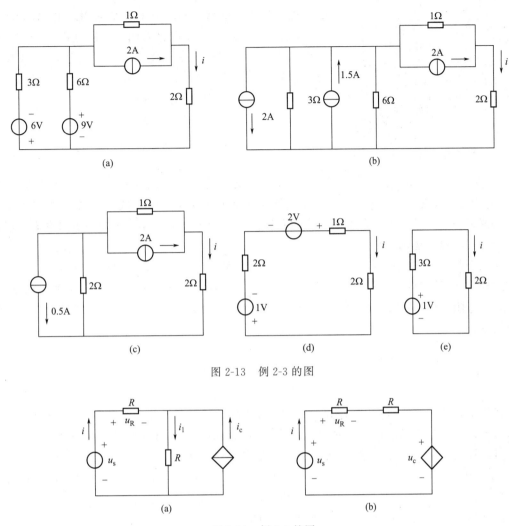

图 2-13　例 2-3 的图

图 2-14　例 2-4 的图

而 $u_R = Ri$，$u_c = 4u_R$，代入上式，得

$$2u_R + u_c = u_s$$

$$u_R = \frac{u_s}{6} = 2(\text{V})$$

回到图 2-14(a)，求得

$$i = \frac{u_R}{R} = \frac{2}{2} = 1(\text{A})$$

$$i_c = gu_R = 2 \times 2 = 4(\text{A})$$

$$i_1 = i + i_c = 1 + 4 = 5(\text{A})$$

2.6 支路电流法

以支路电流为网络变量求解电路的分析方法，称为支路电流法，有时也简称为支路法。

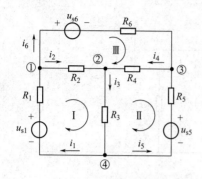

图 2-15　支路电流法

支路电流法列写网络方程的依据就是 KCL、KVL 和元件的 VCR。以图 2-15 所示电路为例，电路共有 4 个节点和 6 条支路。对①、②、③、④这 4 个节点分别列写 KCL 方程，有

$$i_1 - i_2 - i_3 = 0$$
$$i_2 - i_3 + i_4 = 0$$
$$-i_4 + i_5 + i_6 = 0$$
$$-i_1 + i_3 - i_5 = 0$$

由于任一支路的电流在流入一个节点的同时，必然从另一个节点流出，因此，以上这 4 个方程并非相互独立。去掉其中的任意一个，余下的 3 个方程便是独立的了。求解 6 个未知的支路电流，还需要 3 个方程，可以运用 KVL 列出。

在图 2-15 中，电路共有 7 个回路，应用 KVL 可以列出 7 个方程。但是，进一步的研究可以发现，在所有这些方程中，只有 3 个是独立的。例如，按网孔Ⅰ、Ⅱ、Ⅲ列出的 KVL 方程（各电阻上的电压根据元件的 VCR 关系，用电流表示代入到方程中）就是独立的，它们分别是：

$$-u_{s1} + R_1 i_1 + R_2 i_2 + R_3 i_3 = 0$$
$$-R_3 i_3 - R_4 i_4 - R_5 i_5 + u_{s5} = 0$$
$$u_{s6} + R_6 i_6 + R_4 i_4 - R_2 i_2 = 0$$

将以上 3 个独立的 KVL 方程和前面 4 个方程中的任意 3 个独立的 KCL 方程联立，就可以求出 6 条支路的电流。进一步应用元件的 VCR 和 KVL，还可以求出各支路电压。

可以证明，对于一个具有 b 条支路、n 个节点的电路，可以列出 $(n-1)$ 个独立的 KCL 方程和 $(b-n+1)$ 个独立的 KVL 方程。独立 KCL 方程的列写比较容易，而列写独立 KVL 方程的关键是要选取一组独立回路。对于平面电路来说，网孔就是一组独立回路，选取网孔作为一组独立回路是比较方便和直观的。

支路电流法分析电路问题的步骤归纳如下：

（1）设定各支路电流的参考方向。

（2）根据 KCL 列出 $(n-1)$ 个独立的节点电流方程。

（3）选取独立回路，根据 KVL 列出 $(b-n+1)$ 个独立的回路电压方程。

（4）将以上列出的 b 个方程联立求解，求出各支路电流。

（5）根据需要，由支路电流求解其他待求量。

【例 2-5】 如图 2-16 所示电路，$u_{s1}=140\text{V}$，$u_{s2}=90\text{V}$，$R_1=20\Omega$，$R_2=5\Omega$，$R_3=6\Omega$。求各支路电流及各元件功率。

解：对节点①列写 KCL 方程，选取网孔作为独立回路，并对网孔Ⅰ、Ⅱ分别列写 KVL 方程，可得

$$\begin{cases} i_1 + i_2 - i_3 = 0 \\ -u_{s1} + R_1 i_1 + R_3 i_3 = 0 \\ -R_3 i_3 - R_2 i_2 + u_{s2} = 0 \end{cases}$$

将各参数代入方程组，有

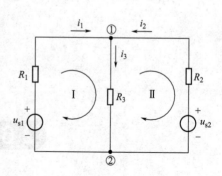

图 2-16　例 2-5 的图

$$\begin{cases} i_1 + i_2 - i_3 = 0 \\ -140 + 20i_1 + 6i_3 = 0 \\ -6i_3 - 5i_2 + 90 = 0 \end{cases}$$

解得：$i_1 = 4(\text{A})$，$i_2 = 6(\text{A})$，$i_3 = 10(\text{A})$

电压源 u_{s1} 发出的功率为：$p_{s1} = u_{s1} i_1 = 140 \times 4 = 560(\text{W})$

电压源 u_{s2} 发出的功率为：$p_{s2} = u_{s2} i_2 = 90 \times 6 = 540(\text{W})$

电阻 R_1、R_2、R_3 上吸收的功率分别为

$$p_{R1} = R_1 i_1^2 = 20 \times 4^2 = 320(\text{W})$$

$$p_{R2} = R_2 i_2^2 = 5 \times 6^2 = 180(\text{W})$$

$$p_{R3} = R_3 i_3^2 = 6 \times 10^2 = 600(\text{W})$$

无并联电阻的电流源称为无伴电流源。如果电路中含有电流源，用支路电流法分析计算时会遇到困难，可以采用以下几种方法处理。

（1）将电流源和与之并联的电阻等效变换为电压源和电阻的串联组合，再利用支路电流法求解。但是对于含有无伴电流源支路的电路，需要采用其他方法求解。

（2）以电流源的电压作为未知变量列写 KVL 方程。此时，虽然增加了电流源的电压这一未知变量，但由于电流源所在支路的电流是已知的，因此能够保证独立方程数目与未知变量数目相等。

（3）避开电流源支路，选择不含电流源的独立回路列写 KVL 方程。此时，所列写的独立 KVL 方程数目将少于电路中的独立回路数，所少数目等于无伴电流源的支路数目，因电流源所在支路电流为已知，所以，仍能保证独立方程数目等于未知变量数目。

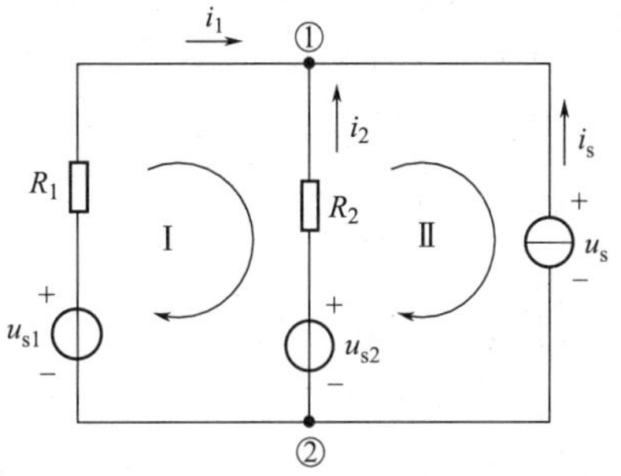

【例 2-6】　如图 2-17 所示电路，$u_{s1} = 100\text{V}$，$u_{s2} = 80\text{V}$，$i_s = 1\text{A}$，$R_1 = 40\Omega$，$R_2 = 1\Omega$。求支路电流 i_1、i_2 及电流源电压 u_s。

图 2-17　例 2-6 的图

解：电路中具有无伴电流源支路。设电流源的电压为 u_s，对节点①应用 KCL，对网孔Ⅰ、Ⅱ分别应用 KVL，有

$$\begin{cases} i_1 + i_2 + i_s = 0 \\ -u_{s1} + R_1 i_1 - R_2 i_2 + u_{s2} = 0 \\ u_s - u_{s2} + R_2 i_2 = 0 \end{cases}$$

将各已知参数代入方程组，可得

$$\begin{cases} i_1 + i_2 + 1 = 0 \\ -100 + 40i_1 - 10i_2 + 80 = 0 \\ u_s - 80 + 10i_2 = 0 \end{cases}$$

解得：$i_1 = 0.2(\text{A})$，$i_2 = -1.2(\text{A})$，$u_s = 92(\text{V})$

2.7　网孔法

网孔法是求解平面电路的一种方法。它以网孔电流作为电路的独立变量，对每一个网孔列写 KVL 方程；解得网孔电流后，由网孔电流求得电路中各支路电流和其他变量。所谓网

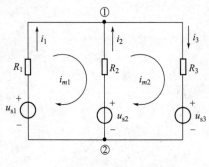

图 2-18 网孔电路

孔电流，是平面电路中一个假想的在网孔中循环流动的电流。实际上，并不存在以网孔作为循环路径的网孔电流。为了分析计算，假想每一个网孔中都有一个循环的网孔电流，并把各支路电流认为是相应网孔电流叠加的结果。由于平面电路的全部网孔就是一组独立回路，因此采用网孔法列写的 KVL 方程必然是独立的。

如图 2-18 所示电路，设网孔电流为 i_{m1} 和 i_{m2}，其绕行方向如图中所示。支路电流 i_1、i_2、i_3 可以用网孔电流表示为

$$
\begin{aligned}
i_1 &= i_{m1} \\
i_2 &= i_{m2} - i_{m1} \\
i_3 &= i_{m2}
\end{aligned}
\tag{2-14}
$$

对于网孔 1 和网孔 2，按网孔电流的绕行方向列写 KVL 方程，有

$$
\left.
\begin{aligned}
-u_{s1} + R_1 i_1 - R_2 i_2 + u_{s2} &= 0 \\
-u_{s2} + R_2 i_2 + R_3 i_3 + u_{s3} &= 0
\end{aligned}
\right\}
\tag{2-15}
$$

将式(2-14) 代入式(2-15)，整理后可得

$$
\left.
\begin{aligned}
(R_1 + R_2) i_{m1} - R_2 i_{m2} &= u_{s1} - u_{s2} \\
-R_2 i_{m1} + (R_2 + R_3) i_{m2} &= u_{s2} - u_{s3}
\end{aligned}
\right\}
\tag{2-16}
$$

式(2-16) 就是以网孔电流为变量的网孔电流方程。

如果令 $R_{11} = R_1 + R_2$，$R_{12} = R_{21} = -R_2$，$R_{22} = R_2 + R_3$，$u_{s11} = u_{s1} - u_{s2}$，$u_{s22} = u_{s2} - u_{s3}$，则式(2-16) 改写成如下一般形式：

$$
\left.
\begin{aligned}
R_{11} i_{m1} + R_{12} i_{m2} &= u_{s11} \\
R_{21} i_{m1} + R_{22} i_{m2} &= u_{s22}
\end{aligned}
\right\}
\tag{2-17}
$$

上述方程中，$R_{11} i_{m1}$ 项代表网孔电流 i_{m1} 在网孔 1 内各电阻上引起的电压值和，$R_{22} i_{m2}$ 项代表网孔电流 i_{m2} 在网孔 2 内各电阻上引起的电压值和。R_{11} 和 R_{22} 分别等于网孔 1 和网孔 2 中的所有电阻之和，它们分别称为网孔 1 和网孔 2 的自电阻。由于网孔绕行方向和网孔电流参考方向一致，故 R_{11} 和 R_{22} 总为正值。$R_{12} i_{m2}$ 项代表网孔电流 i_{m2} 在网孔 1 中引起的电压，$R_{21} i_{m1}$ 项代表网孔电流 i_{m1} 在网孔 2 中引起的电压。R_{12} 和 R_{21} 的数值等于网孔 1 和网孔 2 的公共支路上的电阻，分别称为网孔 1 和网孔 2 的互电阻。当两个网孔电流在共有电阻上的参考方向相同时，表明一个网孔电流在共有电阻上引起的电压与另一个网孔的绕行方向一致，应取"＋"号，反之取"－"号。u_{s11} 和 u_{s22} 项分别代表网孔 1 和网孔 2 中的总电压源电压，分别等于网孔 1 和网孔 2 中所有电压源电压的代数和。当电压源电压参考方向与网孔绕行方向一致时取"－"号，反之取"＋"号。

对于具有 m 个网孔的平面电路，网孔电流方程的一般形式可由式(2-17) 推广得到，即

$$
\left.
\begin{aligned}
R_{11} i_{m1} + R_{12} i_{m2} + \cdots + R_{1m} i_{mm} &= u_{s11} \\
R_{21} i_{m1} + R_{22} i_{m2} + \cdots + R_{2m} i_{mm} &= u_{s22} \\
&\vdots \\
R_{m1} i_{m1} + R_{m2} i_{m2} + \cdots + R_{mm} i_{mm} &= u_{Smm}
\end{aligned}
\right\}
\tag{2-18}
$$

式中，

R_{kk} 称为回路 k 的自电阻，它是网孔 k 的各支路电阻之和。由于网孔绕行方向和网孔电流方向一致，因此，自电阻总是正值。

$R_{ij}(i \neq j)$ 称为网孔 i 和网孔 j 之间的互电阻，它等于网孔 i 和网孔 j 公共支路的电阻之和。当两个网孔电流在公共电阻上参考方向一致时为正，相反则为负。当网孔 i 和网孔 j 之间没有公共支路，或有公共支路但其电阻为零时，互电阻 $R_{ij}=0$。在电路中不含受控源的情况下，方程左边的系数具有对称性，即 $R_{ij}=R_{ji}$（$i \neq j$）。如果网孔的绕行方向全部一致，由于邻近的两个网孔电流在通过共有电阻时方向总是相反的，故互电阻总是负值。

u_{skk} 为网孔 k 的总电压源电压，它等于网孔 k 中所有电压源电压的代数和。其中，电源电压方向与网孔 k 的绕行方向一致时为正，反之为负。

用网孔法分析平面电路的步骤归纳如下：

（1）设定网孔电流和支路电流的参考方向，表示于图中。

（2）以网孔电流方向为绕行方向，按式(2-18)的形式列写网孔方程。

（3）解方程，求出各网孔电流。

（4）根据网孔电流与支路电流的关系，求出支路电流，进一步求得其他待求变量。

【例 2-7】 电路如图 2-19 所示，用网孔法求解各支路电流。

解：设各网孔电流和支路电流如图 2-19 所示，对于网孔 1、2、3，按式(2-18)列出网孔方程为

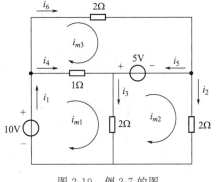

图 2-19　例 2-7 的图

$$\begin{cases}(1+2)i_{m1}+(-2)i_{m2}+(-1)i_{m3}=10 \\ (-2)i_{m1}+(2+2)i_{m2}=-5 \\ (-1)i_{m1}+(1+2)i_{m3}=5\end{cases}$$

即

$$\begin{cases}3i_{m1}-2i_{m2}-i_{m3}=10 \\ -2i_{m1}+4i_{m2}=-5 \\ -1i_{m1}+3i_{m3}=5\end{cases}$$

解方程，求得网孔电流为

$$i_{m1}=5.5(\text{A}), i_{m2}=1.5(\text{A}), i_{m3}=3.5(\text{A})$$

按照支路电流与网孔电流的关系，求得各支路电流为

$$\begin{cases}i_1=i_{m1}=5.5(\text{A}) \\ i_2=i_{m2}=1.5(\text{A}) \\ i_3=i_{m1}-i_{m2}=5.5-1.5=4(\text{A}) \\ i_4=i_{m1}-i_{m3}=5.5-3.5=2(\text{A}) \\ i_5=i_{m3}-i_{m2}=3.5-1.5=2(\text{A}) \\ i_6=i_{m3}=3.5(\text{A})\end{cases}$$

在应用网孔法的时候，如果电路中含有电流源与电阻的并联组合，可将其等效变换为电压源与电阻的串联组合，再按式(2-18)列写网孔方程。对于含有无伴电流源的电路，可以设电流源的电压为未知量，同时增加一个电流源电流对网孔电流的约束方程，仍然可以保证独立方程数等于未知变量数。

【例 2-8】 电路如图 2-20 所示，用网孔法求解各支路电流。

解：设网孔电流和各支路电流如图 2-20 所示。由于含有无伴电流源支路，故设电流源的电压为 u_s，列写网孔方程如下：

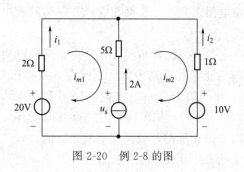

图 2-20 例 2-8 的图

$$\begin{cases} (2+5)i_{m1}+(-5)i_{m2}+u_s=20 \\ (-5)i_{m1}+(1+5)i_{m2}-u_s=-10 \\ i_{m2}-i_{m1}=2 \end{cases}$$

即

$$\begin{cases} 7i_{m1}-5i_{m2}+u_s=20 \\ -5i_{m1}+6i_{m2}-u_s=-10 \\ i_{m2}-i_{m1}=2 \end{cases}$$

解得:

$$i_{m1}=4(A),i_{m2}=2(A),u_s=2(V)$$

进一步求得各支路电流为

$$\begin{cases} i_1=i_{m1}=4(A) \\ i_2=-i_{m2}=-2(A) \end{cases}$$

2.8 节点电压法

在电路中任意选择某一节点作为参考节点,其余节点都是独立节点。各独立节点相对于参考节点之间的电压称为节点电压。节点电压的极性是以参考节点为负,其余各独立节点为正。

以一组独立节点的节点电压为未知变量,应用KCL建立电路方程,求出节点电压,继而求解各支路电流及其他变量,这种方法称为节点电压法。

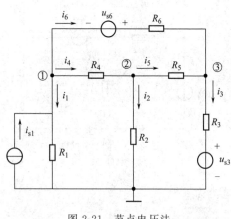

图 2-21 节点电压法

如图 2-21 所示电路,共有 4 个节点,选定参考节点后,其余的节点①、②、③便是一组独立节点。设各节点电压为 u_{n1}、u_{n2}、u_{n3},对独立节点①、②、③应用 KCL,有

$$\left.\begin{matrix} i_1+i_4+i_6=0 \\ i_4-i_2-i_5=0 \\ i_5+i_6-i_3=0 \end{matrix}\right\} \qquad (2\text{-}19)$$

根据 KVL 和元件的 VCR,各支路电流 i_1,i_2,$\cdots$,i_6 可用有关的节点电压表示为

$$\left.\begin{aligned} i_1 &= \frac{u_{n1}}{R_1}-i_{s1} \\[4pt] i_2 &= \frac{u_{n2}}{R_2} \\[4pt] i_3 &= \frac{u_{n3}-u_{s3}}{R_3} \\[4pt] i_4 &= \frac{u_{n1}-u_{n2}}{R_4} \\[4pt] i_5 &= \frac{u_{n2}-u_{n3}}{R_5} \\[4pt] i_6 &= \frac{u_{n1}-u_{n3}-u_{s6}}{R_6} \end{aligned}\right\} \qquad (2\text{-}20)$$

将支路电流表示式(2-20) 代入式(2-19)，整理后可得到以节点电压为变量的方程为

$$
\left.
\begin{aligned}
\left(\frac{1}{R_1}+\frac{1}{R_4}+\frac{1}{R_6}\right)u_{n1}-\frac{1}{R_4}u_{n2}-\frac{1}{R_6}u_{n3}&=i_{s1}-\frac{u_{s6}}{R_6} \\
-\frac{1}{R_4}u_{n1}+\left(\frac{1}{R_2}+\frac{1}{R_4}+\frac{1}{R_5}\right)u_{n2}-\frac{1}{R_5}u_{n3}&=0 \\
-\frac{1}{R_6}u_{n1}-\frac{1}{R_5}u_{n2}+\left(\frac{1}{R_3}+\frac{1}{R_5}+\frac{1}{R_6}\right)u_{n3}&=\frac{u_{s3}}{R_3}
\end{aligned}
\right\}
\quad(2\text{-}21)
$$

式(2-21) 可以写为

$$
\left.
\begin{aligned}
(G_1+G_4+G_6)u_{n1}-G_4u_{n2}-G_6u_{n3}&=i_{s1}-G_6u_{s6} \\
-G_4u_{n1}+(G_2+G_4+G_5)u_{n2}-G_5u_{n3}&=0 \\
-G_6u_{n1}-G_5u_{n2}+(G_3+G_5+G_6)u_{n3}&=G_3u_{s3}
\end{aligned}
\right\}
\quad(2\text{-}22)
$$

如果令 $G_{11}=G_1+G_4+G_6$，$G_{22}=G_2+G_4+G_5$，$G_{33}=G_3+G_5+G_6$，分别为节点①、②、③的自电导，它们分别等于连接于各节点的支路电导之和，自电导总是正的；令 $G_{12}=G_{21}=-G_4$，$G_{13}=G_{31}=-G_6$，$G_{23}=G_{32}=-G_5$，分别为①、②，①、③和②、③这 3 对节点间的互电导，它们等于连接于两个节点之间的支路电导的负值，互电导总是负的；令 $i_{s11}=i_{s1}-G_6u_{s6}$，$i_{s22}=0$，$i_{s33}=G_3u_{s3}$，分别表示节点①、②、③的注入电流，它们分别等于流向节点的电流源电流的代数和，流入节点为正，流出节点为负。注入电流还要包括电压源与电阻串联组合经等效变换后形成的电流源电流。则式(2-22) 可以写成节点电压方程的一般形式：

$$
\left.
\begin{aligned}
G_{11}u_{n1}+G_{12}u_{n2}+G_{13}u_{n3}&=i_{s11} \\
G_{21}u_{n1}+G_{22}u_{n2}+G_{23}u_{n3}&=i_{s22} \\
G_{31}u_{n1}+G_{32}u_{n2}+G_{33}u_{n3}&=i_{s33}
\end{aligned}
\right\}
\quad(2\text{-}23)
$$

将式(2-23) 推广到具有 n 个独立节点的电路，其节点电压方程为

$$
\left.
\begin{aligned}
G_{11}u_{n1}+G_{12}u_{n2}+\cdots+G_{1n}u_{nn}&=i_{s11} \\
G_{21}u_{n1}+G_{22}u_{n2}+\cdots+G_{2n}u_{nn}&=i_{s22} \\
&\ \ \vdots \\
G_{n1}u_{n1}+G_{n2}u_{n2}+\cdots+G_{nn}u_{nn}&=i_{snn}
\end{aligned}
\right\}
\quad(2\text{-}24)
$$

式中，

(1) G_{kk} 为第 k 个节点的自电导，它等于连接于节点 k 的各支路电导之和，自电导总为正值。

(2) $G_{ij}(i\neq j)$ 为节点 i、j 之间的互电导，它等于连接于节点 i、j 之间的所有支路电导之和的负值，互电导总为负值。在电路中不含受控源的情况下，方程左边的系数具有对称性，即 $G_{ij}=G_{ji}(i\neq j)$。

(3) i_{skk} 为第 k 个节点的注入电流，它等于流向节点 k 的电流源（包括电压源与电阻串联组合经等效变换形成的电流源）电流的代数和，流入节点为正，流出节点为负。

综上所述，节点电压法的一般步骤归纳如下：

(1) 指定参考节点，并对其余各独立节点编号。

(2) 按照式(2-24) 的形式列写节点方程。

(3) 解方程，求出各节点电压。

(4) 根据需要，由各节点电压进一步求出其他待求量。

【例 2-9】　电路如图 2-22 所示，用节点电压法求各支路电流。

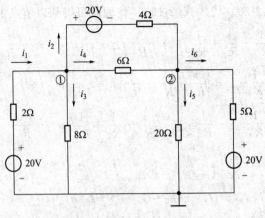

图 2-22 例 2-9 的图

解：选择参考节点如图 2-22 所示，对于独立节点①、②，按式（2-24）列出节点方程：

$$\begin{cases} \left(\dfrac{1}{2}+\dfrac{1}{8}+\dfrac{1}{6}+\dfrac{1}{4}\right)u_{n1}+\left(-\dfrac{1}{6}-\dfrac{1}{4}\right)u_{n2}=\dfrac{20}{2}+\dfrac{20}{4} \\ \left(-\dfrac{1}{6}-\dfrac{1}{4}\right)u_{n1}+\left(\dfrac{1}{4}+\dfrac{1}{6}+\dfrac{1}{20}+\dfrac{1}{5}\right)u_{n2}=\dfrac{20}{5}-\dfrac{20}{4} \end{cases}$$

整理后为

$$\begin{cases} 25u_{n1}-10u_{n2}=360 \\ -5u_{n1}+8u_{n2}=-12 \end{cases}$$

解方程可得：$u_{n1}=18.4（\text{V}）$，$u_{n2}=10（\text{V}）$。再由 KVL 和元件 VCR，求得各支路电流为

$$\begin{cases} i_1=\dfrac{20-u_{n1}}{2}=\dfrac{20-18.4}{2}=0.8（\text{A}） \\[2mm] i_2=\dfrac{u_{n1}-u_{n2}-20}{4}=\dfrac{18.4-10-20}{4}=-2.9（\text{A}） \\[2mm] i_3=\dfrac{u_{n1}}{8}=\dfrac{18.4}{8}=2.3（\text{A}） \\[2mm] i_4=\dfrac{u_{n1}-u_{n2}}{6}=\dfrac{18.4-10}{6}=1.4（\text{A}） \\[2mm] i_5=\dfrac{u_{n2}}{20}=\dfrac{10}{20}=0.5（\text{A}） \\[2mm] i_6=\dfrac{u_{n2}-20}{5}=\dfrac{10-20}{5}=-2（\text{A}） \end{cases}$$

无电阻与之串联的电压源称为无伴电压源。当电路中存在无伴电压源支路连接于两个节点之间时，由于该支路的电阻为零，其电导为无穷大，无伴电压源支路的电流不能通过所关联的两个节点电压来表示，列写节点电压方程时会遇到困难。通常的处理方法是增加无伴电压源的电流为未知变量，每引入一个这样的变量，同时增加一个节点电压与无伴电压源电压之间的约束关系。这样处理，依然可以保证独立方程数等于未知变量数，使问题得到解决。

【例 2-10】 电路如图 2-23 所示，用节点电压法求各支路电流。

解：电路中含有无伴电压源，设其电流为 i_1，其余各支路电流如图 2-23 所示。电路的

节点电压方程为

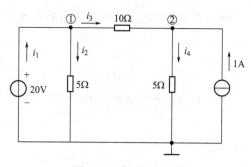

图 2-23　例 2-10 的图

$$\begin{cases} \left(\dfrac{1}{5}+\dfrac{1}{10}\right)u_{n1} - \dfrac{1}{10}u_{n2} = i_1 \\ -\dfrac{1}{10}u_{n1} + \left(\dfrac{1}{10}+\dfrac{1}{5}\right)u_{n2} = 1 \end{cases}$$

补充的约束关系为

$$u_{n1} = 20$$

以上 3 个方程联立求解，可得：$u_{n1}=20$ (V)，$u_{n2}=10$ (V)，$i_1=5$ (A)。

进一步求得

$$\begin{cases} i_2 = \dfrac{u_{n1}}{5} = \dfrac{20}{5} = 4(\text{A}) \\ i_3 = \dfrac{u_{n1}-u_{n2}}{10} = 1(\text{A}) \\ i_4 = \dfrac{u_{n2}}{5} = \dfrac{10}{5} = 2(\text{A}) \end{cases}$$

2.9　线性电路叠加定理

2.9.1　叠加定理

叠加定理是一个重要定理，其内容表述如下：在线性电路中，任一电压或电流都是电路中各个独立电源单独作用时，在该处产生的电压或电流的叠加。

叠加定理的重要意义在于，各独立电源的作用可以分开来考虑和计算，为分析电路问题提供了方便。各独立电源的单独作用就是依次相继地只保留一个独立电源在电路中，其余的独立电源全部置零，此时的电路称为相应独立电源单独作用下的分电路。电压源置零，就是在电压源处代之以短路；电流源置零，是在电流源处代之以开路。下面以例题说明叠加定理的应用。

【例 2-11】　电路如图 2-24(a) 所示，求 i_1、i_2、u 及 3Ω 电阻吸收的功率。

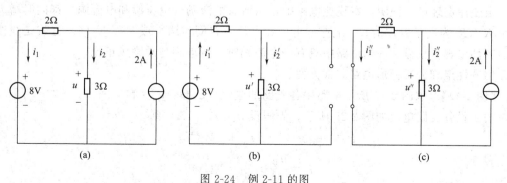

(a)　　　　　　　　　　(b)　　　　　　　　　　(c)

图 2-24　例 2-11 的图

解：当8V的电压源单独作用时，其分电路如图2-24（b）所示。

$$i_1' = i_2' = \frac{8}{2+3} = 1.6(\text{A})$$

$$u' = 3i_2' = 3 \times 1.6 = 4.8(\text{V})$$

当2A的电流源单独作用时，其分电路如图2-24（c）所示。

$$i_1'' = \frac{3}{2+3} \times 2 = 1.2(\text{A})$$

$$i_2'' = 2 - i_1'' = 2 - 1.2 = 0.8(\text{A})$$

$$u'' = 3i_2'' = 3 \times 0.8 = 2.4(\text{V})$$

叠加后，有

$$i_1 = -i_1' + i_1'' = -1.6 + 1.2 = -0.4(\text{A})$$

$$i_2 = i_2' + i_2'' = 1.6 + 0.8 = 2.4(\text{A})$$

$$u = u' + u'' = 4.8 + 2.4 = 7.2(\text{V})$$

3Ω电阻吸收的功率为

$$p = ui_2 = 7.2 \times 2.4 = 17.28(\text{W})$$

在本例中，两个电源单独作用时，3Ω电阻吸收的功率分别为

$$p' = u'i_2' = 4.8 \times 1.6 = 7.68(\text{W})$$

$$p'' = u''i_2'' = 2.4 \times 0.8 = 1.92(\text{W})$$

很显然，$p \neq p' + p''$。这说明，功率不能像电压或电流那样进行叠加。这是因为功率与电流或电压不是线性关系。

在应用叠加定理分析电路时，应注意的问题归纳如下。

（1）叠加定理适用于线性电路中的电流和电压。叠加即取代数和，要根据各分电路中的电流和电压与原电路中的电流和电压的参考方向是否一致来决定取和过程中的正、负号。

（2）在叠加的各分电路中，不作用的电源置零，即在电压源处用短路代替，在电流源处用开路代替。

（3）如电路中含有受控源，则各独立电源单独作用时，受控源要始终保留在各分电路中。

（4）原电路中的功率不等于按各分电路计算所得功率的叠加，即功率不能通过叠加进行计算。

2.9.2　线性电路的齐性定理

由叠加定理可以证明：在线性电路中，当所有的激励（电压源和电流源）都同时增大或缩小K（K为实常数）倍时，响应（电压和电流）将同时增大或缩小K倍。这就是线性电路的齐性定理。很显然，当电路中只有一个激励时，响应将与激励成正比。

用齐性定理分析梯形电路非常方便。

【例2-12】求图2-25所示电路中各支路的电流。已知：$u_s = 14\text{V}$。

解：设各支路电流如图2-25所示。先假设$i_5 = i_5' = 1\text{A}$，则

$$u_{\text{BO}}' = (5+5) \times 1 = 10(\text{V})$$

$$i_4' = \frac{u_{\text{BO}}'}{10} = \frac{10}{10} = 1(\text{A})$$

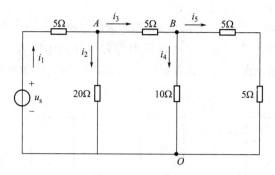

图 2-25　例 2-12 的图

$$i_3' = i_4' + i_5' = 1 + 1 = 2(A)$$
$$u_{AO}' = 5i_3' + u_{BO}' = 5 \times 2 + 10 = 20(V)$$
$$i_2' = \frac{u_{AO}'}{20} = \frac{20}{20} = 1(A)$$
$$i_1' = i_2' + i_3' = 1 + 2 = 3(A)$$
$$u_s' = 5i_1' + u_{AO}' = 5 \times 3 + 20 = 35(V)$$

已知 $u_s = 14V$，相当于将以上激励 u_s' 增大 $\frac{14}{35}$，亦即 $K = \frac{14}{35} = 0.4$，因此，各支路电流应同时增大 0.4，即

$$i_1 = Ki_1' = 0.4 \times 3 = 1.2(A)$$
$$i_2 = Ki_2' = 0.4 \times 1 = 0.4(A)$$
$$i_3 = Ki_3' = 0.4 \times 2 = 0.8(A)$$
$$i_4 = Ki_4' = 0.4 \times 1 = 0.4(A)$$
$$i_5 = Ki_5' = 0.4 \times 1 = 0.4(A)$$

以上计算过程是从梯形电路离电源最远的一端开始，倒推至激励处，也称倒推法。计算时，先将末端电流假设成方便起算的值，如本例中设 $i_5' = 1A$，再按齐性定理予以修正。

2.10 戴维南定理和诺顿定理

2.10.1　戴维南定理

如图 2-26(a) 所示，N_s 为一个含有独立源的线性二端电阻网络，它与外电路相连接。如果把外电路断开，如图 2-26(b) 所示，由于 N_s 内部含有独立源，此时在端子 a、b 处会有电压，称为 N_s 的开路电压，用 u_{OC} 表示。如果把 N_s 中的全部独立电源置零，即独立电压源代之以短路，独立电流源代之以开路，得到的无源二端网络用 N_0 表示，如图 2-26(c) 所示。显然，N_0 可以用一个电阻等效替代，此电阻就是从端口 a-b 看进去的等效电阻，用 R_{eq} 表示。

戴维南定理指出：一个含有独立源的线性二端电阻网络，对外电路来说，可以等效为一个电压源和电阻的串联组合，此电压源的电压等于二端网络的开路电压，电阻等于将二端网络中所有独立源置零后的等效电阻。

根据戴维南定理，图 2-26(a) 所示电路可以等效为图 2-26(d) 所示电路。其中，取代 N_s 的 u_{OC} 与 R_{eq} 的串联组合称为 N_s 的戴维南等效电路，电阻 R_{eq} 称为戴维南等效电阻。当有源二端网络 N_s 用戴维南等效电路置换后，外电路中的电压和电流均将保持不变，体现了"对外等效"的概念。

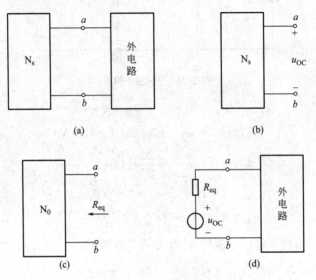

图 2-26　戴维南定理

应用戴维南定理求解电路的关键是确定有源二端网络戴维南等效电路的开路电压 u_{OC} 和戴维南等效电阻 R_{eq}。戴维南等效电阻的计算一般有以下几种方法：

（1）将有源二端网络中的全部独立电源置零，利用电阻的串并联、Y-△等效变换等求出等效电阻。这种方法对于含有受控源的网络不适用。

（2）将有源二端网络中的全部独立电源置零，在其端口处施加电压源 u_s（或电流源 i_s），求出端口电流 i（或端口电压 u），可计算出戴维南等效电阻为

$$R_{eq}=\frac{u_s}{i}\left[\text{或 } R_{eq}=\frac{u}{i_s}\right]$$

（3）求出有源二端网络的开路电压 u_{OC} 和短路电流 i_{sC}，再计算戴维南等效电阻为

$$R_{eq}=\frac{u_{OC}}{i_{sC}}$$

【例 2-13】 电路如图 2-27(a) 所示，用戴维南定理求：（1）当 $R=2\Omega$ 时，电路中的电流 i。（2）当 R 为多大时，电阻 R 上吸收的功率最大？

解：（1）将待求支路去掉，如图 2-27(b) 所示。以节点②为参考，由节点电压法可得

$$u_① = \frac{\dfrac{10}{5}+2}{\dfrac{1}{5}+\dfrac{1}{20}} = 16(\text{V})$$

$$u_{OC} = u_① = 16(\text{V})$$

将全部独立源置零，如图 2-27(c) 所示，求得等效电阻为

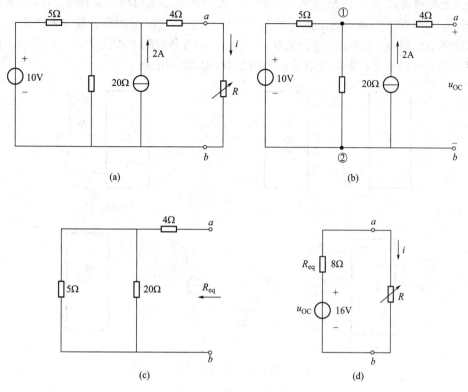

图 2-27 例 2-13 的图

$$R_{eq}=4+\frac{5\times 20}{5+20}=8(\Omega)$$

用戴维南等效电路替代图 2-27(b) 所示有源二端网络，替代后的电路如图 2-27(d) 所示，可得

$$i=\frac{16}{8+2}=1.6(A)$$

（2）电阻 R 上吸收的功率为 $p_R=i^2R=\left(\dfrac{16}{R_{eq}+R}\right)^2R$，由数学中求极值的方法可知，当

$\dfrac{\mathrm{d}p_R}{\mathrm{d}R}=0$，即 $R=R_{eq}=8\Omega$ 时，电阻 R 上吸收的功率最大，为 $p_R=\left(\dfrac{16}{8+8}\right)^2\times 8=8(W)$。

此例中最大功率的结论可以推广到更一般的情况，可叙述为：当负载电阻（R）与给定的有源二端网络的戴维南等效电阻（R_{eq}）相等，即 $R=R_{eq}$ 时，电阻 R 将获得最大功率。这在工程上称为功率"匹配"。

2.10.2 诺顿定理

一个线性的有源二端电阻网络可以等效为一个电压源与电阻的串联组合，也就可以等效为一个电流源和一个电阻的并联组合。

诺顿定理指出：一个含有独立源的线性二端电阻网络，对外电路来说，可以等效为一个电流源和电阻的并联组合。此电流源的电流等于二端网络的短路电流，电阻等于将二端网络中所有独立源置零后的等效电阻。

诺顿定理可通过图 2-28 来说明。仍用 N_s 表示有源二端网络，如图 2-28（a）所示；用 i_{sC} 表示 N_s 对外端子短路时的电流，如图 2-28（b）所示；N_s 中的所有独立源置零时得到的无源二端网络仍用 N_0 表示，R_{eq} 仍为端子 a、b 间的等效电阻，如图 2-28（c）所示。根据诺顿定理，图 2-28（a）所示电路可以等效为图 2-28（d）所示电路。

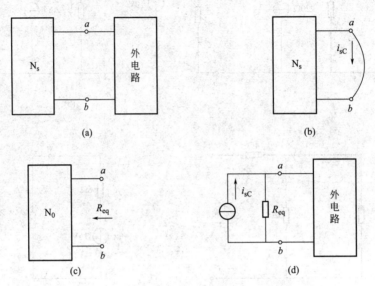

图 2-28 诺顿定理

【例 2-14】 求图 2-29（a）所示电路中的电流 i。

解：（1）移去 5Ω 电阻支路，将 a、b 端子短路。设短路电流为 i_{sC}，如图 2-29（b）所示。用网孔法求 i_{sC}，设两个网孔的电流为 i_a、i_b，方向如图中所示，可列方程

$$\begin{cases} (6+3)i_a - 3i_b = 9 \\ -3i_a + (3+4)i_b = 6i_1 \\ i_1 = i_a - i_b \end{cases}$$

解上述方程组，得：$i_b = 0.9(\text{A})$

故有：$i_{sC} = i_b = 0.9(\text{A})$

（2）用开路电压和短路电流求 R_{eq}。将 a、b 端子开路，如图 2-29（c）所示。由于 a、b 端子开路，故有

$$i_1 = \frac{9}{6+3} = 1(\text{A})$$

$$u_{OC} = 6i_1 + 3i_1 = 9i_1 = 9(\text{V})$$

于是有

$$R_{eq} = \frac{u_{OC}}{i_{sC}} = \frac{9}{0.9} = 10(\Omega)$$

（3）用诺顿等效电路替代有源二端网络，如图 2-29（d）所示。由电阻并联的分流公式求得

$$i = \frac{10}{10+5} \times 0.9 = 0.6(\text{A})$$

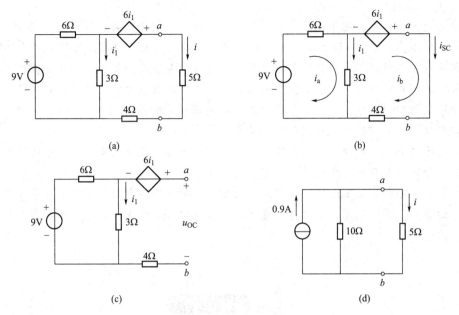

图 2-29 例 2-14 的图

戴维南等效电路和诺顿等效电路统称为有源二端网络的等效发电机,戴维南定理和诺顿定理统称为等效发电机定理。

小 结

本章主要介绍电阻电路的等效变换、电阻的串并联、电压源的串联、电流源的并联、实际电源模型等内容,进一步介绍了支路电流、网孔电流、节点电压等线性电路的一般分析方法,最后介绍了线性电路的叠加定理及应用。

(1) 等效的概念:一般地说,当电路中的某一部分用其等效电路替代后,未被替代部分的电压和电流均应保持不变。

(2) 电阻的串并联:电阻串联时,电路中电阻上的电流相等,各个电阻的电压与该电阻的阻值成正比,或者说,总电压是根据各个串联电阻的阻值进行分配的,阻值大的电阻上分得的电压也大。电阻并联时,各电阻两端的电压是同一电压,各个电阻的电流与其电导值成正比,或者说,总电流是根据各个并联电阻的电导值进行分配的,电导值大的电阻上分得的电流也大。

(3) 电压源与电流源的串联和并联:实际应用中常将多个电源串联使用,以提高输出电压;将多个电源并联使用,以提高带负载能力。只有电压相同且极性一致的电压源才允许并联,其等效电路为其中的任一电压源;只有电流相等且方向一致的电流源才允许串联,其等效电路为其中的任一电流源。

(4) 实际电源可以用两种不同的电路模型来表示。一种是用理想电压源与电阻的串联组合,称为电源的戴维南模型;另一种是用理想电流源与电阻的并联组合,称为电源的诺顿

模型。

  支路电流法是以支路电路作为未知量的求解方法。分析电路时，对于 n 个节点，b 条支路的电路根据 KCL，列出 $(n-1)$ 个节点电流方程，同时根据 KVL 列出 $m=b-(n-1)$ 个独立回路电压方程，于是总共得到以支路电流为未知量（即变量）的 b 个独立方程。

  网孔电流法是平面电路中一个假想的在网孔中循环流动的电流。实际上，并不存在以网孔作为循环路径的网孔电流。为了分析计算，假想每一个网孔中都有一个循环的网孔电流，把各支路电流认为是相应网孔电流叠加的结果。

  节点电压法是以一组独立节点的节点电压为未知变量，应用 KCL 建立电路方程，求出节点电压，继而求解各支路电流及其他变量的方法。

  在线性电路中，任一电压或电流都是电路中各个独立电源单独作用时，在该处产生的电压或电流的叠加。叠加定理的重要意义在于，各独立电源的作用可以分开来考虑和计算。

  2-1 电阻网络如题 2-1 图所示，求端口 a、b 的入端等效电阻 R_{ab}。

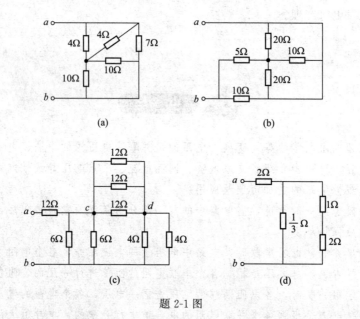

题 2-1 图

  2-2 有一块直流电流表，其量程 $I_g=50\mu A$，表头内阻 $R_g=2k\Omega$。现要将其改装成直流电压表，直流电压挡分别为 10V、100V，电路如题 2-2 图所示。试求所需串联的电阻 R_1 和 R_2 的值。

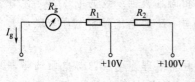

题 2-2 图

  2-3 求题 2-3 图所示各电路的等效电阻 R_{ab}。

  2-4 电路如题 2-4 图所示，试求电流源的端电压 U。

  2-5 试将题 2-5 图所示电路化成等效电压源或电流源。

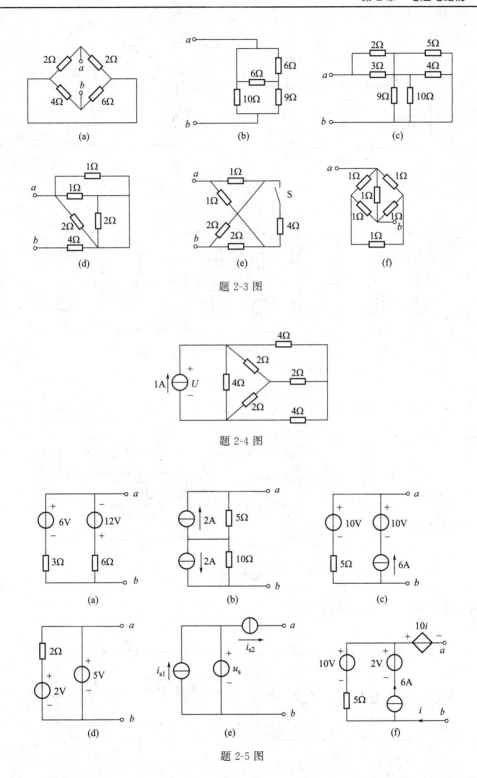

题 2-3 图

题 2-4 图

题 2-5 图

2-6　画出题 2-6 图所示电路的最简等效电路。

2-7　在题 2-7 图（a）中，$u_{s1}=45V$，$u_{s2}=20V$，$u_{s4}=20V$，$u_{s5}=50V$；$R_1=R_3=15\Omega$，$R_2=20\Omega$，$R_4=50\Omega$，$R_5=8\Omega$；在题 2-7 图（b）中，$u_{s1}=20V$，$u_{s5}=30V$，$i_{s2}=8A$，$i_{s4}=17A$，$R_1=5\Omega$，$R_3=R_5=10\Omega$。利用电源等效变换，求图中的电压 u_{ab}。

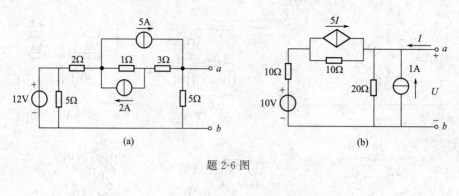

题 2-6 图

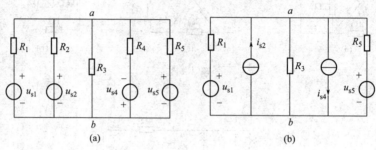

题 2-7 图

2-8　求题 2-8 图所示电路中的电压 U 和电流 I。

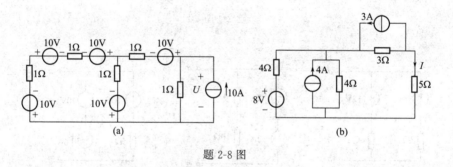

题 2-8 图

2-9　求题 2-9 图所示电路的电压 U_{ab}。

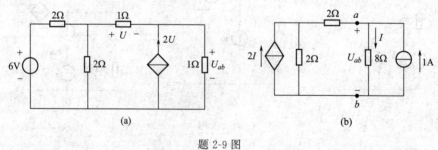

题 2-9 图

2-10　在题 2-10 图所示电路中，各支路电流的参考方向如图中所示。试列写求解支路电流所需的方程组。

2-11　用支路电流法求解题 2-11 图所示电路中各支路的电流。

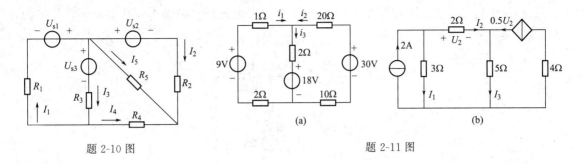

题 2-10 图　　　　　　　　　　　题 2-11 图

2-12　用支路电流法求解题 2-12 图所示电路中各支路的电流。

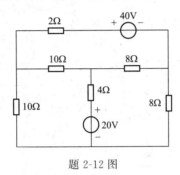

题 2-12 图

2-13　如题 2-13 图所示，用网孔电流法列写回路电流方程。

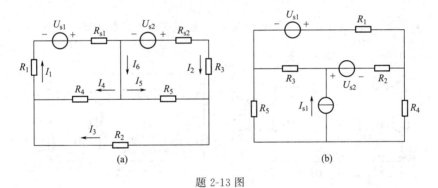

题 2-13 图

2-14　用网孔电流法求题 2-14 图（a）所示电路中的电流 I，以及题 2-14 图（b）所示电路中的电压 U_X。

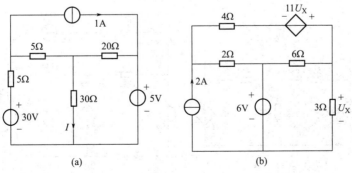

题 2-14 图

53

2-15 用网孔电流法求解题 2-15 图所示电路中各电源输出的功率，并核对电源输出的功率是否与电阻消耗的功率相等。

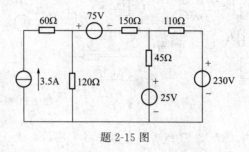

题 2-15 图

2-16 列写题 2-16 图所示节点的电压方程。

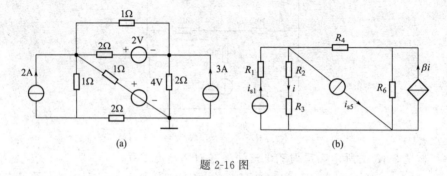

题 2-16 图

2-17 如题 2-17 图所示，用节点电压法求解电路中各支路的电流及电压 U。

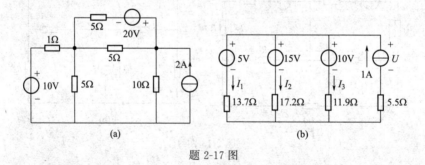

题 2-17 图

2-18 用节点电压法求题 2-18 图（a）所示电路中的电压 U，以及题 2-18 图（b）所示电路中的电流 I。

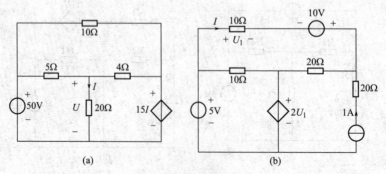

题 2-18 图

2-19 用叠加定理分别求解题 2-19 图所示电路中的电压 U 和电流 i。

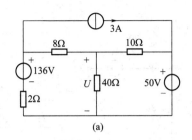 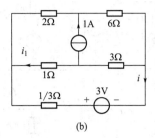

题 2-19 图

2-20 用叠加定理求解题 2-20 图 (a)、(b) 所示电路中的电流 i。

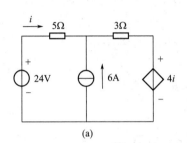 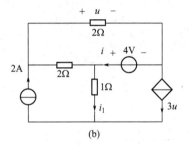

题 2-20 图

2-21 题 2-21 图所示电路中，已知当 $i_{s1} = i_{s2} = 5A$ 时，$i = 0$；当 $i_{s1} = 8A$，$i_{s2} = 6A$ 时，$i = 4A$。求当 $i_{s1} = 3A$，$i_{s2} = 4A$ 时，电流 i 的值。

2-22 试求题 2-22 图所示梯形电路中各支路的电流，以及节点电压和 $\dfrac{u_0}{u_s}$。其中，$u_s = 10V$。

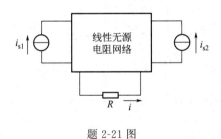

题 2-21 图

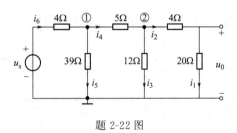

题 2-22 图

2-23 求题 2-23 图所示各电路在 a、b 端口的戴维南或诺顿等效电路。

2-24 电路如题 2-24 图所示。当电压源 $U_s = 20V$ 时，测得 $U_{ab} = 12V$；当网络 N 被短接时，短路电流 $I_{ab} = 10mA$。试求网络 N 的 a、b 两端的戴维南等效电路。

2-25 利用戴维南等效电路求题 2-25 图所示电路中的电流 I。

2-26 用戴维南等效电路求题 2-26 图所示电路中的电流 I。

2-27 在题 2-27 图所示电路中，当 R_L 为多大时，它吸收的功率最大？此最大功率为多少？

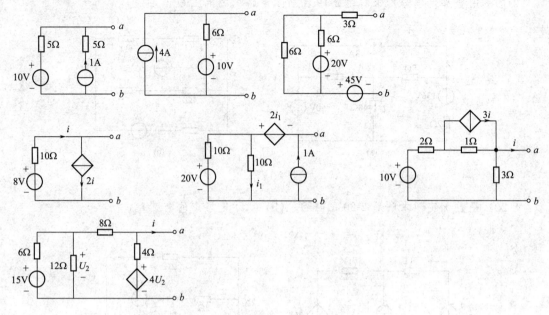

题 2-23 图

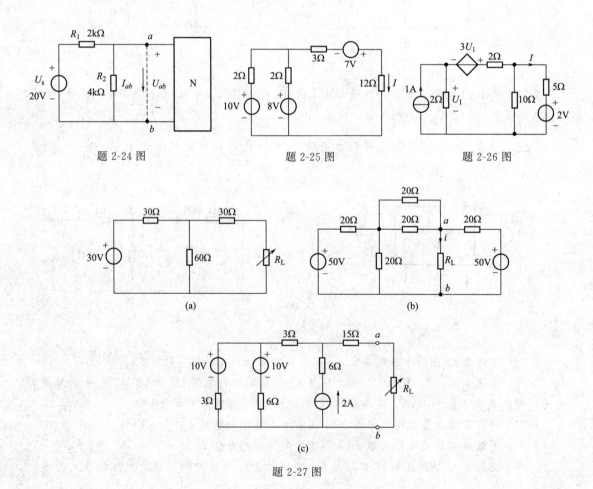

题 2-24 图　　　　　题 2-25 图　　　　　题 2-26 图

第3章

正弦交流电路的稳态分析

正弦交流电易于产生，便于输送和使用，因此在生产和日常生活中应用广泛。在正弦稳态电路中，所有的响应和激励都是具有相同频率的正弦量，因此，可以用相量表示。引入相量后，可将求解电路所列写的微分方程转换为复数表示的代数方程，大大简化了电路的分析、计算过程。

3.1 正弦量的基本概念

凡是随时间按正弦规律变化的电流和电压等物理量统称为正弦量。本书用正弦函数表示正弦量。例如，正弦电流的数学表达式为

$$i = I_m \sin(\omega t + \psi_i) \tag{3-1}$$

其波形如图 3-1(b) 所示。式中，i 为正弦量的瞬时值；I_m 为正弦电流的最大值或幅值；ω 称为正弦电流的角频率；ψ_i 为正弦电流的初相位，简称初相。

通常将最大值、角频率和初相称为正弦量的三要素。三要素是确定一个正弦量必不可少的条件，也是正弦量之间进行比较和区分的依据。

如图 3-1(a) 所示的一段电路中有正弦电流 i。在图示参考方向下，正弦电流的波形如图 3-1(b) 所示。图中，正半周表示电流实际方向与参考方向相同，负半周表示实际方向与参考方向相反。下面介绍正弦量的三要素及其相关概念。

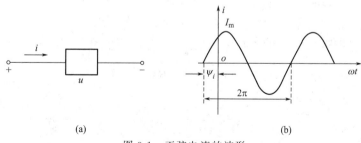

(a)   (b)

图 3-1　正弦电流的波形

3.1.1　周期、频率和角频率

正弦量是周期函数，其完整变化一次所需的时间称为周期，用字母 T 表示，单位为 s

（秒）。每秒内变化的次数称为频率，用字母 f 表示，单位为 Hz（赫兹）。周期与频率之间的关系为 $f = \dfrac{1}{T}$。

周期和频率反映了正弦量变化的快慢。正弦量变化的快慢还可以用角频率 ω 来表示，它表示单位时间内正弦量变化的弧度。角频率 ω 的单位为 rad/s（弧度/秒）。正弦量每变化一次需经历 2π 弧度，即 $\omega T = 2\pi$。

角频率 ω 和周期 T、频率 f 之间的关系为

$$\omega = \frac{2\pi}{T} = 2\pi f$$

各技术领域使用不同频率的交流电。电子技术中所用的音频频率一般为 $20\,\text{Hz} \sim 20\,\text{kHz}$，无线电的频率高达 $500\,\text{kHz} \sim 3 \times 10^{5}\,\text{MHz}$。我国电力工业标准频率（简称工频）为 $50\,\text{Hz}$，美国和日本的工频为 $60\,\text{Hz}$。

3.1.2　瞬时值、最大值和有效值

随时间变化的电压或电流在某一时刻的值，称为电压或电流的瞬时值。瞬时值用小写字母表示，如 i、u 和 e 分别表示正弦电流、电压和电动势的瞬时值。通常也将正弦量的瞬时值称作瞬时表达式。

正弦量随时间变化的过程中所能达到的极值称为最大值，也叫幅值或振幅。最大值用加有下标 m 的大写字母来表示，如 I_m、U_m 和 E_m 分别表示正弦电流、电压和电动势的最大值。

正弦量的瞬时值随时间不断变化，所以任何瞬时值都不能代表整个正弦量的大小；正弦量的最大值只是瞬时值中的极值，用它表示正弦量的大小也不合适。为了表征正弦量的大小，需要引入有效值的概念。有效值能够更确切地反映正弦量在能量交换或做功能力等方面的平均效果。

以电流为例，有效值定义为：如果一个周期性电流 i 通过某一电阻 R，在一个周期内产生的热量与一个直流电流 I 通过同一电阻 R 在相同时间内产生的热量相等，则将此直流电流的数值 I 称为该周期性电流 i 的有效值。有效值用大写字母表示，如 U、I 分别表示周期性电压、电流的有效值。

直流电流通过电阻时，该电阻在一个周期内产生的热量为

$$Q_I = I^2 R T$$

周期电流通过电阻时，该电阻在一个周期内产生的热量为

$$Q_i = \int_0^T i^2 R \, \mathrm{d}t$$

若 $Q_I = Q_i$，即

$$\int_0^T i^2 R \, \mathrm{d}t = I^2 R T$$

由此得周期性电流的有效值为

$$I = \sqrt{\frac{1}{T} \int_0^T i^2 \, \mathrm{d}t} \tag{3-2}$$

由式（3-2）可以看出，周期量的有效值等于其瞬时值的平方在一个周期内的平均值的平

方根，因此有效值也称为均方根值。

当周期量为正弦量时，仍以电流为例，设正弦电流为

$$i = I_m \sin(\omega t + \psi_i)$$

根据有效值的定义，可得正弦电流为 $i = I_m \sin(\omega t + \psi_i)$ 的有效值为

$$I = \sqrt{\frac{1}{T}\int_0^T I_m^2 \sin^2(\omega t + \psi_i)\mathrm{d}t}$$

$$= \sqrt{\frac{1}{2T}\int_0^T I_m^2 [1 - \cos 2(\omega t + \psi_i)]\mathrm{d}t}$$

$$= \frac{I_m}{\sqrt{2}} = 0.707 I_m$$

可见，正弦电流的有效值为其幅值的 $\dfrac{1}{\sqrt{2}}$（即 0.707）倍。这一关系当然也适用于其他正弦量。

由于正弦量的有效值和幅值之间具有固定的 $\sqrt{2}$ 关系，知道了有效值，也就知道了幅值。例如，已知某正弦电压的有效值为 U，则其瞬时值表达式可写为

$$u = \sqrt{2}U \sin(\omega t + \psi_u)$$

工程上通常所说的交流电压和电流的大小都是指有效值。通常，交流电机和电器的铭牌上标明的额定电压和额定电流都是指有效值，一般交流电压表和电流表的读数也是有效值。但说明各种电路器件和电气设备绝缘水平的耐压值，是指它能承受的最大电压，应按最大值考虑。注意，正弦量的有效值要用大写字母表示。

3.1.3　相位、初相和相位差

式（3-1）中，随时间变化的角度 $(\omega t + \psi_i)$ 称为正弦量的相位角，简称相位。

ψ_i 是正弦量在 $t = 0$ 时刻的相位，称为正弦量的初相位，简称初相。初相的单位用弧度或度表示，一般在 $|\psi_i| \leqslant 180°$ 的主值范围内取值。显然，ψ_i 的大小与计时起点的选择有关。

在正弦交流电路分析中，经常要对正弦量的相位进行比较。任意两个同频率正弦量的相位的差值称为相位差。设有两个同频率的正弦电压 u 和电流 i，其表达式分别为

$$u = \sqrt{2}U \sin(\omega t + \psi_u)$$

$$i = \sqrt{2}I \sin(\omega t + \psi_i)$$

u 和 i 的波形如图 3-2 所示。u 和 i 的相位差为

$$\varphi = (\omega t + \psi_u) - (\omega t + \psi_i) = \psi_u - \psi_i \quad (3\text{-}3)$$

相位差也在 $|\varphi| \leqslant 180°$ 的主值范围内取值。式（3-3）表明，两个同频率正弦量的相位差等于它们的初相之差，是一个与时间无关的常数。如果两个正弦量的频率不同，其相位差将随时间变化。对于这种情况，本书不予讨论。

若 $\varphi > 0$，称 u 超前 i，或 i 滞后 u，如图 3-3（a）所示。

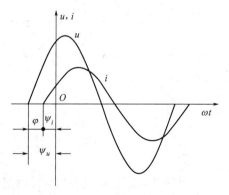

图 3-2　同频率正弦量的相位差

若 $\varphi < 0$，称 i 超前 u，或 u 滞后 i，如图 3-3(b) 所示。

若 $\varphi = 0$，称 u 与 i 同相，如图 3-3(c) 所示。

若 $\varphi = \pm \pi/2$，称 u 与 i 正交，如图 3-3(d) 所示。

若 $\varphi = \pm \pi$，称 u 与 i 反相，如图 3-3(e) 所示。

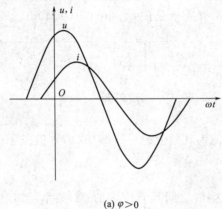

(a) $\varphi > 0$

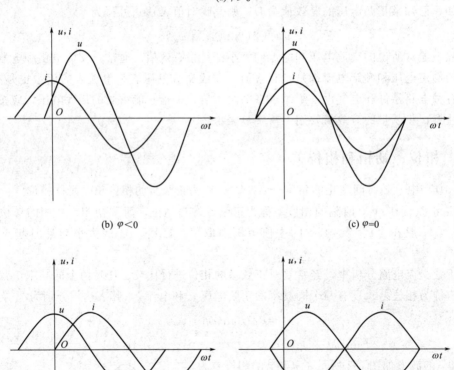

(b) $\varphi < 0$ (c) $\varphi = 0$

(d) $\varphi = \pm \pi/2$ (e) $\varphi = \pm \pi$

图 3-3 同频率正弦量的相位关系

前已述及，正弦量的初相与计时起点的选择有关，但两个同频率的正弦量之间的相位差与计时起点的选择无关，它们的相位关系是相对确定的。对于任一正弦量，其初相位可以任意指定。因此，在电路分析中，可以任意指定某个正弦量的初相为零，则其他正弦量的初相可由它们与该正弦量的相位差来确定。这一指定其初相位为零的正弦量也称为参考正弦量，这时其他各正弦量的初相即为该正弦量与参考正弦量的相位差。

幅值（或有效值）、角频率（或频率）和初相位三个量能够完整地描述一个正弦量的特征，因此将它们称为正弦量的三要素。

【例 3-1】 已知电路中某一支路的电压 u 和电流 i 为工频正弦量，其幅值分别为 311V 和 10A，初相位分别为 $\pi/2$ 和 $\pi/4$。

（1）求它们的有效值，并写出其瞬时值表达式。

（2）讨论它们之间的相位关系。

解：（1）由于 $U_m = 311\text{V}$，$I_m = 10\text{A}$，故有

$$U = \frac{1}{\sqrt{2}} U_m = \frac{1}{\sqrt{2}} \times 311 = 220 (\text{V})$$

$$I = \frac{1}{\sqrt{2}} I_m = \frac{1}{\sqrt{2}} \times 10 = 7.07 (\text{A})$$

由于　　　　　　　　$$\omega = 2\pi f = 2\pi \times 50 = 314 (\text{rad/s})$$

故有

$$u = U_m \sin(\omega t + \psi_u) = 311 \sin\left(314t + \frac{\pi}{2}\right) (\text{V})$$

$$i = I_m \sin(\omega t + \psi_i) = 10 \sin\left(314t + \frac{\pi}{4}\right) (\text{A})$$

（2）电压 u 和电流 i 的相位差为

$$\varphi = \psi_u - \psi_i = \frac{\pi}{2} - \frac{\pi}{4} = \frac{\pi}{4}$$

在相位上，u 超前 i $\dfrac{\pi}{4}$，或者说是 i 滞后 u $\dfrac{\pi}{4}$。

3.2　正弦量的相量表示法

在正弦交流电路中，如果直接利用正弦量的瞬时值表达式进行各种分析计算，其过程相当复杂。若将复数引入正弦稳态电路，用它表示正弦量，会获得一种简单而有效的电路求解方法。

相量法是分析、求解正弦电路稳态响应的一种有效工具。表示正弦量的相量其实就是一个复数。

3.2.1　复数及其四则运算

1. 复数的表示形式

复数 F 代表复平面上的一个点 F，有 4 种表示形式：代数形式、三角函数形式、指数形式和极坐标形式。

1）代数形式

$$F = a + \mathrm{j}b \qquad\qquad (3\text{-}4)$$

式中，a 和 b 为任意实数，分别称为复数的实部和虚部，$a = \mathrm{Re}[F]$，$b = \mathrm{Im}[F]$（符号 Re 和 Im 分别表示对复数取实部和虚部）；$\mathrm{j} = \sqrt{-1}$，为虚数单位。

在数学中，虚数单位为 i；在电工技术中，由于 i 表示电流，故采用 j 作为虚数的单位，以免混淆。

复数 F 也可以用复平面上从原点 O 指向 F 对应坐标点的有向线段（矢量）表示，如图 3-4 所示。线段的长度为 r，实轴方向的夹角为 θ，则

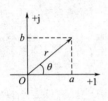

图 3-4 复数

$$r = \sqrt{a^2 + b^2}, \ \theta = \arctan\left(\frac{b}{a}\right)$$

这样，复数 F 的实部与虚部分别表示为 $a = r\cos\theta$，$b = r\sin\theta$，得到复数的向量表示方法。

2）三角函数形式

将 $a = r\cos\theta$，$b = r\sin\theta$ 代入式(3-4)，得复数 F 的三角形式为

$$F = r\cos\theta + \mathrm{j}r\sin\theta = r(\cos\theta + \mathrm{j}\sin\theta) \qquad\qquad (3\text{-}5)$$

式中，r 为复数 F 的模，即 $r = |F|$，θ 为复数 F 的辐角。由图 3-4 可知，复数的三角形式和代数形式为

$$a = |F|\cos\theta \qquad\qquad b = |F|\sin\theta$$

或

$$|F| = \sqrt{a^2 + b^2} \qquad\qquad \theta = \arctan\left(\frac{b}{a}\right)$$

3）指数形式

根据欧拉公式 $\mathrm{e}^{\mathrm{j}\theta} = \cos\theta + \mathrm{j}\sin\theta$，复数的三角形式可以转换为指数形式，即

$$F = r\mathrm{e}^{\mathrm{j}\theta} = |F|\mathrm{e}^{\mathrm{j}\theta}$$

4）极坐标形式

$$F = r\angle\theta = |F|\angle\theta$$

以上讨论的复数的 4 种形式可以相互转换。若两个复数的实部与虚部分别相等，则这两个复数相等；若两个复数的实部相等，而虚部等值异号，称其为共轭复数。

2. 复数的运算

(1) 复数的加减运算。复数的加减运算必须利用代数形式或三角函数形式，其运算规则是：实部与实部相加减，虚部与虚部相加减。

例如，

$$F_1 = a_1 + \mathrm{j}b_1 = r_1(\cos\theta_1 + \mathrm{j}\sin\theta_1), \ F_2 = a_2 + \mathrm{j}b_2 = r_2(\cos\theta_2 + \mathrm{j}\sin\theta_2)$$

则

$$
\begin{aligned}
F_1 \pm F_2 &= (a_1 + \mathrm{j}b_1) \pm (a_2 + \mathrm{j}b_2) \\
&= (a_1 \pm a_2) + \mathrm{j}(b_1 \pm b_2) \\
&= (r_1\cos\theta_1 + r_2\cos\theta_2) + \mathrm{j}(r_1\sin\theta_1 + r_2\sin\theta_2)
\end{aligned}
$$

复数的加减运算还可以在复平面上用矢量实现。如已知有 3 个复数分别为 F_1、F_2 和 F_3，如图 3-5(a) 所示，欲求 $F = F_1 + F_2 + F_3$，可以利用平行四边形法则，如图 3-5(b) 所示，也可用多边形法则，如图 3-5(c) 所示。显然，利用多边形法则更清晰、明了。

(2) 复数的乘除预算。复数的乘除运算宜用指数形式或极坐标形式实现，其运算规则

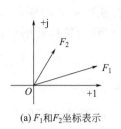
(a) F_1 和 F_2 坐标表示

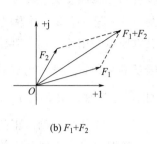
(b) F_1+F_2

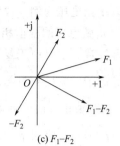
(c) F_1-F_2

图 3-5　复数加减运算

为：模与模相除，辐角与辐角相减。例如，

$$F_1 \cdot F_2 = |F_1| e^{j\theta_1} \cdot |F_2| e^{j\theta_2} = |F_1| |F_2| e^{j(\theta_1+\theta_2)}$$

$$\frac{F_1}{F_2} = \frac{|F_1| e^{j\theta_1}}{|F_2| e^{j\theta_2}} = \frac{|F_1|}{|F_2|} e^{j(\theta_1-\theta_2)}$$

或

$$F_1 \cdot F_2 = |F_1| |F_2| \underline{|\theta_1 + \theta_2}$$

$$\frac{F_1}{F_2} = \frac{|F_1|}{|F_2|} \underline{|\theta_1 - \theta_2}$$

3.2.2　正弦量的相量表示法

一个正弦量是由它的幅值（或有效值）、角频率（或频率）和初相三个要素共同确定的。在线性电路中，如果激励是正弦量，电路中各支路的电压和电流的稳态响应将是与激励同频率的正弦量。如果电路中有多个同频率的正弦激励，根据线性电路的叠加性质，电路的全部稳态响应也都将是同频正弦量。因此，激励和响应只由其有效值和初相两个要素决定，复数也是由模和辐角两个要素决定，这种对应关系的存在，使得复数表示相量成为可能。

为了区别一般复数，把表示正弦量的复数称为相量。用正弦量有效值定义的相量称为有效值相量，简称相量。按最大值定义的相量称为最大值相量。在以后的电路分析中，如不作特殊说明，一律采用有效值相量。

正弦量的相量用大写字母加"·"表示。例如，正弦电压 $u=\sqrt{2}U\sin(\omega t + \psi_u)$ 的相量和最大值相量分别为

$$\dot{U}=U\underline{|\psi_u}, \quad \dot{U}_m=U_m\underline{|\psi_u}$$

正弦量与相量之间存在一一对应关系。根据正弦量，可直接写出其对应的相量；反之，根据相量，也可以写出其对应的正弦量，但必须给出正弦量的频率。

相量在复平面上的图形称为相量图。具有相同频率的相量，其相量图可以表示在同一复平面内。

例如，正弦量 $\begin{cases} u=\sqrt{2}U\sin(\omega t + \psi_u) \\ i=\sqrt{2}I\sin(\omega t + \psi_i) \end{cases}$，其相量为 $\begin{cases} \dot{U}=U\underline{|\psi_u} \\ \dot{I}=I\underline{|\psi_i} \end{cases}$，其相

量图如图 3-6 所示。

正弦量是时间函数，而正弦量的相量并非时间函数，所以只能说用相量表示正弦量，而不能说相量等于正弦量。

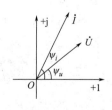
图 3-6　相量图

现以正弦电压为例，说明正弦量与相量的关系。设 $u = U_m\sin(\omega t + \psi_u)$，其相量 $\dot{U}_m = U_m e^{j\psi_u}$ 是正弦电压的幅值相量；另一个因子 $e^{j\omega t}$ 是一个模为1、辐角为 ωt，即辐角随时间增长的特殊复数。它对应于复平面上以原点为中心，以角速度 ω 逆时针匀速旋转的单位矢量，称为旋转因子。幅值相量与旋转因子的乘积 $\dot{U}_m e^{j\omega t}$ 称为旋转相量。它对应于复平面上一个长为 U_m，与实轴正方向的夹角随时间匀速递增的旋转矢量。旋转相量 $\dot{U}_m e^{j\omega t}$ 在复平面上的初始位置（$t=0$）对应相量 $\dot{U}_m = U_m e^{j\psi_u}$；在任意时刻，正弦电压 u 的瞬时值等于其所对应的旋转相量在虚轴上的投影。图 3-7 清楚地说明了这种对应关系。

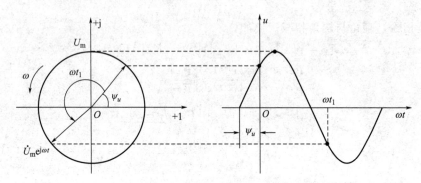

图 3-7　正弦波与旋转相量

【例 3-2】 已知正弦电压 u 和正弦电流 i_1、i_2 的解析式为

$$u = 220\sqrt{2}\sin\omega t\,\mathrm{V}$$

$$i_1 = 5\sqrt{2}\sin(\omega t + 90°)\,\mathrm{A}$$

$$i_2 = 3\sqrt{2}\sin(\omega t - 45°)\,\mathrm{A}$$

写出它们的相量，并作出相量图。

解：它们的相量直接写出如下：

$$\dot{U} = 220\angle 0°(\mathrm{V})\,,\ \dot{I}_1 = 5\angle 90°(\mathrm{A})\,,\ \dot{I}_2 = 3\angle -45°(\mathrm{A})$$

相量图如图 3-8 所示。

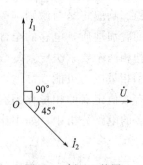

图 3-8　例 3-2 的图

【例 3-3】 已知 $f = 50\mathrm{Hz}$，写出下列相量所代表的正弦量的解析式。

(1) $\dot{I}_1 = 10\angle 90°\mathrm{A}$

(2) $\dot{I}_2 = (2\sqrt{3} + j2)\mathrm{A}$

(3) $\dot{U}_1 = 220\mathrm{V}$

(4) $\dot{U}_2 = (110 - j110\sqrt{3})\mathrm{V}$

解：(1) $\omega = 2\pi f = 2\pi \times 50 = 100\pi(\mathrm{rad/s})$

$$i_1 = 10\sqrt{2}\sin(100\pi t + 90°)(\mathrm{A})$$

(2) $I_2 = \sqrt{(2\sqrt{3})^2 + 2^2} = 4(\mathrm{A})$

$$\psi_{i_2} = \arctan\frac{2}{2\sqrt{3}} = 30°$$

$$i_1 = 4\sqrt{2}\sin(100\pi t + 30°)(\text{A})$$

(3) $U_1 = 220(\text{V})$

$$\psi_{u_1} = 0°$$

$$u_1 = 220\sqrt{2}\sin 100\pi t (\text{V})$$

(4) $U_2 = \sqrt{110^2 + (-110\sqrt{3})^2} = 220(\text{V})$

$$\psi_{u_2} = \arctan\frac{-110\sqrt{3}}{110} = -60°$$

$$u_2 = 220\sqrt{2}\sin(100\pi t - 60°)(\text{V})$$

3.3　伏安关系和基尔霍夫定律的相量形式

电路元件的伏安关系和基尔霍夫定律是分析电路的基本依据。利用相量法分析正弦稳态电路时，列写的是相量形式的电路方程。本节将讨论元件的 VCR 和 KCL、KVL 的相量形式。

3.3.1　电路元件伏安关系的相量形式

1. 电阻元件

电阻元件的时域模型如图 3-9(a) 所示，其时域形式的 VCR 为

$$u = Ri$$

当电阻 R 上有正弦电流 i 通过时，设 $i = \sqrt{2}I\sin(\omega t + \psi_i)$，其两端电压为 u。根据 VCR，可得

$$u = Ri = \sqrt{2}RI\sin(\omega t + \psi_i) = \sqrt{2}U\sin(\omega t + \psi_u) \tag{3-6}$$

由式(3-10)，得

$$\begin{cases} U = RI \\ \psi_u = \psi_i \end{cases} \tag{3-7}$$

式(3-6) 和式(3-7) 表明，正弦电路中电阻元件上的电压和电流是同频率的正弦量，并且两者同相位，它们的有效值仍然满足欧姆定律。

图 3-9(b) 所示为电阻元件 R 的相量模型，考虑到 $\dot{U} = U\underline{/\psi_u}$ 和 $\dot{I} = I\underline{/\psi_i}$，故电阻元件伏安关系的相量形式为：

$$\dot{U} = R\dot{I} \tag{3-8}$$

其相量图如图 3-9(c) 所示。

式(3-8) 即为电阻元件伏安关系的相量形式。它既反映了电阻元件的电压和电流有效值之间的关系，也反映了电压与电流的相位关系。如果电阻元件的电压和电流为非关联参考方向，式(3-8) 的等号右侧要加 "－" 号。

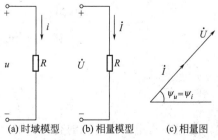

(a)时域模型　　(b)相量模型　　(c)相量图

图 3-9　正弦电路中的电阻元件及其特性

2. 电感元件

电感元件的时域模型如图 3-10(a) 所示，其时域形式的 VCR 为

$$u = L\frac{\mathrm{d}i}{\mathrm{d}t}$$

当通过电感元件 L 的电流为 i 时，设电流 $i = \sqrt{2}\,I\sin(\omega t + \psi_i)$，根据 VCR，可得

$$u = L\frac{\mathrm{d}i}{\mathrm{d}t} = L\frac{\mathrm{d}}{\mathrm{d}t}\left[\sqrt{2}\,I\sin(\omega t + \psi_i)\right]$$

$$= \sqrt{2}\,\omega L I\cos(\omega t + \psi_i)$$

$$= \sqrt{2}\,\omega L I\sin\left[\omega t + \psi_i + \frac{\pi}{2}\right]$$

$$= \sqrt{2}\,U\sin(\omega t + \psi_u) \tag{3-9}$$

由式(3-9)，得

$$\begin{cases} U = \omega L I \\ \psi_u = \psi_i + \dfrac{\pi}{2} \end{cases} \tag{3-10}$$

可见，在正弦稳态电路中，电感元件上的电压和电流为同频率的正弦量，电感电压的有效值等于电流有效值与 ωL 的乘积，电感电压超前电流 $\dfrac{\pi}{2}$。

由式(3-10)，并考虑到 $\dot{U} = U\underline{|\psi_u}$ 和 $\dot{I} = I\underline{|\psi_i}$，故电感元件伏安关系的相量形式为

$$\dot{U} = \mathrm{j}\omega L\dot{I} \tag{3-11}$$

式(3-11) 即为电感元件伏安关系的相量形式。它既反映了电感元件的电压和电流有效值之间的关系，也反映了电压与电流的相位关系。如果电感元件的电压和电流为非关联参考方向，式(3-11) 的等号右侧要加"$-$"号。

电感元件的相量模型如图 3-10(b) 所示，电压电流的相量图如图 3-10(c) 所示。

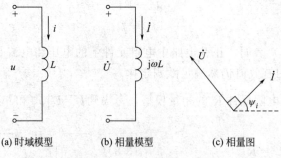

(a) 时域模型　　　　(b) 相量模型　　　　(c) 相量图

图 3-10　正弦电路中的电感元件及其特性

由于 $U = \omega L I$，所以

$$\frac{U}{I} = \omega L = 2\pi f L = X_{\mathrm{L}} \tag{3-12}$$

这里，将电压和电流的有效值的比值定义为电感的电抗，简称感抗，记为 X_{L}。X_{L} 具有与电阻相同的量纲，它反映了电感元件在正弦条件下反抗电流通过的能力。当 f 的单位

为 Hz，L 的单位为 H 时，X_L 的单位为 Ω（欧姆）。感抗与频率成正比，随频率的增加而增大。当 $\omega \to \infty$ 时，$X_L \to \infty$，电感相当于开路；当 $\omega = 0$（直流）时，$X_L = 0$，电感相当于短路。

3. 电容元件

电容元件的时域模型如图 3-11(a) 所示，其时域形式的 VCR 为

$$i = C\frac{\mathrm{d}u}{\mathrm{d}t}$$

加在电容元件两端的电压为 u 时，设电压 $u = \sqrt{2}U\sin(\omega t + \psi_u)$，通过的电流为 i，取关联参考方向，根据 VCR，可得

$$
\begin{aligned}
i = C\frac{\mathrm{d}u}{\mathrm{d}t} &= C\frac{\mathrm{d}}{\mathrm{d}t}\left[\sqrt{2}U\sin(\omega t + \psi_u)\right] \\
&= \sqrt{2}\,\omega CU\cos(\omega t + \psi_u) \\
&= \sqrt{2}\,\omega CU\sin\left(\omega t + \psi_u + \frac{\pi}{2}\right) \\
&= \sqrt{2}\,I\sin(\omega t + \psi_i)
\end{aligned}
\tag{3-13}
$$

由式(3-13)，得

$$
\begin{cases}
I = \omega CU \\
\psi_i = \psi_u + \dfrac{\pi}{2}
\end{cases}
\tag{3-14}
$$

式(3-13) 和式(3-14) 表明，在正弦稳态电路中，电容元件上的电压和电流为同频率的正弦量，电容电流的有效值等于电压有效值与 ωC 的乘积，电容电压滞后电流 $\dfrac{\pi}{2}$。

由式(3-14)，并考虑到 $\dot{U} = U\underline{/\psi_u}$ 和 $\dot{I} = I\underline{/\psi_i}$，故电感元件伏安关系的相量形式为

$$\dot{I} = \mathrm{j}\omega L\dot{U} \tag{3-15}$$

或记为

$$\dot{U} = -\mathrm{j}\frac{1}{\omega C}\dot{I} \tag{3-16}$$

式(3-15) 和式(3-16) 即为电容元件伏安关系的相量形式。它既反映了电容元件的电压和电流有效值之间的关系，也反映了电压与电流的相位关系。如果电容元件的电压和电流为非关联参考方向，式(3-15) 和式(3-16) 的等号右侧要加 "一" 号。

电容元件的相量模型如图 3-11(b) 所示，电压电流的相量图如图 3-11(c) 所示。

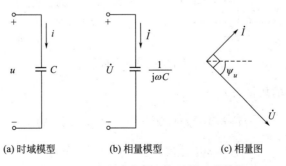

(a) 时域模型　　　(b) 相量模型　　　(c) 相量图

图 3-11　正弦电路中的电容元件及其特性

由于 $I = \omega LU$，所以

$$\frac{U}{I} = \frac{1}{\omega C} = \frac{1}{2\pi fC} = X_C \tag{3-17}$$

这里，将电压和电流的有效值的比值定义为电容的电抗，简称容抗，记为 X_C。X_C 也具有与电阻相同的量纲，它反映了电容元件在正弦条件下反抗电流通过的能力。当 f 的单位为 Hz，L 的单位为 H 时，X_C 的单位也为 Ω（欧姆）。容抗与频率成反比，随频率的增加而减小。当 $\omega \to \infty$ 时，$X_C \to 0$，电感相当于短路；当 $\omega = 0$（直流）时，$X_C \to \infty$，电感相当于短路。因此，电容具有隔直作用。

3.3.2 基尔霍夫定律的相量形式

在正弦交流电路中，由于各支路的电压和电流都是同频率正弦量，因此可以利用相量法将基尔霍夫定律转换为相量形式。

对于电路中的任一节点，根据 KCL，有

$$\sum i = 0$$

由于所有支路电流都是同频率的正弦量，故其相量形式为

$$\sum \dot{I} = 0 \tag{3-18}$$

对电路中的任一回路，根据 KVL，有

$$\sum u = 0$$

同样，由于所有支路电压均为同频率的正弦量，因此其相量形式为

$$\sum \dot{U} = 0 \tag{3-19}$$

需要注意，一般情况下，电流有效值和电压有效值不满足 KCL 和 KVL，即 $\sum \dot{I} \neq 0$，$\sum \dot{U} \neq 0$。

【例 3-4】 电路如图 3-12(a) 所示，已知通过元件 1 和元件 2 的正弦电流分别为 $i_1 = 100\sqrt{2}\sin(\omega t + 120°)$A 和 $i_2 = 200\sqrt{2}\sin(\omega t + 30°)$A。试求 i，并画出电流的相量图。

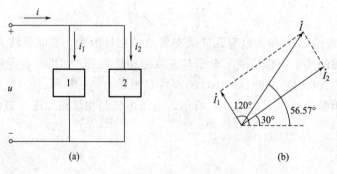

图 3-12 例 3-4 的图

解： 电流 i_1、i_2 的相量为

$$\dot{I}_1 = 100\angle 120° = -50 + j50\sqrt{3}\,(A)$$

$$\dot{I}_2 = 200\angle 30° = 100\sqrt{3} + j100\,(A)$$

根据 KCL，有

$$\dot{I} = \dot{I}_1 + \dot{I}_2 = (-50 + j50\sqrt{3}) + (100\sqrt{3} + j100) = 223.6 \angle 56.57°(A)$$

故有

$$i = 223.6\sqrt{2} \sin(\omega t + 56.57°)(A)$$

【例 3-5】　如图 3-13(a) 所示，电阻 R 和电感 L 上的电压分别为 $u_R = 30\sqrt{2} \sin 100t$ V 和

$u_L = 40\sqrt{2} \sin\left(100t + \dfrac{\pi}{2}\right)$ V。求端口电压 u，并画出电压相量图。

解： u_R 和 u_L 的相量分别为

$$\dot{U}_R = 30(V),\ \dot{U}_L = 40\angle\frac{\pi}{2} = j40(V)$$

根据 KVL，有

$$\dot{U} = \dot{U}_R + \dot{U}_L = 30 + j40 = 50\angle 53.1°(V)$$

故有

$$u = 50\sqrt{2} \sin(100t + 53.1°)(V)$$

电压相量图如图 3-13(b) 所示。

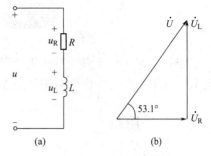

图 3-13　例 3-5 的图

【例 3-6】　如图 3-14(a) 所示 RLC 串联电路，已知

$R = 50\Omega$，$L = 0.1H$，$C = 20\mu F$，电流 $i = 2\sqrt{2} \sin 1000t$ A。求电压 u_R、u_L、u_C 和 u，并画出相量图。

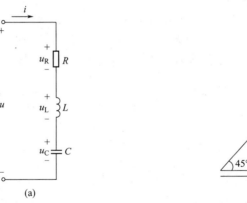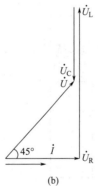

图 3-14　例 3-6 的图

解： 电流 i 可用相量表示为 $\dot{I} = 2$A，并且 $\omega = 1000$rad/s，因此 R、L、C 上的电压相量为：

$$\dot{U}_R = R\dot{I} = 50 \times 2 = 100(V)$$

$$\dot{U}_L = j\omega L\dot{I} = j1000 \times 0.1 \times 2 = j200 = 200\angle 90°(V)$$

$$\dot{U}_C = -j\frac{1}{\omega C}\dot{I} = -j\frac{1}{1000 \times 20 \times 10^{-6}} \times 2 = -j100 = 100\angle -90°(V)$$

根据 KVL，有

$$\dot{U} = \dot{U}_R + \dot{U}_L + \dot{U}_C = 100 + j200 - j100 = 100\sqrt{2}\angle 45°(V)$$

对应的瞬时值表达式分别为

$$u_R = 100\sqrt{2}\sin 1000t\,(\mathrm{V})$$

$$u_L = 200\sqrt{2}\sin(1000t + 90°)\,(\mathrm{V})$$

$$u_C = 100\sqrt{2}\sin(1000t - 90°)\,(\mathrm{V})$$

$$u_C' = 200\sin(1000t + 45°)\,(\mathrm{V})$$

相量图如图 3-12(b) 所示。

3.4 复阻抗与复导纳

根据电路元件伏安关系的相量形式可以看出，元件的电压相量和电流相量的比值为一个复数。这个结论可以推广到正弦稳态下的任何无源二端网络，从而引出阻抗和导纳的概念。

3.4.1 复阻抗

1. 复阻抗

在正弦电路中，由线性元件构成的不含独立电源的二端网络 N_0 如图 3-15(a) 所示，将此二端网络的端口电压相量 $\dot{U}$ 与电流相量 $\dot{I}$ 的比值定义为此二端网络的输入阻抗，简称为该网络的（复）阻抗，用大写字母 Z 表示，即

$$Z = \frac{\dot{U}}{\dot{I}} = |Z|\,\underline{/\varphi_Z} \tag{3-20}$$

图 3-15(b) 所示为无源二端网络的等效电路。

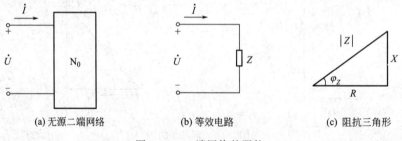

(a) 无源二端网络　　　　　(b) 等效电路　　　　　(c) 阻抗三角形

图 3-15　二端网络的阻抗

2. 阻抗的性质

$$Z = \frac{\dot{U}}{\dot{I}} = \frac{U\,\underline{/\psi_u}}{I\,\underline{/\psi_i}} = \frac{U}{I}\,\underline{/\psi_u - \psi_i} = |Z|\,\underline{/\varphi_Z} \tag{3-21}$$

由式(3-21)，可得

$$\begin{cases} |Z| = \dfrac{U}{I} \\ \varphi_Z = \psi_u - \psi_i \end{cases} \tag{3-22}$$

$|Z|$ 为阻抗的模，它等于二端网络的端口电压与电流的有效值之比；φ_Z 阻抗的辐角，称为二端网络的阻抗角，它等于关联参考方向下二端网络的端口电压相量与电流相量之间的相

位差角。Z 的单位为 Ω（欧姆），其电路符号与电阻相同，如图 3-15（b）所示。

Z 的代数形式为

$$Z = R + \mathrm{j}X \tag{3-23}$$

式中，Z 的实部 R 称为复阻抗的电阻分量，虚部 X 称为它的电抗分量。以上各量之间的关系为

$$\begin{cases} R = |Z|\cos\varphi \\ X = |Z|\sin\varphi \end{cases} \quad \text{或} \quad \begin{cases} |Z| = \sqrt{R^2 + X^2} \\ \varphi = \arctan\dfrac{X}{R} \end{cases} \tag{3-24}$$

R、X 和 $|Z|$ 之间的关系可以用一个直角三角形表示，称为阻抗三角形，如图 3-15（c）所示。

对于只含有 R、L、C 的二端网络，阻抗的取值一般有如下 3 种情况：

（1）若 $X > 0$，则 $\varphi_Z > 0°$，阻抗呈现电感性，Z 称为感性阻抗，电压相位超前于电流；

（2）若 $X < 0$，则 $\varphi_Z < 0°$，阻抗呈现电容性，Z 称为容性阻抗，电压相位滞后于电流；

（3）若 $X = 0$，则 $\varphi_Z = 0°$，阻抗呈现电阻性，Z 称为电阻性阻抗，电压与电流相位相同。

当 $R = 0$，$X > 0$ 时，Z 具有纯电感性质；当 $R = 0$，$X < 0$ 时，Z 具有纯电容性质。

3. 3 种基本元件的阻抗

在正弦稳态电路中，R、L、C 的阻抗分别为

$$Z_R = R$$
$$Z_L = \mathrm{j}\omega L = \mathrm{j}X_L \tag{3-25}$$
$$Z_C = \frac{1}{\mathrm{j}\omega C} = -\mathrm{j}\frac{1}{\omega C} = -\mathrm{j}X_C$$

3.4.2　复导纳

1. 复导纳

在正弦电路中，对于如图 3-16（a）所示的无源二端网络，将其端口电流相量与电压相量的比值定义为该二端网络的输入导纳，简称为该二端网络的（复）导纳，用大写字母 Y 表示，有

$$Y = \frac{\dot{I}}{\dot{U}} = |Y|\underline{/\varphi_Y} \tag{3-26}$$

图 3-16（b）所示为无源二端网络的等效电路。

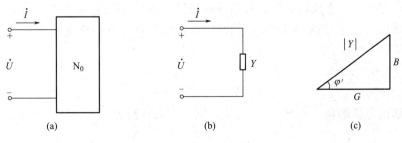

图 3-16　二端网络的复导纳

2. 导纳的性质

$$Y = \frac{\dot{I}}{\dot{U}} = \frac{I\,\lfloor\psi_i}{U\,\lfloor\psi_u} = \frac{I}{U}\,\lfloor\psi_i - \psi_u = |Y|\,\lfloor\varphi_Y \tag{3-27}$$

由式(3-22)，可得

$$\begin{cases} |Y| = \dfrac{I}{U} \\ \varphi_Y = \psi_i - \psi_u \end{cases} \tag{3-28}$$

$|Y|$ 为导纳的模，它等于二端网络的端口电流与电压的有效值之比；φ_Y 是导纳的辅角，称为二端网络的导纳角，它等于关联参考方向下二端网络的端口电流相量与电压相量之间的相位差角。导纳的单位为 S（西门子），其电路符号与电导相同，如图 3-16(b) 所示。

Y 的代数形式为

$$Y = G + jB \tag{3-29}$$

式中，Y 的实部 G 称为复导纳的电导分量，虚部 B 称为它的电纳分量。以上各量之间的关系为

$$\begin{cases} G = |Y|\cos\varphi' \\ B = |Y|\sin\varphi' \end{cases} \quad 或 \quad \begin{cases} |Y| = \sqrt{G^2 + B^2} \\ \varphi' = \arctan\dfrac{B}{G} \end{cases}$$

G、B 和 $|Y|$ 之间的关系可以用一个直角三角形表示，称为导纳三角形，如图 3-16(c) 所示。

当一个二端网络的复导纳确定以后，与复阻抗相反：

(1) 若 $B > 0$，则 $\varphi_Y > 0$，导纳呈现电容性，Y 称为容性导纳，电流相位超前于电压；

(2) 若 $B < 0$，则 $\varphi_Y < 0$，导纳呈现电感性，Y 称为感性导纳，电流相位滞后于电压；

(3) 若 $B = 0$，则 $\varphi_Y = 0$，导纳呈现电阻性，Y 称为电阻性电导，电压与电流相位同相。

当 $G = 0$，$B > 0$ 时，Y 具有纯电容性质；当 $G = 0$，$B < 0$ 时，Y 具有纯电感性质。

3. 3 种基本元件的导纳

在正弦稳态电路中，R、L、C 的导纳分别为

$$Y_R = \frac{1}{R} = G, \quad Y_L = \frac{1}{j\omega L} = -j\frac{1}{\omega L} = -jB_L, \quad Y_C = j\omega C = jB_C$$

3.4.3　阻抗与导纳的等效变换

在正弦电路中，一个线性无源二端网络既可以用阻抗 Z，也可以用导纳 Y 来等效替代，这就意味着阻抗 $Z = R + jX$ 和导纳 $Y = G + jB$ 可以等效变换，变换条件是

$$ZY = 1 \tag{3-30}$$

即

$$|Z||Y| = 1, \quad \varphi_Z = -\varphi_Y$$

如果网络的等效阻抗 $Z = R + jX$ 已知，则其等效导纳为

$$Y = \frac{1}{Z} = \frac{1}{R + jX} = \frac{R}{R^2 + X^2} - j\frac{X}{R^2 + X^2} = G + jB$$

可见，

$$
\left.\begin{aligned}
G &= \frac{R}{R^2 + X^2} \\
B &= -\frac{X}{R^2 + X^2}
\end{aligned}\right\}
$$

如给定导纳 $Y = G + jB$，则等效复阻抗为

$$
Z = \frac{1}{Y} = \frac{1}{G + jB} = \frac{G}{G^2 + B^2} - j\frac{B}{G^2 + B^2} = R + jX
$$

可见，

$$
\left.\begin{aligned}
R &= \frac{G}{G^2 + B^2} \\
X &= -\frac{B}{G^2 + B^2}
\end{aligned}\right\}
$$

【例 3-7】　如图 3-17（a）所示的无源 RLC 网络，当所加的端口正弦电压 $U = 100\text{V}$ 时，测得电流 $I = 2\text{A}$，如果电压和电流的相位差 $\varphi = 36.9°$，求此时该网络的串联和并联等效参数。

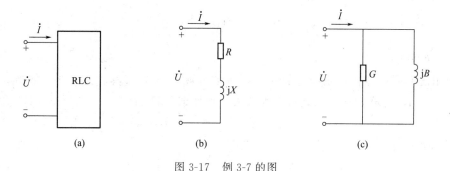

图 3-17　例 3-7 的图

解：网络的复阻抗模为

$$
|Z| = \frac{U}{I} = \frac{100}{2} = 50(\Omega)
$$

故其复阻抗为

$$
Z = 50\angle 36.9° = 40 + j30(\Omega)
$$

由此可得串联等效电路的参数

$$
R = 40(\Omega), \quad X = 30(\Omega)
$$

由于阻抗角 $\varphi = 36.9° > 0$，故电路为感性，其等效电路如图 3-17（b）所示。

根据复阻抗与复导纳的等效变换，求得复导纳为：

$$
Y = \frac{1}{Z} = \frac{1}{50\angle 36.9°} = 0.02\angle -36.9° = 0.016 - j0.012(\text{S})
$$

即并联等效电路的参数为

$$
G = 0.016(\text{S}), \quad B = -0.012(\text{S})
$$

并联等效电路如图 3-17（c）所示。

3.4.4 阻抗（导纳）的串联与并联

1. 阻抗的串联

与电阻的串并联类似，在正弦电路中，由 n 个复阻抗 Z_1，Z_2，$\cdots$，Z_n 串联构成的电路，可以等效为一个复阻抗 Z_{eq}，且有

$$Z_{eq} = Z_1 + Z_2 + \cdots + Z_n \tag{3-31}$$

各个阻抗上的分压为

$$\dot{U}_k = \frac{Z_k}{Z_{eq}} \dot{U}, \; k = 1, \; 2, \; \cdots, \; n \tag{3-32}$$

式（3-24）和式（3-25）可由相量形式的 KVL 方程直接导出，其等效变换的电路如图 3-18 所示。

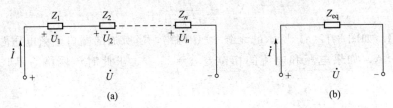

图 3-18　阻抗的串联

2. 阻抗的并联

与电阻的并联一样，在正弦电路中，阻抗的并联用导纳来表达更方便，即由 n 个导纳 Y_1，Y_2，$\cdots$，Y_n 并联构成的电路可以等效为一个导纳 Y_{eq}，且有

$$Y_{eq} = Y_1 + Y_2 + \cdots + Y_n \tag{3-33}$$

表达为阻抗形式

$$\frac{1}{Z_{eq}} = \frac{1}{Z_1} + \frac{1}{Z_2} + \cdots + \frac{1}{Z_n}$$

各导纳的分流为

$$\dot{I}_k = \frac{Y_k}{Y_{eq}} \dot{I}, \; k = 1, \; 2, \; \cdots, \; n \tag{3-34}$$

式（3-26）和式（3-27）可由相量形式的 KCL 方程导出，其等效变换的电路如图 3-19 所示。

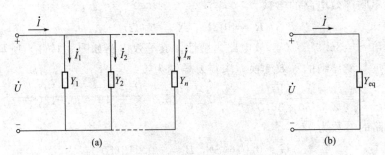

图 3-19　导纳的并联

两个阻抗并联如图 3-20 所示，其等效阻抗为

$$Z_{eq} = \frac{Z_1 Z_2}{Z_1 + Z_2}$$

各阻抗上的分流分别为

$$\dot{I}_1 = \frac{Z_2}{Z_1 + Z_2} \dot{I}, \quad \dot{I}_2 = \frac{Z_1}{Z_1 + Z_2} \dot{I}$$

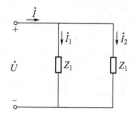

图 3-20　两个阻抗的并联

【例 3-8】　如图 3-21（a）所示电路，已知 $U = 220\text{V}$，$f =$ 50Hz，$Z_1 = (30 - j40)\Omega$，电感 $L = 255\text{mH}$，求电流 $\dot{I}$ 以及电压 $\dot{U}_1$、$\dot{U}_L$，并作出电路的相量图。

解：令 $\dot{U} = 220\angle 0°\text{V}$，由于

$$Z_1 = 30 - j40 = 50\angle -53.1°(\Omega)$$
$$Z_L = j2\pi fL = j2\pi \times 50 \times 255 \times 10^{-3} = j80 = 80\angle 90°(\Omega)$$

故有

$$\dot{I} = \frac{\dot{U}}{Z_1 + Z_L} = \frac{220\angle 0°}{30 - j40 + j80} = 4.4\angle -53.1°(\text{A})$$

$$\dot{U}_1 = \dot{I}Z_1 = 4.4\angle -53.1° \times 50\angle -53.1° = 220\angle -106.2°(\text{V})$$

$$\dot{U}_L = \dot{I}Z_L = 4.4\angle -53.1° \times 80\angle 90° = 352\angle 36.9°(\text{V})$$

电路相量图如图 3-21（b）所示。

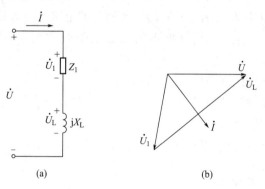

(a)　　　　　　　　(b)

图 3-21　例 3-8 的图

【例 3-9】　如图 3-22（a）所示电路，$U_S = 240\text{V}$，$R = 30\Omega$，$X_L = 40\Omega$，$X_C = 80\Omega$，求各支路电流，并作出相量图。

解：令 $\dot{U}_S = 240\angle 0°\text{V}$，设各支路电路分别为 $\dot{I}$、$\dot{I}_1$ 和 $\dot{I}_2$，如图 3-22 所示。各元件阻抗计算如下：

$$Z_R = 30(\Omega), \quad Z_L = j40(\Omega), \quad Z_C = -j80(\Omega)$$

各支路电流为

$$\dot{I}_2 = \frac{\dot{U}}{Z_C} = \frac{240\angle 0°}{-j80} = j3 = 3\angle 90°(\text{A})$$

$$\dot{I}_1 = \frac{\dot{U}}{Z_R + Z_L} = \frac{240\angle 0°}{30 + j40} = 2.88 - j3.84 = 4.8\angle -53.1°(\text{A})$$

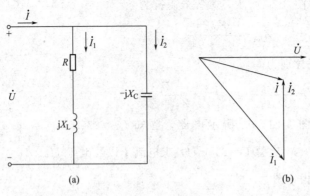

图 3-22 例 3-9 的图

$$I = I_1 + I_2 = (2.88 - j3.84) + j3 = 2.88 - j0.84 = 3\angle -16.3°(A)$$

相量图如图 3-22(b) 所示。

3.5 正弦稳态电路的分析

在正弦稳态电路中，所有电压和电流都是同频率的正弦量，把它们用相量表示，R、L、C 元件用阻抗或导纳表示，可得正弦稳态的相量模型。对于给定电路的相量模型，前面介绍的电阻电路的所有分析方法都适用，不同的是所列写的电路方程为相量表示的代数方程，所进行的计算是复数运算。引入相量分析正弦稳态电路的方法，称为相量分析法，简称相量法。

用相量法求解正弦稳态电路的一般步骤如下：

(1) 画出给定电路的相量模型。

(2) 选择合适的电路分析方法，求得待求量的相量。

(3) 写出待求量的正弦函数表达式。

3.5.1 相量法应用举例

【例 3-10】 列写图 3-23 所示电路的节点电压方程和网孔电流方程。

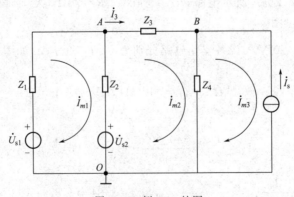

图 3-23 例 3-10 的图

解: (1) 设 O 点为参考节点, 节点 A、B 的电压相量分别为 $\dot{U}_A$、$\dot{U}_B$。以 $\dot{U}_A$、$\dot{U}_B$ 为变量的节点电压方程列写如下:

$$\begin{cases} \left(\dfrac{1}{Z_1} + \dfrac{1}{Z_2} + \dfrac{1}{Z_3}\right)\dot{U}_A - \dfrac{1}{Z_3}\dot{U}_B = \dfrac{\dot{U}_{s1}}{Z_1} + \dfrac{\dot{U}_{s2}}{Z_2} \\[2mm] -\dfrac{1}{Z_3}\dot{U}_A + \left(\dfrac{1}{Z_3} + \dfrac{1}{Z_4}\right)\dot{U}_B = \dot{I}_S \end{cases}$$

在第一个方程中, $\dot{U}_A$ 的系数为节点 A 的自导纳, $\dot{U}_B$ 的系数为节点 A 与节点 B 之间的互导纳; 在第二个方程中, $\dot{U}_A$ 的系数为节点 B 与节点 A 之间的互导纳, $\dot{U}_B$ 的系数为节点 B 的自导纳。

(2) 设网孔电流分别为 $\dot{I}_{m1}$、$\dot{I}_{m2}$、$\dot{I}_{m3}$, 如图 3-23 所示。列写网孔电流方程如下所示:

$$\begin{cases} (Z_1 + Z_2)\dot{I}_{m1} - Z_2\dot{I}_{m2} = \dot{U}_{s1} - \dot{U}_{s2} \\[1mm] -Z_2\dot{I}_{m1} + (Z_2 + Z_3 + Z_4)\dot{I}_{m2} - Z_4\dot{I}_{m3} = \dot{U}_{s2} \\[1mm] -\dot{I}_{m3} = \dot{I}_s \end{cases}$$

在第一个方程中, $\dot{I}_{m1}$ 的系数为网孔 1 的自阻抗, $\dot{I}_{m2}$ 的系数为网孔 1 与网孔 2 之间的互阻抗; 在第二个方程中, $\dot{I}_{m1}$ 的系数为网孔 2 与网孔 1 之间的互阻抗, $\dot{I}_{m2}$ 的系数为网孔 2 的自阻抗, $\dot{I}_{m3}$ 的系数为网孔 2 与网孔 3 之间的互阻抗。

【**例 3-11**】 在例 3-10 中, 若给定 $Z_1 = Z_2 = Z_3 = Z_4 = 6 + j8\Omega$, $\dot{U}_{s1} = 25\angle 0°V$, $\dot{U}_{s2} = 25\sqrt{3}\angle -90°V$, $\dot{I}_s = 20\angle -90°A$。用戴维南定理求流过 Z_3 的电流。

解: 设流过 Z_3 的电流为 $\dot{I}_3$, 方向如图 3-23 中所示。去掉 Z_3 所在支路, 重画电路如图 3-24(a) 所示, 求得开路电压为

$$\dot{U}_{OC} = Z_2\dot{I}_2 + \dot{U}_{s2} - Z_4\dot{I}_4 = Z_2\frac{\dot{U}_{s1} - \dot{U}_{s2}}{Z_1 + Z_2} + \dot{U}_{s2} - Z_4\dot{I}_s$$

$$= 25\angle 60° + 25\sqrt{3}\angle -90° - 200\angle -36.9° = 166.25\angle 27.47°(V)$$

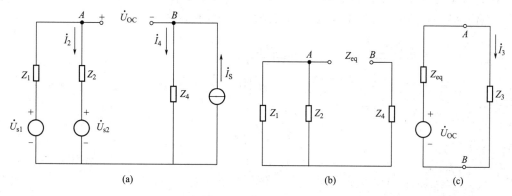

图 3-24 例 3-11 的图

将图 3-23(a) 中的所有独立电源置零, 如图 3-24(b) 所示, 求得等效阻抗为

$$Z_{\text{eq}} = \frac{Z_1 Z_2}{Z_1 + Z_2} + Z_4 = 9 + j12 = 15\angle 53.1°(\Omega)$$

画出图 3-23 所示电路的戴维南等效电路如图 3-24(c) 所示，可得

$$\dot{I}_3 = \frac{\dot{U}_{\text{OC}}}{Z_{\text{eq}} + Z_3} = \frac{166.25\angle 27.47°}{9 + j12 + 6 + j8}$$

$$= \frac{166.25\angle 27.47°}{25\angle 53.1°}$$

$$= 6.65\angle -25.63°(A)$$

3.5.2 简单电路的相量图求解法

相量图能够直观地反映各相量之间的相位关系，它是分析和计算正弦稳态电路的重要手段。在电路的待求量未求出之前，根据元件的 VCR 和 KCL、KVL 方程，可以定性地画出电路的相量图，由相量图可确定待求量和已知量在大小上的几何关系，利用几何运算可求出待求量。当电路的给定条件为电流和电压的有效值，而它们的初相未知时，一般利用相量图法求解较为方便。

为方便起见，在画电路的相量图时，首先选择一个相量作为参考向量。所谓参考相量，是指初相等于零的向量。选择参考相量时，要以"参考相量能够直接联系尽可能多的其他相量"为原则，根据电路的结构特点合理选择。选定参考相量之后，其他各相量即可画出。根据 KCL、KVL，使它们形成首尾相接的三角形，从而清晰地表示出各相量之间的有效值和相位关系。必须指出，对于同一个电路，只能选取一个参考相量，如果改换了参考相量，其他相量的初相将随之改变，但是电路的相量图（几何图形）不会改变。

用相量图求解电路的一般步骤如下所述。

(1) 选择并画出参考相量。

(2) 确定各元件的电压和电流相量。

(3) 根据 KCL 和 KVL，得到相量的几何图形。

(4) 根据相关的几何公式，计算待求量。

1. RLC 串联电路的相量图

RLC 串联电路的相量模型如图 3-25 所示，因为串联电路的电流相等，所以选择电流为参考相量。根据元件的 VCR 和 KCL，即可画出电路的相量图。

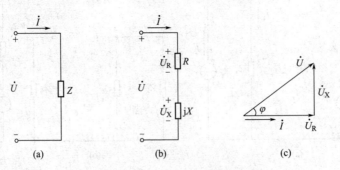

图 3-25 RLC 串联电路的相量模型

由阻抗的定义式(3-20) 及式(3-23) 可得

$$\dot{U} = Z\dot{I} = R\dot{I} + \mathrm{j}X\dot{I}$$
$$= \dot{U}_\mathrm{R} + \dot{U}_\mathrm{X}$$

因此，可以把复阻抗 Z 看作是电阻 R 和电抗 X 的串联，其等效电路如图 3-25（a）和（b）所示。电阻和电抗上的电压分量 $\dot{U}_\mathrm{R}$ 和 $\dot{U}_\mathrm{X}$ 在相位上相差 $90°$，所以由 $\dot{U}_\mathrm{R}$、$\dot{U}_\mathrm{X}$ 和 $\dot{U}$ 构成的相量图是一个直角三角形，称为阻抗的电压三角形，如图 3-25（c）所示。

如图 3-26 所示，RLC 串联电路及其电压三角形，反映了总电压和各元件电压有效值的关系，即

$$U = \sqrt{U_\mathrm{R}^2 + (U_\mathrm{L} - U_\mathrm{C})} = \sqrt{U_\mathrm{R}^2 + U_\mathrm{X}^2}$$

对于 RL 串联电路，$U_\mathrm{X} = U_\mathrm{L}$；对于 RC 串联电路，$U_\mathrm{X} = U_\mathrm{C}$。

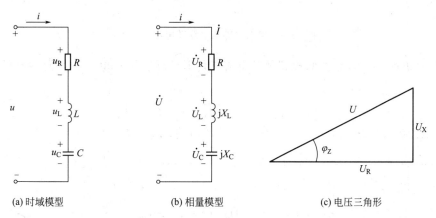

(a) 时域模型　　　　(b) 相量模型　　　　(c) 电压三角形

图 3-26　RLC 串联电路及其电压三角形

RLC 串联电路的相量图如图 3-27 所示。

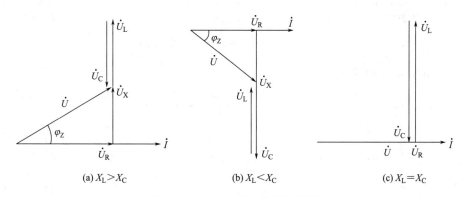

(a) $X_\mathrm{L} > X_\mathrm{C}$　　　　(b) $X_\mathrm{L} < X_\mathrm{C}$　　　　(c) $X_\mathrm{L} = X_\mathrm{C}$

图 3-27　RLC 串联电路的相量图

2. RLC 并联电路的相量图

因为 RLC 并联电路电压相等，所以选择电压作为参考向量。根据元件的 VCR 和 KCL，画出电路的相量图。

由导纳的定义式(3-26)及式(3-29)可得

$$\dot{I} = Y\dot{U} = G\dot{U} + \mathrm{j}B\dot{U} = \dot{I}_\mathrm{G} + \dot{I}_\mathrm{B}$$

因此，可以把导纳 Y 看作是电导 G 和电纳 B 的并联，其等效电路如图 3-28(a) 和（b）所示。电导和电纳上的电流分量 $\dot{I}_G$ 和 $\dot{I}_B$ 在相位上相差 $90°$，所以以端口电压为参考相量，由 $\dot{I}_G$、$\dot{I}_B$ 和 $\dot{I}$ 构成的相量图是一个直角三角形，称为导纳的电流三角形，如图 3-28(c) 所示。

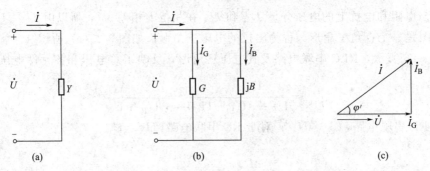

图 3-28　导纳的等效电路及电流三角形

如图 3-29 所示，RLC 并联电路及其电流三角形，反映了总电流和各元件电压有效值的关系，即

$$I = \sqrt{I_R^2 + (I_L - I_C)^2} = \sqrt{I_R^2 + I_X^2}$$

对于 RL 并联电路，$I_X = I_L$；对于 RC 并联电路，$I_X = I_C$。

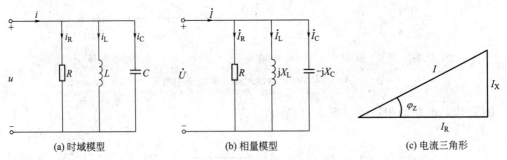

(a) 时域模型　　　　　　　(b) 相量模型　　　　　　　(c) 电流三角形

图 3-29　RLC 并联电路及其电流三角形

RLC 并联电路的相量图如图 3-30 所示。

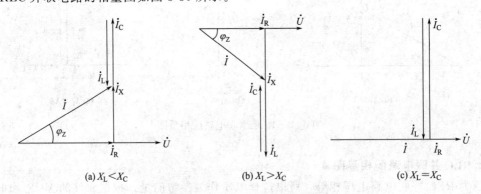

(a) $X_L < X_C$　　　　　　(b) $X_L > X_C$　　　　　　(c) $X_L = X_C$

图 3-30　RLC 并联电路的相量图

3. 混联电路的相量图

在作混联电路的相量图时，根据电路结构的不同，有时选择某支路的电流为参考方向，

或选择某支路电压为参考方向。后一种选择较为常见。下面通过例题来说明混联电路的相量图的画法。

【例 3-12】　如图 3-31(a) 所示电路，$U_S=100\text{V}$，$\omega=314\text{rad/s}$，$R_1=10\Omega$，$L=0.5\text{H}$，$R_2=1000\Omega$，$C=10\mu\text{F}$，求各支路电流及电压 $\dot{U}_1$，并作相量图。

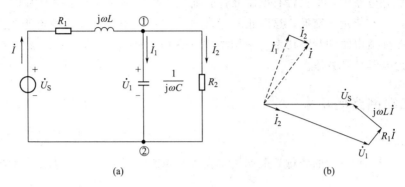

图 3-31　例 3-12 的图

　解：令 $\dot{U}_S=100\angle0°\text{V}$，设各支路电流相量分别为 $\dot{I}$、$\dot{I}_1$ 和 $\dot{I}_2$，如图 3-31 所示。各元件阻抗计算如下：

$$Z_{R_1}=10(\Omega)$$

$$Z_{R_2}=1000(\Omega)$$

$$Z_L=\text{j}\omega L=\text{j}314\times0.5=\text{j}157(\Omega)$$

$$Z_C=\frac{1}{\text{j}\omega C}=-\text{j}\frac{1}{314\times10\times10^{-6}}=-\text{j}318.47(\Omega)$$

Z_{R_2} 与 Z_C 的并联等效阻抗为 Z_{12}，有

$$Z_{12}=\frac{Z_{R_2}Z_C}{Z_{R_2}+Z_C}=\frac{1000\times(-\text{j}318.47)}{1000-\text{j}318.47}$$

$$=92.11-\text{j}289.13=303.45\angle-72.3°(\Omega)$$

电路总的输入阻抗 Z_{eq} 为

$$Z_{eq}=Z_{R_1}+Z_L+Z_{12}=10+\text{j}157-(92.1-\text{j}289.1)$$

$$=102.11-\text{j}132.13=166.99\angle-52.3°(\Omega)$$

各支路电流及电压 $\dot{U}_1$ 计算如下：

$$\dot{I}=\frac{\dot{U}_s}{Z_{eq}}=\frac{100\angle0°}{166.99\angle-52.3°}=0.60\angle52.3°(\text{A})$$

$$\dot{U}_1=Z_{12}\dot{I}=303.45\angle-72.3°\times0.60\angle52.3°=182.07\angle-20.0°(\text{V})$$

$$\dot{I}_1=\frac{\dot{U}_1}{Z_C}=\frac{182.07\angle-20.0°}{-\text{j}318.45}=0.57\angle70.0°(\text{A})$$

$$\dot{I}_2=\frac{\dot{U}_1}{Z_{R_2}}=\frac{182.07\angle-20.0°}{1000}=0.18\angle-20.0°(\text{A})$$

相量图如图 3-31(b) 所示。

3.6 正弦稳态电路的功率

在正弦稳态电路中，不仅含有电阻元件，而且包含电感和电容元件。因此，电路中既有能量的消耗，又有能量的交换，这时正弦稳态电路中的功率问题要比纯电阻电路复杂得多。本节讨论正弦交流电路的瞬时功率、平均功率（有功功率）、无功功率、视在功率和功率因数等基本概念及其计算方法。

3.6.1 二端网络的功率

1. 瞬时功率

对于图 3-32(a) 所示的任意二端网络，在正弦稳态情况下，端口电压和电流取关联参考方向，并设

$$u = \sqrt{2}\,U\sin(\omega t + \psi_u)$$

$$i = \sqrt{2}\,I\sin(\omega t + \psi_i)$$

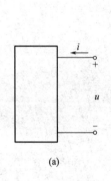
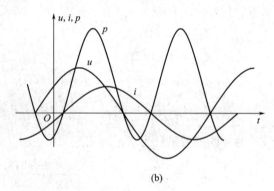

图 3-32 二端网络的功率

则该二端网络吸收的瞬时功率为

$$p = ui = 2UI\sin(\omega t + \psi_u)\sin(\omega t + \psi_i)$$

$$= UI\cos(\psi_u - \psi_i) - UI\cos(2\omega t + \psi_u + \psi_i)$$

令 $\varphi = \psi_u - \psi_i$，$\varphi$ 是电压和电流之间的相位差，上式改写为

$$p = UI\cos\varphi - UI\cos(2\omega t + \psi_u + \psi_i) \tag{3-35}$$

瞬时功率的波形如图 3-32(b) 所示。从式(3-35) 可以看出，瞬时功率有两个分量，一个为恒定分量 $UI\cos\varphi$ 和正弦分量 $UI\cos(2\omega t + \psi_u + \psi_i)$，其频率是电压或电流频率的 2 倍。

式(3-35) 还可以改写为

$$p = UI\cos\varphi - UI\cos(2\omega t + \psi_u + \psi_i)$$

$$= UI\cos\varphi - UI\cos(2\omega t + 2\psi_u - \varphi)$$

$$= UI\cos\varphi - UI\cos\varphi\cos(2\omega t + 2\psi_u) - UI\sin\varphi\sin(2\omega t + 2\psi_u)$$

$$= UI\cos\varphi\,[1 - \cos(2\omega t + 2\psi_u)] - UI\sin\varphi\sin(2\omega t + 2\psi_u)$$

在无源二端网络中，由于 $0 \leqslant |\varphi| \leqslant \dfrac{\pi}{2}$，上式中的第一项将始终大于或等于零，它是瞬

时功率中的不可逆部分；第二项是瞬时功率中的可逆部分，其值正、负交替，说明能量在二端网络与外置之间来回交换。

瞬时功率没有多大的实际意义，并且不便于测量。为此工程上引入了有功功率、无功功率和视在功率的概念。

2. 有功功率

瞬时功率在一个周期内的平均值称为平均功率，也叫有功功率，用大写字母 P 表示，有

$$P = \frac{1}{T}\int_0^T p\,\mathrm{d}t = \frac{1}{T}\int_0^T UI\left[\cos\varphi - \cos(\omega t + \psi_u + \psi_i)\right]\mathrm{d}t = UI\cos\varphi \tag{3-36}$$

平均功率的单位是瓦（W）、毫瓦（mW）或千瓦（kW）。通常在交流用电设备铭牌上标注的是有功功率。有功功率代表了二端网络实际吸收的功率，它不仅与电压和电流有效值的乘积有关，还与它们之间的相位差有关。式中，$\cos\varphi$ 称为功率因数，并用 λ 表示，即 $\cos\varphi = \lambda$。φ 也称功率因数角。

3. 无功功率

在一般情况下，无源二端网络不仅消耗能量，还可能与外电路进行能量交换。工程上把网络与外电路进行能量交换的最大速度定义为无功功率。无功功率用大写字母 Q 表示，其定义为

$$Q = UI\sin\varphi \tag{3-37}$$

无功功率与瞬时功率的可逆部分有关，它表征了二端网络与外界之间进行能量交换的最大速率。Q 和 P 具有相同的量纲，为区别于有功功率，无功功率的单位是乏（var）或者千乏（kvar）。

4. 视在功率

由于许多电气设备的容量都是由它们的额定电压和额定电流的乘积决定的，因此引入了视在功率的概念。视在功率用大写字母 S 表示，即

$$S = UI \tag{3-38}$$

有功功率、无功功率和视在功率具有相同的量纲，为了区别于 P 和 Q，视在功率的单位用伏安（VA）或千伏安（kVA）。

由有功功率、无功功率和视在功率的表达式

$$P = UI\cos\varphi = S\cos\varphi$$

$$Q = UI\sin\varphi = S\sin\varphi$$

$$S = \sqrt{P^2 + Q^2}$$

$$\tan\varphi = \frac{Q}{P}$$

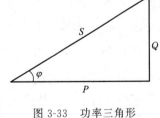

图 3-33　功率三角形

可知，P、Q、S 三者在数值上存在直角三角形的关系，如图 3-33 所示。

3.6.2　三种基本元件的功率

1. 电阻的功率

对于电阻 R，由于 $\varphi = \psi_u - \psi_i = 0$，$\cos\varphi = 1$，因此

$$P_R = UI\cos\varphi = UI = RI^2 = GU^2$$
$$Q_R = UI\sin\varphi = 0$$

由上式知，电阻元件的平均功率恒大于零，表明电阻消耗电能。因此，电阻不能储存能量，所以它与外电路没有能量交换，或因 $\sin\varphi = 0$，所以电阻的无功功率为零，即 $Q = 0$。

2. 电感的功率

对于电感 L，由于 $\varphi = \dfrac{\pi}{2}$，$\sin\varphi = 1$，因此

$$P_L = UI\cos\varphi = 0$$
$$Q_L = UI\sin\varphi = UI = \omega LI^2 = \frac{U^2}{\omega L}$$

电容元件的无功功率恒大于零。因为电感元件不消耗能量，或因 $\cos\varphi = 0$，所以电感的有功功率为零，即 $P = 0$。

3. 电容的功率

对于电容 C，由于 $\varphi = -\dfrac{\pi}{2}$，$\sin\varphi = -1$，因此

$$P_C = UI\cos\varphi = 0$$
$$Q_C = UI\sin\varphi = -UI = -\frac{I^2}{\omega C} = -\omega CU^2$$

电感元件的无功功率恒小于零。因为电容元件不消耗能量，或因 $\cos\varphi = 0$，所以电感的有功功率为零，即 $P = 0$。

根据能量守恒原理，可以得出，无源单口网络的有功功率等于网络中所有电阻的有功功率之和；网络的无功功率等于网络中所有电感和电容无功功率的代数和。但在一般情况下，网络的视在功率不等于网络中所有元件的视在功率之和。

3.6.3 功率因数的提高

交流电源设备（包括发电机、变压器等）是根据额定电压 U_n 和额定电流 I_n 设计的，这时它具有一定的额定容量 $S_n = U_n I_n$。交流电路中，交流电源传送给负载的有功功率为 $P = UI\cos\varphi$，它除了与电压和电流有关以外，还与负载总的功率因数 $\cos\varphi$ 有关。φ 是负载总电压 $\dot{U}$ 和总电流 $\dot{I}$ 之间的相位差角，也是负载的总阻抗角。对于白炽灯、电炉等纯电阻性负载，由于 $\dot{U}$ 和 $\dot{I}$ 同相，$\varphi = 0$，$\cos\varphi = 1$，不存在提高功率因数的问题。而在工业中大量应用的感应电机，它们是感性负载，其功率因数一般为 $0.7 \sim 0.85$，如果不采取一定的提高功率因数的措施，将造成交流电源容量不能充分利用。例如，一台额定容量为 $S_n = 100\text{kVA}$ 的单相变压器，设其在额定电压和额定电流下运行，如果负载的功率因数为 1，则其有功功率为 $P = 100\text{kW}$，容量得到了充分利用；而当负载的功率因数为 0.6 时，其传送的有功功率为 $P = 60\text{kW}$，容量利用率只有 60%，大大降低了设备的利用率。同时，在一定的电压下向负载输送一定的有功功率时，功率因数越低，通过线路的电流 $I = P/(U\cos\varphi)$ 就越大，这将造成输电线路上的有功损耗增加和电压降落增大，引起负载电压降低，可能影响负载的正常工作，如电灯不够亮，冰箱不能启动，电动机转速降低等。

工程上常利用电感、电容无功功率的互补性，在感性负载的两端并联电容器来提高功率

因数。接入电容后，不会改变原负载的工作状态，而是利用电容发出的无功功率，部分或全部补偿感性负载所吸收的无功功率，从而减轻了电源和传输系统的无功功率的负担。如图3-36 所示电路，R、L 串联部分代表一个感性负载，设其功率因数 $\lambda_1 = \cos\varphi_1$。未并联电容 C 时，电流 $\dot{I} = \dot{I}_1 = I\angle\varphi_1$（A），吸收的有功功率为 P；并联电容 C 后，其功率因数 $\lambda = \cos\varphi$，$\dot{I}_1 = I_1\angle\varphi_1$（A），$\dot{I}_C = j\omega C\dot{U}$（A），$\dot{I} = \dot{I}_1 + \dot{I}_C$，其相量图如图 3-34（b）所示。其电流方程分列为

$$I\cos\varphi = I_1\cos\varphi_1（有功分量）$$
$$I\sin\varphi = I_1\sin\varphi_1 + \omega CU（无功分量）$$

且有

$$P = UI_1\cos\varphi_1$$

解得

$$C = \frac{P}{\omega U^2}(\tan\varphi_1 - \tan\varphi) \tag{3-39}$$

并联电容后，由于电流 $\dot{I}$ 比未并联 C 时要小，且 $\varphi < \varphi_1$，因此总电路的功率因数得以提高。上式表明，容性和感性的无功电流分量有互补作用。

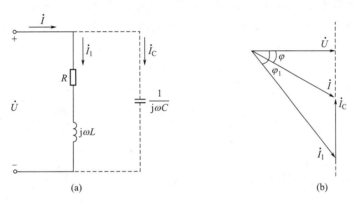

图 3-34 感性负载并联电容器提高功率因数

【例 3-13】 在图 3-34（a）所示电路中，外加频率 50Hz、220V 的正弦电压，感性负载吸收的有功功率 $P = 10$kW，功率因数 $\lambda_1 = 0.6$。要使电路的功率因数提高到 $\lambda = 0.9$，求在负载两端并联的电容值。

解： $\lambda_1 = 0.6$ 时，$\varphi_1 = \arccos\lambda_1 = \arccos 0.6 = 53.13°$

$\lambda = 0.9$ 时，$\varphi = \arccos\lambda = \arccos 0.9 = 25.84°$

利用公式（3-20）直接计算并联电容值：

$$C = \frac{P}{\omega U^2}(\tan\varphi_1 - \tan\varphi)$$

$$= \frac{10\times 10^3}{2\times 3.14\times 50\times 220^2}(\tan 53.13° - \tan 25.84°)$$

$$= 658(\mu F)$$

3.6.4 最大功率传输

在实际问题中（如通信系统、电子电路），常要求负载从给定电源（或信号源）获得最大功率，而不必计较传输效率，这就是最大功率传输问题。根据戴维南定理，可以将此类网

络等效为图 3-35 所示等效电路进行研究。

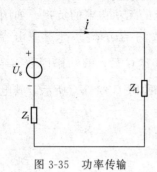

图 3-35 功率传输

在图 3-35 中，$\dot{U}_S$ 为电源电压的相量，$Z_i = R_i + jX_i$ 为电源内阻抗，$Z_L = R_L + jX_L$ 为负载阻抗，则电路中的电流相量为

$$\dot{I} = \frac{\dot{U}_s}{Z_i + Z_L} = \frac{\dot{U}_s}{(R_i + R_L) + j(X_i + X_L)}$$

电流有效值为

$$I = \frac{U_s}{\sqrt{(R_i + R_L)^2 + (X_i + X_L)^2}}$$

负载吸收的有功功率为

$$P = I^2 R = \frac{U_s^2 R_L}{(R_i + R_L)^2 + (X_i + X_L)^2}$$

从上式可以看出，负载端获得的最大功率与端口的等效参数和负载的参数有关。在端口参数不变的情况下，改变负载的参数，使其获得最大功率，即阻抗匹配。

首先令 R_L 保持不变，调节 X_L，则获得最大功率的条件是 $X_L + X_i = 0$，即 $X_L = -X_i$。这说明负载的电抗与电源的内电抗大小相等，性质相反，负载吸收的最大功率为

$$P_{max} = \frac{U_s^2 R_L}{(R_i + R_L)^2}$$

其次，改变 R_L，令

$$\frac{dP_{max}}{dP_L} = \frac{d}{dR_L}\left[\frac{U_s^2 R_L}{(R_i + R_L)^2}\right] = \frac{(R_i + R_L)^2 U_i^2 - 2R_L(R_i + R_L)U_i}{(R_i + R_L)^2} = 0$$

解得 $R_L = R_i$。

因此，负载获得最大功率的条件是 $R_L = R_i$，$X_L = -X_i$，即 $Z_L = \overset{*}{Z_i}$。

负载复阻抗和电源复阻抗为一对共轭复数，负载获得的最大功率为 $P_{max} = \dfrac{U_s^2}{4R_i}$。当负载获得最大功率时，传输效率 $\eta = \dfrac{I^2 R_L}{I^2 (R_i + R_L)} = \dfrac{R_L}{R_i + R_L} = 50\%$。

【例 3-14】 在图 3-36 所示的正弦电路中，R 和 L 为损耗电阻和电感。实为电源内阻参数。已知 $u_s(t) = 10\sqrt{2} \cdot \sin 10^5 t$ V，$R = 5\Omega$，$L = 50\mu H$。若 $R_L = 5\Omega$，试求其获得的功率。当 R_L 为多大时，能获得最大功率？最大功率等于多少？

解： 电源内阻抗为

$$Z_s = R + jX_s = 5 + j10^5 \times 50 \times 10^{-6} = 5 + j5 = 5\sqrt{2}\underline{/45°}(\Omega)$$

设电压源的相量为 $\dot{U} = 10\underline{/0°}$ V，则电路中的电流为

$$\dot{I} = \frac{\dot{U}_s}{Z_s + R_L} = \frac{10\underline{/0°}}{5 + j5 + 5} = \frac{10}{10 + j5} = \frac{10\underline{/0°}}{11.8\underline{/26.6°}} = 0.89\underline{/-26.6°}(A)$$

负载获得的功率为

$$P_L = I^2 R_L = 0.89^2 \times 5 = 4(W)$$

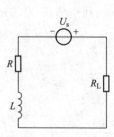

图 3-36 例 3-14 的图

当 $R_L = |Z_s| = \sqrt{R^2 + X_L^2}$ 时，模匹配，能获得最大功率，即

$$R_L = \sqrt{5^2 + 5^2} = 7.07(\Omega)$$

$$\dot{I} = \frac{\dot{U}}{Z_s + R_L} = \frac{10\underline{/0°}}{5 + \mathrm{j}5 + 7.07} = \frac{10\underline{/0°}}{12.7 + \mathrm{j}5} = \frac{10\underline{/0°}}{13.06\underline{/22.5°}} = 0.766^2\underline{/-22.5}(\mathrm{A})$$

$$P_{R\mathrm{max}} = I^2 R_L = 0.766^2 \times 7.07 = 4.15(\mathrm{W})$$

$$P_{R\mathrm{max}} = \frac{U_s^2}{2|Z_S|(1 + \cos\varphi_S)} = \frac{100^2}{2 \times 5\sqrt{2}(1 + \cos45°)} = 4.15(\mathrm{W})$$

由上式可知，在负载获得最大功率时，电路的传输效率仅为 50%。在电力系统中，不允许在共轭匹配的状态下工作，一方面是因为效率较低；另一方面，是电源内阻抗较小，匹配时电流很大，必将损坏电源和负载。但是，在电子系统和一些测量系统中，处理的大多数是微弱的电信号，往往要求负载与信号源达到共轭匹配以获得最大功率。

3.7　谐振电路

谐振是正弦交流电路的一种特殊工作状况，它在电子和通信工程中应用广泛。例如收音机和电视机的接收回路，利用谐振的特殊性来选择所需的电台信号和抑制某些干扰信号；但在电力控制系统中，谐振会导致系统不能正常工作，甚至损坏电气设备。因此，研究谐振现象，掌握谐振的一般规律，具有重要的实际意义。通常，谐振电路由电阻、电感和电容组成，本节讨论串联谐振电路和并联谐振电路。

3.7.1　串联谐振电路

对于图 3-37 所示的 RLC 串联电路，在可变频的正弦电压 u 的激励下，电路的复阻抗为

$$Z = R + \mathrm{j}\omega L - \mathrm{j}\frac{1}{\omega C} = R + \mathrm{j}\left(\omega L - \frac{1}{\omega C}\right) = R + \mathrm{j}(X_L - X_C) = R + \mathrm{j}X = |Z|\angle\varphi$$

其中，$|Z| = \sqrt{(R^2 + X^2)}$，$\varphi = \arctan\left(\dfrac{X}{R}\right)$

回路中的电流 $\dot{I} = \dfrac{\dot{U}}{Z} = \dot{U}Y$。

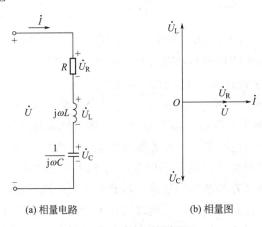

(a) 相量电路　　　　　　(b) 相量图

图 3-37　RLC 串联谐振

当 $X_L = X_C$ 时，$X = X_L - X_C = 0$。此时，电路中的电压和电流同频率、同相位，电路呈阻性。这种现象称为串联谐振，相量图如图 3-37(b) 所示。

1. 谐振条件及谐振频率

电路发生串联谐振时，感抗等于容抗，即 $\omega L = \dfrac{1}{\omega C}$，$X = 0$。谐振发生时，不但与 L 和 C 有关，还与电源的角频率 ω 有关。因此，通过改变 L 或 C 或 ω，均可使电路发生谐振，这种方法称为调谐。

发生谐振的角频率称为谐振角频率，用 ω_0 表示。根据串联谐振条件，可得

$$\omega_0 L = \frac{1}{\omega_0 C}$$

谐振角频率为

$$\omega_0 = \frac{1}{\sqrt{LC}}$$

谐振频率（又称固有频率）为

$$f_0 = \frac{1}{2\pi\sqrt{LC}}$$

2. 谐振电路的主要特征

(1) 电路阻抗值最小，且为纯电阻性，$Z_0 = R$。

(2) 电源电压一定时，电流最大，且电流与电压同相，$\dot{I}_0 = \dfrac{\dot{U}}{Z_0} = \dfrac{\dot{U}}{R}$，电流有效值为 $I_0 = \dfrac{U}{Z_0} = \dfrac{U}{R}$。

(3) 电感电压与电容电压有效值相等，相位相反，其值为电源电压的 Q_0 倍，二者之和等于零。各电压表示分别为

$$\dot{U}_R = R\dot{I}_0 = \dot{U}$$

$$\dot{U}_L = jX_L\dot{I}_0 = j\omega_0 L\dot{I}_0 = j\frac{\omega_0 L}{R}\dot{U} = jQ_0\dot{U}$$

$$\dot{U}_C = -jX_C\dot{I}_0 = -j\frac{1}{\omega_0 C}\dot{I}_0 = -j\frac{1}{\omega_0 CR}\dot{U} = -jQ_0\dot{U}$$

或 $U_L = U_C = Q_0 U$，即 $\dot{U}_C + \dot{U}_L = 0$。其中，$Q_0$ 为电路的品质因数（quality factor），为谐振时电感中和电容中吸收的无功功率与电阻吸收的有功功率之比，且

$$Q_0 = \frac{无功功率}{有功功率} = \frac{I_0^2 \omega_0 L}{I_0^2 R} = \frac{\omega_0 L}{R} = \frac{1}{\omega_0 CR} = \frac{1}{R}\sqrt{\frac{L}{C}} = \frac{\rho}{R}$$

工程中 Q 是一个量纲为 1 的量，如果 $Q \gg 1$，则电感电压和电容电压远远超过电源电压。因此，串联谐振又称为电压谐振。在无线电和电子工程中，将微弱的电压信号输入串联谐振电路，在电感和电容两端获得高于信号电压 Q 倍的输出电压。但在电力工程中，谐振时产生的高电压可能损坏电容和电感的绝缘，因此要避免电压谐振或接近电压谐振的发生。

(4) 谐振时，由于感抗和容抗相等，所以感性无功功率和容性无功功率相等，电路的无功功率为零，电源供给电路的能量全部消耗在电阻上。这说明电感和电容之间有能量交换，

而且达到完全补偿。此时，电路的功率因数 $\cos\varphi = 1$。

【**例 3-15**】　如图所示 3-37RLC 串联电路，已知 $R = 10\Omega$，$L = 64\mu H$，$C = 100pF$，电源电压 $U = 1V$，求电路发生谐振时的谐振频率 f_0、品质因数 Q_0 和电感元件上的电压 U_L。

解：电路的谐振频率

$$f_0 = \frac{1}{2\pi\sqrt{LC}} = \frac{1}{2\pi\sqrt{64 \times 10^{-6} \times 100 \times 10^{-12}}}$$

$$= 2 \times 10^6 (\text{Hz}) = 2(\text{MHz})$$

电路的品质因数

$$Q_0 = \frac{1}{R}\sqrt{\frac{L}{C}} = \frac{1}{10}\sqrt{\frac{64 \times 10^{-6}}{100 \times 10^{-12}}} = 80$$

电感电压

$$U_L = Q_0 U = 80 \times 1 = 80(\text{V})$$

3. 谐振曲线及通频带

（1）频率特性曲线

在 RLC 串联电路中，电路的阻抗

$$Z = R + j\left(\omega L - \frac{1}{\omega C}\right) = R + jX = \sqrt{R^2\left(\omega L - \frac{1}{\omega C}\right)^2}$$

它的幅频特性和相频特性分别为

$$|Z(\omega)| = \sqrt{R^2 + \left(\omega L - \frac{1}{\omega C}\right)^2} \angle \arctan\frac{X}{R}$$

$$\varphi(\omega) = \arctan\frac{\omega L - 1/\omega C}{R}$$

相应的幅频特性曲线和相频特性曲线如图 3-38 所示。

（2）电流谐振曲线

电流的频率特性曲线又称电流谐振曲线，如图 3-39 所示。

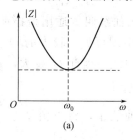
(a)

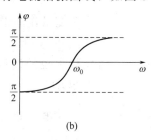
(b)

图 3-38　串联谐振的频率特性曲线

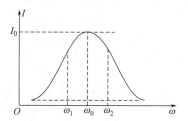

图 3-39　电流的谐振曲线

两个截止角频率的差值定义为电路的通频带，即 $B_W = \omega_2 - \omega_1$。

$$I = \frac{U_s}{\sqrt{R^2 + \left(\omega L - \frac{1}{\omega C}\right)^2}} = \frac{U_s}{R\sqrt{1 + \frac{1}{R^2}\left(\omega L - \frac{1}{\omega C}\right)^2}}$$

$$= \frac{I_0}{\sqrt{1 + \frac{1}{R^2}\left(\omega L - \frac{1}{\omega C}\right)^2}}$$

(3-40)

当 $I = \dfrac{1}{\sqrt{1 + \dfrac{1}{R^2}\left(\omega L - \dfrac{1}{\omega C}\right)^2}} = \dfrac{1}{\sqrt{2}}$ 时，可得

$$\omega L - \frac{1}{\omega C} = \pm R \quad 或 \quad \omega^2 \mp \frac{R}{L}\omega - \frac{1}{LC} = 0$$

由上式解出 $\quad \omega = \pm\dfrac{R}{2L} \pm \sqrt{\left(\dfrac{R}{2L}\right)^2 + \dfrac{1}{LC}}$

由于 ω 必须为正值，因此

$$B_W = \omega_2 - \omega_1 = \frac{R}{L} = \frac{\omega_0}{\dfrac{L}{R}\omega_0} = \frac{\omega_0}{\dfrac{\sqrt{L/C}}{R}} = \frac{\omega_0}{R}$$

品质因数为

$$Q = \frac{\omega_0}{B_W} = \frac{\omega_0}{\omega_2 - \omega_1} = \frac{\omega_0}{R}$$

Q 还能量度电路的选择性。Q 越大，幅频特性曲线越尖锐，选择性越好，但通频带过窄，所以 Q 值不是越大越好，要取得合适，二者要兼顾。

（3）谐振电路的通频带

式（3-40）可写成

$$I = \frac{U_s}{R\sqrt{1 + \left[\dfrac{\omega_0}{R}\left(\dfrac{\omega}{\omega_0} - \dfrac{\omega_0}{\omega}\right)\right]^2}} = \frac{I_0}{\sqrt{1 + Q^2\left(\dfrac{\omega}{\omega_0} - \dfrac{\omega_0}{\omega}\right)^2}}$$

$$\frac{I}{I_0} = \frac{1}{\sqrt{1 + Q\left(\dfrac{\omega}{\omega_0} - \dfrac{\omega_0}{\omega}\right)^2}}$$

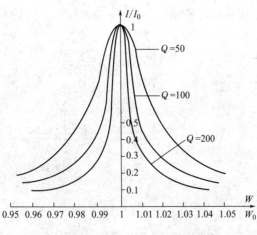

图 3-40　不同 Q 值的电流谐振曲线

以 $\dfrac{\omega}{\omega_0}$ 为自变量，以 $\dfrac{I}{I_0}$ 为因变量，以 Q 为参变量作的谐振曲线叫做通用谐振曲线，如图 3-40 所示。由图可见，较大的 Q 值对应较尖锐的谐振曲线，因此 Q 越大，选择性越好。

在电流谐振曲线上，将电流 $I = \dfrac{I_0}{\sqrt{2}} = 0.707I_0$ 对应的角频率称为大电路的通频带，用 B_W 表示。从曲线上可以看出，$I = 0.707I_0$ 的角频率有两个，低于 ω_0 的 ω_1 称为下限截止频率，高于 ω_0 的 ω_2 称为上限截止频率。由于电路谐振时消耗的功率为 $P_0 = I_0^2 R$，而在 ω_1 和 ω_2 处，电路消耗的功率为 $P_1 = P_2 = 0.5P_0$，所以又称为上下限截止角频率为半功率点的角频率。

$$B_W = \omega_2 - \omega_1$$

通频带规定了谐振电路允许通过信号的频率范围。B_W 也可以用频率表示，即 $B_W = f_2 - f_1$。

3.7.2 并联谐振电路

串联谐振电路通常适用于电源内阻很小的情况。若电源内阻较大，电路的品质因数会降低，使电路选择性变差，故内阻较大的电源一般采用并联谐振电路作为负载，因此在分析并联谐振电路时，通常以电流源作为激励。

1. 谐振条件及谐振频率

在感性负载与电容并联的电路中，如果电路的总电流与端口电压相同，则此时的电路发生并联谐振。在工程上，由线圈和电容器组成的并联谐振电路应用较为广泛，其电路模型如图 3-41 所示。其中，R 和 L 为线圈的电阻和电感。

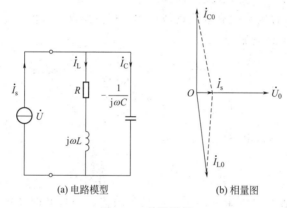

(a) 电路模型　　　　　　　(b) 相量图

图 3-41　并联谐振

对于图 3-41(a) 所示的电路，两个支路的复导纳为

$$Y_1 = \frac{1}{R + j\omega L}, \ Y_2 = j\omega C$$

电路总的导纳为

$$Y = Y_1 + Y_2 = \frac{1}{R + j\omega L} + j\omega C = \frac{R}{R^2 + (\omega L)^2} + j\left[\omega C - \frac{\omega L}{R^2 + (\omega L)^2}\right]$$

当导纳的虚部等于零时，电路中的总电流 $\dot{I}_S$ 和电压 $\dot{U}$ 同相，此时电路呈电阻性，这种现象称为谐振，因此并联谐振的条件为 $\omega C - \dfrac{\omega L}{R^2 + (\omega L)^2} = 0$。

由谐振条件可知，调整 ω、R、L 三个参数中的任何一个均可满足上式，使电路发生谐振。由上式求得谐振电路的角频率为

$$\omega_0 = \sqrt{\frac{1}{LC} - \frac{R^2}{L^2}}$$

如果 $\dfrac{1}{LC} > \dfrac{R^2}{L^2}$，则 $R < \sqrt{\dfrac{L}{C}}$，ω_0 为实数；如果 $R > \sqrt{\dfrac{L}{C}}$，ω_0 为虚数。因此，只有在 $R < \sqrt{\dfrac{L}{C}}$ 的情况下，调节激励频率电路才能达到谐振。

当线圈的品质因数相当高，即 $\omega L \gg R$ 时，并联谐振的近似条件是

$$\omega_0 C \approx \frac{1}{\omega_0 L}, \quad \omega_0 \approx \frac{1}{\sqrt{LC}}$$

这表明高品质因数的并联谐振电路和串联谐振电路的谐振条件一样，线圈的感抗等于电容的容抗。并联谐振电路的相量图如图 3-41(b) 所示。

2. 电路谐振时的主要特征

（1）电路导纳最小，且为纯电阻性，

$$Y = G + j\left(\omega_0 C - \frac{1}{\omega_0 L}\right) = G$$

或回路阻抗最大，$Z = R$。

（2）电源电流一定时，电压最大，电压与电源电流同相，达到最大值，$\dot{U}_0 = R\dot{I}_s$。可以根据这一现象判断并联电路是否发生了谐振。

（3）电感电流与电容电流的有效值近似相等，相位相反，其值为电流源电流的 Q_0 倍。

由图 3-41 可得各支路电流为

$$\dot{I}_L = -j\frac{1}{\omega_0 L}\dot{U} = -j\frac{1}{\omega_0 LG}\dot{I}_s = -jQ\dot{I}_s$$

$$\dot{I}_C = j\omega_0 \dot{U} = j\frac{\omega_0 C}{G}\dot{I}_s = -jQ\dot{I}_s$$

式中，Q 称为并联谐振电路的品质因数，且

$$Q = \frac{\omega_0 C}{G} = \frac{1}{\omega_0 LG} = \frac{1}{G}\sqrt{\frac{C}{L}}$$

如果 $Q \gg 1$，电感和电容中会出现过电流。因此，并联谐振又称为电流谐振。图 3-41(b) 所示为并联谐振时的电流相量图。

（4）并联谐振时，由于感纳和容纳相等，感性无功功率和容性无功功率之和为零，表明电感的磁场能量和电容的电场能量相互交换，完全补偿。此时，电路的功率因数 $\cos\varphi = 1$，且 $Q_L = \frac{1}{\omega_0 L}U^2$，$Q_C = -\omega_0 CU^2$。

【例 3-16】 $R = 10\Omega$，$L = 100\text{mH}$ 的线圈和 $C = 100\text{pF}$ 的电容器并联组成谐振电路。信号源为正弦电流源 i_S，有效值为 $1\mu A$。试求谐振时的角频率及阻抗、端口电压、线圈电流、电容器电流，以及谐振时回路吸收的功率。

解：谐振角频率为

$$\omega_0 = \sqrt{\frac{1}{LC} - \frac{R^2}{L^2}} \approx \sqrt{\frac{1}{100\times10^{-6}\times100\times10^{-2}} - \frac{10^2}{(100\times10^{-6})^2}}$$

$$= \sqrt{10^{14} - 10^{10}} \approx \sqrt{10^{14}} = 10^7\,(\text{rad/s})$$

谐振时的阻抗 $Z_0 = \dfrac{L}{RC} = \dfrac{100\times10^{-6}}{10\times100\times10^{-12}} = 10^5\,(\Omega)$

谐振时端口电压 $U = Z_0 I_s = 10^5\times10^{-6} = 0.1\,(\text{V})$

线圈的品质因数 $Q_L = \dfrac{\omega_0 L}{R} = \dfrac{10^7\times100\times10^6}{10} = 100$

谐振时，线圈和电容器的电流 $I_L \approx I_C = Q_L I_s = 100\times10^{-6} = 100\,(\mu A)$

谐振时回路吸收的功率 $P = I_L^2 R = (10^{-4})^2 \times 10 = 10^{-7}(\text{W}) = 0.1(\mu\text{W})$

或　　　　　　　　　　$P = I_s^2 |Z_0| = (10^{-4})^2 \times 10^5 = 10^{-7}\,\text{W} = 0.1(\mu\text{W})$

需要指出，无论是串联谐振电路，还是并联谐振电路，在谐振时它们都呈电阻性，说明谐振电路不从外部吸收无功功率，能量交换只在电路内部的电容与电感之间进行，即在电容与电感之间发生的电磁能量转换，电源仅供给电阻消耗的能量。

小　结

正弦量的三要素：最大值 I_m、角频率 ω、初相位 ψ_i。

参数名称	电阻	电感	电容
时域	$u = Ri$	$u = L\dfrac{\mathrm{d}i}{\mathrm{d}t}$	$i = C\dfrac{\mathrm{d}u}{\mathrm{d}t}$
频域（相量）	$\dot{U} = R\dot{I}$	$\dot{U} = \mathrm{j}\omega L\dot{I}$	$\dot{I} = \mathrm{j}\omega L\dot{U}$
相位	$\psi_u = \psi_i$	$\psi_u = \psi_i + \dfrac{\pi}{2}$	$\psi_i = \psi_u + \dfrac{\pi}{2}$
有效值	$U = RI$	$U = \omega LI$	$I = \omega CU$
有功功率	$P_R = UI\cos\varphi = UI = RI^2$	0	0
无功功率	0	$Q_L = UI = \omega LI^2 = \dfrac{U^2}{\omega L}$	$Q_C = -UI = -\dfrac{I^2}{\omega C} = -\omega CU^2$

用相量法计算正弦稳态电路的一般步骤如下所述。

（1）选择并画出参考相量。

（2）确定各元件的电压和电流相量。

（3）根据 KCL 和 KVL，得到相量的几何图形。

（4）根据相关的几何公式，计算待求量。

功率：

功率	计算式
有功功率	$P = UI\cos\varphi$
无功功率	$Q = UI\sin\varphi$
视在功率	$S = UI$

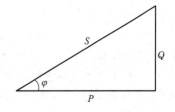

习 题

3-1 填空题

(1) 如题 3-1(1) 图所示，已知：电流 $i = 10\sin(314t + 60°)\mathrm{A}$，电压 $u = 200\sqrt{2}\sin(314t - 45°)\mathrm{V}$，分别写出：

电压角频率 $\omega =$ _____，频率 $f =$ _____，初相位 $\psi_u =$ _____，周期 $T =$ _____。

电流角频率 $\omega =$ _____，频率 $f =$ _____，初相位 $\psi_u =$ _____，周期 $T =$ _____。

电压有效值 $U =$ _____，电流有效值 $I =$ _____。

电压、电流相位差 $\psi_u - \psi_i =$ _____。

该负载是 _____ 负载，$|Z| =$ _____，$\varphi_Z =$ _____。

题 3-1(1) 图

(2) 对于两个正弦量，若它们的相位差为 $\pm \pi/2$，称其为 _____。

(3) RLC 串联电路的谐振频率为 _____。

(4) 负载阻抗 Z_1 与一端口网络内阻抗 Z_{eq} 满足 _____ 关系时，负载可以获得最大功率。

(5) 复数 F 的代数形式为 $F = a + jb$，可得复数 F 的三角形式为 $F = |F|(\cos\theta + j\sin\theta)$，写出 $|F|$ 和 θ 与 a、b 之间的关系为 $|F| =$ _____，$\theta =$ _____，$a =$ _____，$b =$ _____。

(6) 交流电路的视在功率 S、有功功率 P、无功功率 Q 具有相同的量纲，但具有不用的单位。视在功率 S 的单位是 _____，有功功率 P 的单位是 _____，无功功率 Q 的单位是 _____。

(7) 对于 RLC 串联电路，当频率 $f = f_0 =$ _____ 时，电路发生谐振；当 $f > f_0$ 时，电路呈 _____ 性；当 $f < f_0$ 时，电路呈 _____ 性。

(8) 负载阻抗 Z_1 与一端口网络内阻抗 Z_{eq} 满足 _____ 关系时，负载可以获得最大功率。

3-2 选择题

(1) RLC 串联电路中，$R = 1\Omega$，$L = 0.01\mathrm{H}$，$C = 1\mu\mathrm{F}$。电路发生谐振的频率为 $\omega_0 =$ ( )。

A. $10^2\,\mathrm{rad/s}$　　　　B. $10^3\,\mathrm{rad/s}$　　　　C. $10^4\,\mathrm{rad/s}$　　　　D. $10^5\,\mathrm{rad/s}$

(2) 如题 3-2(2) 图所示，电感元件的电压与电流之间的关系是 ( )。

A. $u = L\,di/dt$　　　　B. $u = -L\,di/dt$

C. $i = L\,du/dt$　　　　D. $i = -L\,du/dt$

题 3-2(2) 图

(3) 在正弦交流电路中提高感性负载功率因数的方法是 ( )。

A. 负载串联电感　　B. 负载串联电容　　C. 负载并联电感　　D. 负载并联电容

(4) 正弦电压 $u(t) = \sqrt{2}U\sin(\omega t + \theta_u)$ 对应的相量表示为 ( )。

A. $U = U\angle\theta_u$　　　　B. $\dot{U} = U\angle\theta_u$　　　　C. $U = \sqrt{2}U\angle\theta_u$　　　　D. $\dot{U} = \sqrt{2}U\angle\theta_u$

3-3　判断题

(　)（1）电感元件上，电压与电流的相位关系是电压超前电流 90°。

(　)（2）通过给感性电路并联电容，可以提高电路的功率因数。

(　)（3）RLC 串联谐振电路中的谐振频率 f_0 只与 L、C 有关，与 R 无关。

(　)（4）正弦电路中的有功功率、无功功率、视在功率和复功率都守恒。

3-4　已知工频交流电压的最大值为 $U_m = 127$V，初相角 $\psi_u = \dfrac{\pi}{6}$；工频交流电流的有效值为 10A，初相角 $\psi_i = -\dfrac{\pi}{6}$。

（1）分别写出电压、电流的瞬时值表达式。

（2）求电压 u 和电流 i 的相位差，并定性画出二者的波形。

3-5　将下列复数形式化为极坐标形式。

（1）$F_1 = 5 + j5$；（2）$F_2 = -5 - j5$；（3）$F_3 = 4 - j3$；（4）$F_4 = j12$；

（5）$F_5 = -8$；（6）$F_1 = -6 + j8$；（7）$F_7 = 20$；（8）$F_8 = -j10$

3-6　将下列复数转换为代数形式。

（1）$F_1 = 100\angle 53.1°$；（2）$F_2 = 15\angle -120°$；（3）$F_3 = 5\angle 90°$；

（4）$F_4 = 8\angle 0°$；（5）$F_5 = 10\angle -180°$；（6）$F_6 = 20\angle -90°$

3-7　已知 $F_1 = 10\angle 60°$，$F_2 = 7.07 - j7.07$。求（1）$F_1 + F_2$；（2）$\dfrac{F_1}{F_2}$；（3）$F_1 - F_2$；（4）$F_1 \cdot F_2$。

3-8　已知正弦电压 $u = 220\sqrt{2}U\sin\left(1000t + \dfrac{\pi}{6}\right)$V，正弦电流 $i = 10\sqrt{2}\sin\left(100t - \dfrac{\pi}{4}\right)$A。

（1）写出 u 和 i 的相量表达式；（2）计算电压 u 和电流 i 的相位差；（3）画出电压 u 和电流 i 的相量图。

3-9　已知正弦电流 $i_1 = 5\sin\left(314t + \dfrac{\pi}{3}\right)$A，$i_2 = 8\sin\left(314t - \dfrac{\pi}{6}\right)$A，分别用相量法和相量图法求 $(i_1 + i_2)$ 和 $(i_1 - i_2)$。

3-10　已知 $f = 50$Hz，写出下列相量所代表的正弦量的解析式，并画出它们的相量图。

（1）$\dot{U}_1 = (60 + j80)$V；（2）$\dot{U}_2 = 20\angle -60°$V

（3）$\dot{I}_1 = (-2 + j2)$A；（4）$\dot{I}_2 = 5\angle 45°$A

3-11　电路如题 3-11 图(a) 所示，电压表 V_1 和 V_2 读数为 $V_1 = 30$V，$V_2 = 50$V；在题

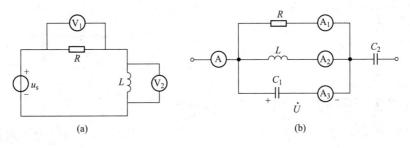

(a)　　　　　　　　　　　　　(b)

题 3-11 图

3-11 图（b）中，电流表 A_1、A_2 和 A_3 的读数为 $I_1=5A$，$I_2=15A$，$I_3=20A$。电压表和电流表的读数为正弦电压和电流的有效值。求：图（a）中电源电压 u_s 的有效值 U_s；图（b）中电流表 A 的读数。

3-12 已知题 3-12 图所示电路中，电流 $\dot{I}_1=2\angle0°A$，求电压 $\dot{U}_s$。

3-13 如题 3-13 图所示电路，已知 $u_s=100\sqrt{2}\sin(1000t+30°)$ V，$u_1=80\sqrt{2}\sin(1000t-15°)$V。求电压 u_2。

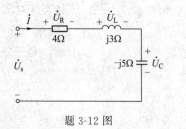 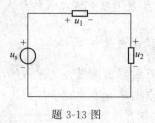

题 3-12 图 　　　　　　 题 3-13 图

3-14 求题 3-14 图中所示各电路的输入阻抗 Z 和导纳 Y。

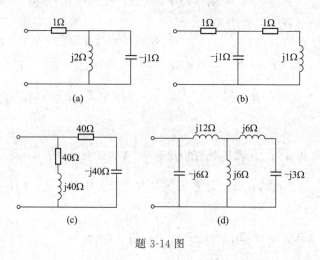

题 3-14 图

3-15 电路如题 3-15 图所示，电流 $I_1=I_2=10A$，求电流 $\dot{I}$ 和电压 $\dot{U}_s$。

3-16 已知在题 3-16 图所示电路中，电流 $\dot{I}=2\angle0°A$。求电压 $\dot{U}_s$。

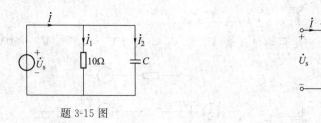

题 3-15 图 　　　　　　 题 3-16 图

3-17 如题 3-17 图所示电路中，$u_s=100\angle2\cos\left[314t+\dfrac{\pi}{3}\right]$ V，电流表 A 的读数为 2A，电压表 V_1、V_2 的读数均为 100V。求电路的参数 R、L、C，并作出该电路的相量图。

3-18 电路如题 3-18 图所示，用改变频率的方法测线圈的等效参数。测量结果为：（1）

$f=50\mathrm{Hz}$，$U=60\mathrm{V}$，$I=10\mathrm{A}$；（2）$f=100\mathrm{Hz}$，$U=60\mathrm{V}$，$I=6\mathrm{A}$。试求线圈的等效参数 L 和 R。

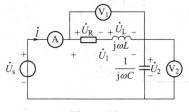

题 3-17 图

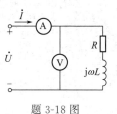

题 3-18 图

3-19　电路如题 3-19 图所示，已知 $U=200\mathrm{V}$，$f=100\mathrm{Hz}$，$I=10\mathrm{A}$，且测得 $U_{\mathrm{R1}}=80\mathrm{V}$，$U_{\mathrm{L}}=100\mathrm{V}$。求：（1）$|\dot{U}_{\mathrm{L}}+\dot{U}_{\mathrm{R2}}|$；（2）$L$ 及 R_2。

3-20　题 3-20 图所示电路中，已知 $u_{\mathrm{s}}=16\angle2\cos(314t+30°)\mathrm{V}$，电流表 A 的读数为 $5\mathrm{A}$，$\omega L=4\Omega$。求电流表 A_1、A_2 的读数。

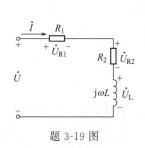

题 3-19 图

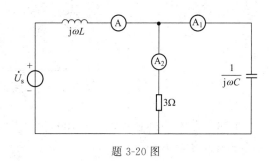

题 3-20 图

3-21　电路如题 3-21 图所示，用戴维南定理求图中的电流 I。

3-22　如题 3-22 图所示电路中，$I_{\mathrm{s}}=10\mathrm{A}$，$R_1=10\Omega$，$\mathrm{j}\omega L_1=\mathrm{j}25\Omega$，$\omega=1000\mathrm{rad/s}$，$R_2=5\Omega$，$\dfrac{1}{\omega C}=15\Omega$。求各支路吸收的复功率和电路的功率因数。

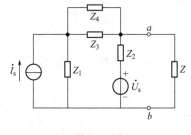

题 3-21 图

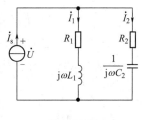

题 3-22 图

3-23　电路如题 3-23 图所示，其中 $\dot{U}_{\mathrm{s}}=100\angle-120°\mathrm{V}$，$\dot{I}_{\mathrm{s}}=1\angle30°\mathrm{A}$，$Z_1=3\Omega$，$Z_2=(10+\mathrm{j}5)\Omega$，$Z_3=-\mathrm{j}10\Omega$，$Z_4=(20-\mathrm{j}20)\Omega$。求电压源和电流源的功率（说明是发出还是吸收）。

3-24　如题 3-24 图所示的电路中，已知：$u(t)=20\cos(10^3t+75°)\mathrm{V}$，$i(t)=\sqrt{2}\sin(10^3t+120°)\mathrm{A}$，

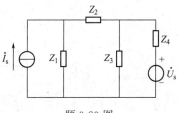

题 3-23 图

N_0 中无独立电源。求 N_0 吸收的复功率和输入阻抗。

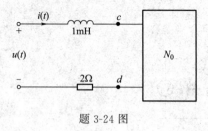

题 3-24 图

3-25 如题 3-25 图所示电路中，$I_S=10\text{A}$，$\omega=5000\text{rad/s}$，$R_1=R_2=10\Omega$，$C=10\mu\text{F}$，$\mu=0.5$。求电源发出的复功率。

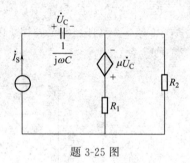

题 3-25 图

3-26 在题 3-26 图中，$\dot{U}_S=100\angle90°\text{V}$，$\dot{I}_S=5\angle0°\text{A}$，求当 Z_L 获得最大功率时，各独立源发出的复功率。

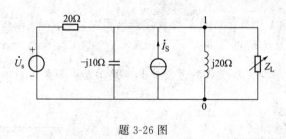

题 3-26 图

3-27 题 3-27 图所示串联电路处于谐振状态，$u_s=5\sqrt{2}\cos1000t\ \text{V}$，电流表的读数为 1A，电压表的读数为 80V。求元件参数 R、L、C。

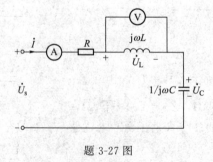

题 3-27 图

3-28 RLC 串联电路中，$u_s=10\sqrt{2}\cos1000t\ \text{V}$。当电容 $C=10\mu\text{F}$ 时，电路中电流最大，

电流 $I_{\max}=2\mathrm{A}$。求：（1）电阻 R 和电感 L；（2）各元件电压的瞬时值表达式；（3）画出各电压相量图。

3-29 RLC 串联电路中，$L=50\mu\mathrm{H}$，$C=100\mathrm{pF}$，$Q=50\sqrt{2}$，电源 $U_s=1\mathrm{mV}$。求电路的谐振频率 f_0、谐振时的电容电压 U_C 和通频带 B_W。

3-30 RLC 并联电路谐振时，$f_0=1000\mathrm{Hz}$，$Z_0=100\mathrm{k\Omega}$，$B_W=100\mathrm{Hz}$，求元件参数 R、L、C。

3-31 题 3-31 图所示并联谐振电路中，电流表读数为 0.3A，电压表读数为 30V，功率表读数为 8W。求元件参数 R、L、C。

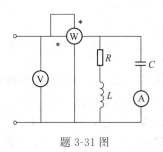

题 3-31 图

第4章

耦合电感和变压器

耦合电感和变压器在工程中应用广泛。耦合电感是实际耦合线圈抽象出来的理想化电路模型。变压器是利用电磁感应的原理来改变交流电压的装置，是耦合互感工程实际应用的典型例子。本章首先讲述耦合电感的基本概念，然后介绍耦合电感的去耦等效，最后分析空心变压器电路，重点讨论理想变压器的特性，使学生对变压器有个初步认识。

4.1 磁 链

4.1.1 磁场的几个基本物理量

1. 磁感应强度 B（或磁通密度，简称磁密）

磁场是电流通入导体后产生的，表征磁场强弱及方向的物理量是磁感应强度 B，它是一个矢量。磁场中各点的磁感应可以用闭合的磁感应矢量线（磁力线上某一点的切线方向）来表示，它与产生它的电流方向可以用右手螺旋定则来确定，如图4-1所示。

磁感应强度的大小根据载流导体在磁场中的受力来确定，当 I、L、磁力线相垂直时，

$$B = F/IL$$

在国际单位制（SI）中，B 的单位是特斯拉（T）；在电磁单位制（CGSM）中，B 的单位是高斯（GS）。

$$1\text{T} = 1\text{Wb/m}^2, \ 1\text{T} = 10^4\text{GS}$$

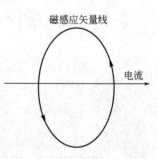

图4-1 磁感应矢量线回转方向与电流方向的关系

2. 磁通 Φ

在均匀磁场中，磁感应强度 B 的大小与垂直于磁场方向面积 A 的乘积，为通过该面积的通量，简称磁通 Φ（一般情况下，磁通量的定义为 $\Phi = \int B\mathrm{d}A$）。由于 $B = \Phi/A$，B 也称为磁通量密度，简称磁通密度。若用磁感应矢量线来描述磁场，通过单位面积的磁感应矢量线的疏密反映了磁感应强度（磁通密度）的大小以及磁通量的多少。

磁通是一个标量，在 SI 中单位为韦伯（Wb），在 CGSM 中为麦克斯韦（Mx），且

$$1\,\mathrm{Wb} = 10^8\,\mathrm{Mx}$$

3. 磁导率 μ

磁导率表示物质导磁性能的物理量，它等于磁介质中磁感应强度 B 与磁场强度 H 之比，即 $\mu = \mathrm{d}B/\mathrm{d}H$，单位为亨/米（H/m）

通常使用的是磁介质的相对磁导率 μ_r，即物质磁导率与真空磁导率的比值，

$$\mu_\mathrm{r} = \frac{\mu}{\mu_0}$$

真空中的磁导率 $\mu_0 = 4\pi \times 10^7\,H/m$，空气、铜、铅和绝缘材料等非铁磁材料的磁导率和真空磁导率大致相同，而铁、镍、钴等铁磁材料及合金的磁导率比 μ_0 大很多，是其 $10 \sim 10^5$ 倍。

对于非铁磁材料，$\mu_\mathrm{r} \approx 1$；对于铁磁材料，$\mu_\mathrm{r} > 1$。

4. 磁场强度 H

$$H = \frac{B}{\mu}$$

磁场强度只与产生它的电流和载流导体的形状有关，与磁介质的性质无关。引入磁场强度概念可简化计算。

磁场强度的单位在国际单位制（SI）中是安/米（A/m），在高斯单位制（CGSM）中是奥斯特（Oe）。

4.1.2　基本电磁定律

1. 安培环路定律（全电流定律）

在磁场中，磁场强度沿任一闭合路径的线积分等于该路径所包围电流的代数和，即

$$\oint_L H \cdot \mathrm{d}l = \sum i$$

式中，若电流的方向与所选路径的环绕方向符合右手螺旋关系，i 取正号，否则取负号。

沿着闭合路径 L，磁场强度 H 大小不变且方向总是与 L 相同。若线圈的匝数为 N，则

$$HL = Ni$$

2. 磁路的欧姆定律

作用在磁路上的总磁动势 F 等于磁路内的磁通 Φ 乘以磁阻 R_m，即

$$F = \Phi R_\mathrm{m}$$

式中，$F = Ni$ 为磁动势，单位是安培（A），它是产生磁通的根源；$R_\mathrm{m} = \dfrac{L}{\mu A}$ 为磁路的磁阻，单位是 1/亨（1/H）。

3. 磁路的基尔霍夫第一定律

在任意一个磁节点（闭合面）上，磁通的代数和为零

$$\sum \Phi = 0$$

4. 磁路的基尔霍夫第二定律

作用在任何闭合磁路的总磁动势恒等于各段磁路的磁压降代数和，即

$$\sum HL = \sum NI$$

式中，若磁场方向与闭合路径的环行方向一致，HL 为正，否则为负。

5. 电磁感应定律

当穿过线圈的磁通随时间发生变化时，线圈中产生感应电动势。若感应电动势的方向与磁通方向符合右手螺旋定则，则

$$e = -\frac{d\psi}{dt} = -N\frac{d\Phi}{dt} \quad (\text{"}-\text{"号由楞次定律决定})$$

式中，$\psi = N\Phi$ 称为磁链，是与线圈交链的总磁通；e 也称为变压器电动势。

对于速度电动势，磁场本身是恒定的，变化的磁通是因导体运动而产生的。若 B、L、v 三者互相垂直，有

$$e = BLv$$

其方向由右手定则确定。

6. 电磁力定律

载流导体在磁场中将受到电磁力的作用。若磁场与导体相互垂直，则

$$f = BLI$$

其方向由左手定则确定。

7. 安培定则

安培定则，也叫右手螺旋定则，是表示电流和电流激发磁场的磁感线方向间关系的定则。

（1）通电直导线中的安培定则（安培定则一）：用右手握住通电直导线，让大拇指指向电流的方向，那么四指的指向就是磁感线的环绕方向。

（2）通电螺线管中的安培定则（安培定则二）：用右手握住通电螺线管，让四指指向电流的方向，大拇指所指的那一端是通电螺线管的 N 极。

4.2 耦合电感元件

4.2.1 互感现象

由法拉第电磁感应定律可知，对于两个相邻的线圈，当一个线圈通过交变电流时，在其两端不仅会产生感应电压（自感电压），同时在另一个线圈两端将产生感应电压。这种载流线圈之间通过彼此的磁场相互联系的物理现象称为互感现象，所产生的感应电压称为互感电压。两个相互耦合的线圈称为互感线圈或耦合线圈。

载流线圈之间通过彼此的磁场相互联系的物理现象称为磁耦合。如图 4-2 所示为具有磁耦合的两个载流线圈，其匝数分别为 N_1、N_2，电感 L_1 和 L_2 称为自感系数，载流线圈中的电流 i_1 和 i_2 称为施感电流。根据两个线圈的绕向、施感电流的参考方向和两个线圈的相

对位置，按照右手螺旋定则，确定施感电流产生的磁通方向和彼此交链的情况。线圈 1 中通过的交变电流 i_1 产生的磁通 Φ_{11} 称为自感磁通，该磁通与本线圈交链产生自感磁通链 Ψ_{11}。Φ_{11} 的一部分或全部与线圈 2 交链，这一部分由线圈 1 中的电流 i_1 产生的与线圈 2 相交链的磁通记作 Φ_{21}，称为互感磁通，且 $\Phi_{21} \leqslant \Phi_{11}$，$\Phi_{21}$ 交链线圈 2 产生的磁通链 Ψ_{21} 称为互感磁通链，其耦合情况如图 4-2(a) 所示。同理，线圈 2 中通过的交变电流 i_2 也产生与本线圈相交链的自感磁通 Φ_{22} 和自感磁通链 Ψ_{22}。Φ_{22} 的一部分或全部与线圈 1 交链，产生互感磁通 Φ_{12} 和互感磁通链 Ψ_{12}，且 $\Phi_{12} \leqslant \Phi_{22}$，其耦合情况如图 4-2(b) 所示。

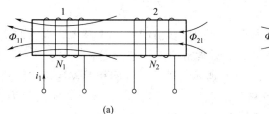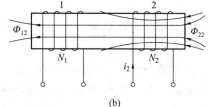

(a)　　　　　　　　　　　　　　　　(b)

图 4-2　两个线圈的互感

4.2.2　互感系数和耦合系数

1. 互感系数

当周围空间是各向同性的线性磁介质时，每一种磁通链都与产生它的施感电流成正比，即对于自感磁通链，

$$\left.\begin{aligned} \Psi_{11} &= L_1 i_1 \\ \Psi_{22} &= L_2 i_2 \end{aligned}\right\} \tag{4-1}$$

式中，L_1 和 L_2 分别为两个线圈的电感系数，此时亦称为自感系数，简称自感，是一个与电流和时间无关的常数。

对于互感磁通链，

$$\left.\begin{aligned} \Psi_{12} &= M_{12} i_2 \\ \Psi_{21} &= M_{21} i_1 \end{aligned}\right\} \tag{4-2}$$

式中，M_{12} 和 M_{21} 是线圈的互感系数，简称互感，单位为 H（亨）。可以证明，$M_{12} = M_{21}$，所以当只有两个线圈（电感）耦合时，可以略去 M 的下标，即 $M = M_{12} = M_{21}$。当磁介质为非铁磁性物质时，互感 M 是常数。M 值与线圈的几何尺寸、匝数和相对位置有关，与线圈中的电流无关。

互感线圈中的磁通链包括自感磁通链和互感磁通链两部分。二者的方向可能相同，也可能相反。因此，互感线圈中的磁通链应等于自感磁通链和互感磁链的代数和。线圈 1 和线圈 2 中的磁通链分别设为 Ψ_1（与 Ψ_{11} 同向）和 Ψ_2（与 Ψ_{22} 同向），有

$$\left.\begin{aligned} \Psi_1 &= \phi_{11} \pm \phi_{12} = L_1 i_1 \pm M i_2 \\ \Psi_2 &= \phi_{22} \pm \phi_{21} = L_2 i_2 \pm M i_1 \end{aligned}\right\} \tag{4-3}$$

式 (4-3) 表明，耦合线圈中的磁通链与施感电流呈线性关系，是各施感电流独立产生的磁通链叠加的结果，L 总为正值，M 值有正有负。

M 前的"＋"号表示互感磁通链与自感磁通链方向一致，自感方向的磁场得到加强

（增磁），称为同向耦合。M 前的"一"号表示互感磁通链与自感磁通链方向相反，削弱自感方向的磁场，称为反向耦合。耦合电感的耦合状态随施感电流方向的变化而变化。

2. 耦合系数

互感 M 的分量值反映了一个线圈在另一个线圈中产生磁通的能力。一般情况下，两个耦合线圈的电流产生的磁通只有部分相交链，彼此不交链的那部分磁通称为漏磁通。工程上用耦合电感中互感磁通链与自感磁通链的比值定量描述两个线圈的耦合系数，用 k 表示，即

$$k \overset{\text{def}}{=} \sqrt{\left|\frac{\Psi_{12}}{\Psi_{11}}\right| \cdot \left|\frac{\Psi_{21}}{\Psi_{22}}\right|} = \frac{M}{\sqrt{L_1 L_2}} \tag{4-4}$$

k 的取值范围为 $0 \leqslant k \leqslant 1$。当 L_1 和 L_2 一定时，k 值越大，M 越大，表明两个线圈的耦合程度越强。如图 4-3(a) 所示，如果两个线圈紧密地缠绕在一起，通过每个线圈的自感磁通和互感磁通几乎相等，$k \approx 1$；如图 4-3(b) 所示，若两个线圈相距较远，或线圈的轴线相互垂直放置，它们之间无互感磁通的交链，所以 $k = 0$。通常，$k > 0.5$ 时，称为紧耦合；$k < 0.5$ 时，称为松耦合；$k = 0$ 时，称为无耦合；$k = 1$ 时，称为全耦合。

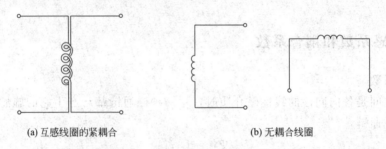

(a) 互感线圈的紧耦合　　　　　　　　　　(b) 无耦合线圈

图 4-3　耦合线圈的相互位置

研究表明，耦合系数 k 的大小与两个线圈的结构、相互位置以及线圈周围的磁介质性质有关。由此可见，改变或调整两个线圈的相互位置，可以改变耦合系数的大小，当 L_1、L_2 一定时，也就相应地改变了互感 M 的大小。

在电力变压器和无线电技术中，为了更有效地传输功率或信号，总是采用极紧密的耦合，使 k 值尽可能接近于 1。通常采用将线圈绕在铁磁材料制成的芯子上来达到这一目的。

4.2.3　耦合电感的伏安关系

若耦合电感的电流参考方向，与其产生的自感磁通链的参考方向符合右手螺旋定则，并且自感电压与电流取关联参考方向，如果耦合电感 L_1 和 L_2 中有变动的电流，耦合电感中的磁通链将跟随电流变动。根据法拉第电磁感应定律，耦合电感的两个端口将产生感应电压。设两个线圈上的电压、电流都取关联参考方向，L_1 和 L_2 端口的电压和电流分别为 u_1、i_1 和 u_2、i_2，互感为 M，则将式 (4-4) 微分后，有

$$\left.\begin{aligned} u_1 &= u_{11} + u_{12} = L_1 \frac{\mathrm{d}i_1}{\mathrm{d}t} \pm M \frac{\mathrm{d}i_2}{\mathrm{d}t} \\[2mm] u_2 &= u_{22} + u_{21} = L_2 \frac{\mathrm{d}i_2}{\mathrm{d}t} \pm M \frac{\mathrm{d}i_1}{\mathrm{d}t} \end{aligned}\right\} \tag{4-5}$$

式 (4-5) 表示耦合电感的电压电流关系，则自感电压为

$$u_{11} = \frac{\mathrm{d}\varPsi_{11}}{\mathrm{d}t} = L_1 \frac{\mathrm{d}i_1}{\mathrm{d}t}, \quad u_{22} = \frac{\mathrm{d}\varPsi_{22}}{\mathrm{d}t} = L_2 \frac{\mathrm{d}i_2}{\mathrm{d}t}$$

互感电压为

$$u_{12} = \pm \frac{\mathrm{d}\varPsi_{12}}{\mathrm{d}t} = \pm M \frac{\mathrm{d}i_2}{\mathrm{d}t}, \quad u_{21} = \pm \frac{\mathrm{d}\varPsi_{21}}{\mathrm{d}t} = \pm M \frac{\mathrm{d}i_1}{\mathrm{d}t}$$

u_{12} 是变动电流 i_2 在 L_1 中产生的互感电压，u_{21} 是变动电流 i_1 在 L_2 中产生的互感电压，所以，耦合电感的电压是自感电压和互感电压叠加的结果。根据参考极性所示，自感电压总是"＋"的；互感电压可能是"＋"的，也可能是"－"的。

4.2.4 互感线圈的同名端

互感线圈中的电流随时间变动时，在线圈两端将产生自感电压和互感电压。自感电压和互感电路参考方向，可能相同，也可能相反，取决于自感磁通链和互感磁通量的参考方向是否一致。而自感磁通链和互感磁链的参考方向是否一致，取决于线圈电流的参考方向、线圈的绕向以及线圈间的相对位置。然而，实际的互感线圈都是密封的，从外观上很难看到线圈的绕向及线圈间的相对位置。为了解决这一问题，引出了同名端的概念。

1. 同名端的标记原则

互感线圈的同名端是这样规定的：如果两个互感线圈的电流所产生的磁通是相互增强的，那么，两个电流同时流入（或流出）的端钮就是同名端；如果磁通相互削弱，则两个电流同时流入（或流出）的端钮就是异名端。当线圈的电流同时流入（或流出）这对端钮时，在各线圈中产生的自感磁通链和互感磁通量的参考方向一致。同名端用标记"•"、"＊"或"△"标出，另一端则无需再标。根据上述标记原则，可以判断出如图 4-4 所示两组耦合线圈的同名端。

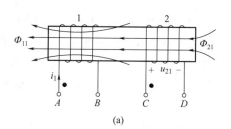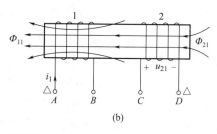

图 4-4　互感电压的方向与线圈绕向的关系

图 4-5 中标出了几种不同相对位置和绕向的互感线圈的同名端。必须注意，同名端的位置取决于互感线圈的绕向和相对位置，与线圈电流的参考方向无关。

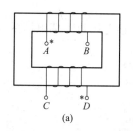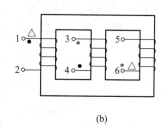

图 4-5　互感线圈的同名端

同名端总是成对出现的，若有两个以上的线圈彼此间都存在磁耦合，同名端应一对一对地标记，每一对须用不同的符号标出，如图4-5(b)所示。

因此，互感电压"＋"、"－"选取的原则是：当两个线圈的电流均从同名端流入（或流出）时，耦合电感为同向耦合，互感电压取"＋"；反之，当两个线圈的电流从异名端流入（或流出）时，耦合电感为反向耦合，互感电压取"－"。

2. 同名端的测定

对于难以知道实际绕向的两个线圈，可以采用实验的方法来测定同名端。通常有直流判别法和交流判别法。

(1) 直流判别法。用直流判别法确定互感线圈同名端的实验电路如图4-65(a)所示。开关S闭合瞬间，电流i从线圈的端钮A流入，且$\dfrac{\mathrm{d}i}{\mathrm{d}t}>0$。如果此时电压表的指针正向偏转，表明线圈的端钮$A$和$C$是同名端，即电流流入的端钮与互感电压的正极性端为同名端；反之，如果开关S闭合瞬间，电压表的指针反向偏转，则A和D是同名端。

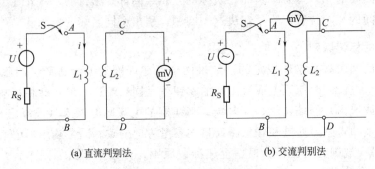

(a) 直流判别法　　　　　　　(b) 交流判别法

图4-6　测定同名端的实验电路

(2) 交流判别法。用交流法测定互感线圈的同名端的实验电路如图4-6(b)所示。首先将两个线圈的任意两端（B和D）连接在一起，并在其中一个线圈的两端施加一个较低（便于测量）的电压；然后用电压表分别测量A和C两端的电压u_{AC}，以及两个线圈的电压u_{AB}和u_{CD}。如果u_{AC}的数值是两个线圈的电压之差，则A和C是同名端；如果u_{AC}的数值是两个线圈的电压之和，则A和D是同名端。

在实际电路中，判断互感线圈的同名端是非常重要的。如果同名端弄错了，不仅达不到预期的目的，甚至会造成严重的后果。

3. 同名端的应用

同名端确定后，互感电压的极性可以由电流对同名端的方向来确定，即互感电压的极性与产生它的变化电流的参考方向对同名端是一致的。

如图4-7所示，在互感电路中，线圈端电压是自感电压与互感电压的代数和，即

$$u_1 = L_1\frac{\mathrm{d}i_1}{\mathrm{d}t}M\frac{\mathrm{d}i_2}{\mathrm{d}t}\left.\vphantom{\begin{matrix}a\\b\end{matrix}}\right\}$$

$$u_2 = L_2\frac{\mathrm{d}i_2}{\mathrm{d}t}M\frac{\mathrm{d}i_1}{\mathrm{d}t}$$

图4-7(a)所示。其相量形式为

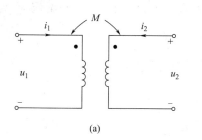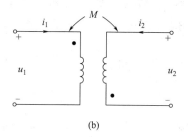

图 4-7　互感线圈的电路符号

$$\left.\begin{aligned}\dot{U}_1 &= \mathrm{j}\omega L_1\dot{I}_1 + \mathrm{j}\omega M\dot{I}_2\\\dot{U}_2 &= \mathrm{j}\omega L_2\dot{I}_2 + \mathrm{j}\omega M\dot{I}_1\end{aligned}\right\}$$

$$\left.\begin{aligned}u_1 &= L_1\frac{\mathrm{d}i_1}{\mathrm{d}t} - M\frac{\mathrm{d}i_2}{\mathrm{d}t}\\u_2 &= L_2\frac{\mathrm{d}i_2}{\mathrm{d}t} - M\frac{\mathrm{d}i_1}{\mathrm{d}t}\end{aligned}\right\}$$

图 4-7(b) 所示。其相量形式为

$$\left.\begin{aligned}\dot{U}_1 &= \mathrm{j}\omega L_1\dot{I}_1 - \mathrm{j}\omega M\dot{I}_2\\\dot{U}_2 &= \mathrm{j}\omega L_2\dot{I}_2 - \mathrm{j}\omega M\dot{I}_1\end{aligned}\right\}$$

为了正确写出耦合电感的电压与电流关系，需要确定下面两个问题：

(1) 确定互感电压和自感电压的方向是否一致；

(2) 判断电压与电流是否为关联参考方向。

互感电压的参考方向也可以根据以下规则确定：若产生互感电压的电流参考方向为流入同名端，则互感电压的参考极性在同名端处为正；反之，若产生互感电压电流参考方向为流出同名端，互感电压的参考极性在同名端处为负。上述规则可概括为"入正出负"。

【例 4-1】　耦合线圈如图 4-8 所示，按图中标明的参考方向写出电压与电流的关系式。

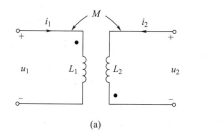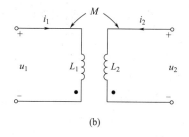

图 4-8　例 4-1 图

解：如图 4-8(a) 所示，电流 i_1 和 i_2 分别从同名端流入，且电压 u_1 和电流 i_1 为关联参考方向，电压 u_2 和电流 i_2 为非关联参考方向，所以

$$u_1 = L_1\frac{\mathrm{d}i_1}{\mathrm{d}t} + M\frac{\mathrm{d}i_2}{\mathrm{d}t}$$

$$u_2 = -\left(L_2\frac{\mathrm{d}i_2}{\mathrm{d}t} + M\frac{\mathrm{d}i_1}{\mathrm{d}t}\right)$$

如图 4-8(b) 所示，电流 i_1 和 i_2 分别从同名端流入，且电压 u_1 和电流 i_1 为非关联参考方向，电压 u_2 和电流 i_2 为关联参考方向，所以

$$u_1 = -\left[L_1 \frac{\mathrm{d}i_1}{\mathrm{d}t} + M \frac{\mathrm{d}i_2}{\mathrm{d}t}\right]$$

$$u_2 = L_2 \frac{\mathrm{d}i_2}{\mathrm{d}t} + M \frac{\mathrm{d}i_1}{\mathrm{d}t}$$

【例 4-2】 标出图 4-9(a)、(b) 所示线圈的同名端。

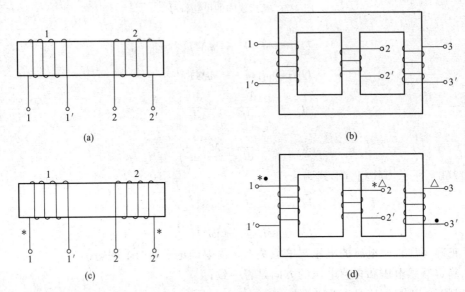

图 4-9　例 4-2 图

解：根据同名端定义，判断同名端分别如图 4-9(c)、(d) 所示。

【例 4-3】 若有电流 $i_1 = 2+5\cos(10t+30°)$ A，$i_2 = 10\mathrm{e}^{-5t}$ A，分别从图 4-10 所示电路的 1 端和 2 端流入，并设线圈 1 的电感 $L_1 = 6$H，线圈 2 的电感 $L_2 = 3$H，互感为 $M = 4$H。试求：(1) 各线圈的磁通链；(2) 端电压 $u_{11'}$ 和 $u_{22'}$；(3) 耦合系数 k。

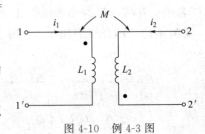

图 4-10　例 4-3 图

解：(1) 电流 i_1 和 i_2 分别从异名端 1 端和 2 端流入，所以磁通相互削弱。

线圈 1 的磁通链为

$$\psi_1 = \psi_{11} - \psi_{12} = L_1 i_1 - M i_2 = 12 + 30\cos(10t+30°) - 40\mathrm{e}^{-5t}\ (\mathrm{Wb})$$

线圈 2 的磁通链为

$$\psi_2 = -\psi_{21} + \psi_{22} = -M i_1 + L_2 i_2 = -8 - 20\cos(10t+30°) + 30\mathrm{e}^{-5t}\ (\mathrm{Wb})$$

(2) 端电压 $u_{11'}$ 和 $u_{22'}$ 分别为

$$u_{11'} = \frac{\mathrm{d}\psi_1}{\mathrm{d}t} = -300\sin(10t+30°) + 200\mathrm{e}^{-5t}\ (\mathrm{V})$$

$$u_{22'} = \frac{\mathrm{d}\psi_2}{\mathrm{d}t} = 200\sin(10t+30°) - 150\mathrm{e}^{-5t}\ (\mathrm{V})$$

（3）耦合系数 k

$$k = \frac{M}{\sqrt{L_1 L_2}} = \frac{4}{3\sqrt{2}}$$

4.3 互感电路的正弦稳态分析

含有耦合电感的电路简称为互感电路。耦合电感支路的电压不仅与本支路电流有关，还与其耦合的其他支路电流有关，其正弦稳态分析可采用相量法。耦合电感上的电压由自感电压和互感电压两部分组成，在列 KVL 方程时，要正确使用同名端计入互感电压。

在实际电路中，耦合电感的两个线圈通常是以某种相互联系的形式出现，其连接方式有串联和并联两种。在分析耦合电感的电路时，针对上述情况，采用去耦等效方法进行处理，会使求解过程简化。

4.3.1　耦合电感元件的相量模型

耦合电感通以正弦电流时的电路模型如图 4-11 所示。在图 4-11（a）中，两个线圈的电流相量的参考方向一致（同向耦合），在正弦稳态下的电压相量和电流相量关系如式（4-6）所示。在图 4-11（b）中，两个线圈的电流相量的参考方向相反（反向耦合），在正弦稳态下的电压相量和电流相量关系如式（4-7）所示。

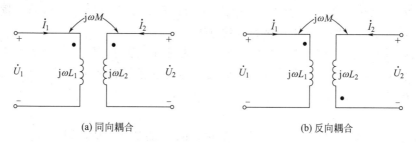

(a) 同向耦合　　　　　　　　　　　　　　(b) 反向耦合

图 4-11　耦合电感元件的相量模型

$$\left.\begin{aligned}
\dot{U}_1 &= \dot{U}_{11} + \dot{U}_{12} = \mathrm{j}\omega L_1 \dot{I}_1 + \mathrm{j}\omega M \dot{I}_2 = \mathrm{j}X_{L1}\dot{I}_1 + \mathrm{j}X_M \dot{I}_2 \\
\dot{U}_2 &= \dot{U}_{21} + \dot{U}_{22} = \mathrm{j}\omega M \dot{I}_1 + \mathrm{j}\omega L_2 \dot{I}_2 = \mathrm{j}X_M \dot{I}_1 + \mathrm{j}X_{L2} \dot{I}_2
\end{aligned}\right\} \quad (4\text{-}6)$$

$$\left.\begin{aligned}
\dot{U}_1 &= \dot{U}_{11} - \dot{U}_{12} = \mathrm{j}\omega L_1 \dot{I}_1 - \mathrm{j}\omega M \dot{I}_2 = \mathrm{j}X_{L1}\dot{I}_1 - \mathrm{j}X_M \dot{I}_2 \\
\dot{U}_2 &= -\dot{U}_{21} + \dot{U}_{22} = -\mathrm{j}\omega M \dot{I}_1 + \mathrm{j}\omega L_2 \dot{I}_2 = -\mathrm{j}X_M \dot{I}_1 + \mathrm{j}X_{L2} \dot{I}_2
\end{aligned}\right\} \quad (4\text{-}7)$$

上式中，自感电压相量为 $\dot{U}_{11}$ 和 $\dot{U}_{22}$，互感电压相量为 $\dot{U}_{21}$ 和 $\dot{U}_{12}$。令 $Z_M = \mathrm{j}\omega M$，$X_M = \omega M$ 称为互感抗，单位是 Ω。

4.3.2　耦合电感的连接方式及去耦等效电路

1. 耦合电感的串联

耦合电感的串联有两种连接方式，一种是同向串联（为同向耦合状态），另一种是反向串联（为反向耦合状态）。

同向串联是把两个线圈的异名端相连，如图 4-12(a) 所示。在任一瞬时，通过两个线圈的电流方向与同名端一致，即每个线圈的自感磁链和互感磁链的方向一致，为同向耦合。设电压与电流取关联参考方向，电流从两个线圈的同名端流入，按图示参考方向。

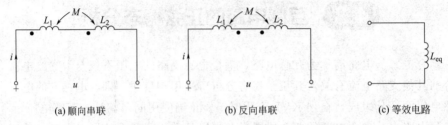

(a)顺向串联　　　　　　(b)反向串联　　　　　　(c)等效电路

图 4-12　耦合电感的串联及其去耦等效电路

（1）电路的伏安关系。对于图 4-12(a)、(b) 所示的耦合电感，根据 KVL，可得下列方程：

$$u = L_1 \frac{\mathrm{d}i}{\mathrm{d}t} \pm M \frac{\mathrm{d}i}{\mathrm{d}t} + L_2 \frac{\mathrm{d}i}{\mathrm{d}t} \pm M \frac{\mathrm{d}i}{\mathrm{d}t} = (L_1 + L_2 \pm 2M) \frac{\mathrm{d}i}{\mathrm{d}t} = L_{eq} \frac{\mathrm{d}i}{\mathrm{d}t} \qquad (4\text{-}8)$$

其中，

$$L_{eq} = L_1 + L_2 \pm 2M \qquad (4\text{-}9)$$

式(4-8) 为耦合电感串联电路的伏安关系，式中，M 前的正号对应于顺向串联的情况，如图 4-12(a) 所示；负号对应于反向串联的情况，如图 4-12(b) 所示。

（2）等效电感和去耦等效电路。根据式(4-8)，得到耦合电感串联时的去耦等效电路，如图 4-12(c) 所示。电路中的 L_{eq} 称为等效电感。

通过上述讨论可知，耦合电感串联后形成二端网络，总可以用一个等效电感来替代。

由于具有耦合的两个无源电感串联后形成的等效电感仍然是无源的，因此 L_{eq} 为正值。这样，反向串联时，应有

$$L_1 + L_2 \geqslant M \qquad (4\text{-}10)$$

式(4-10) 中，说明耦合电感的 3 个参数中，M 不能是任意值，即

$$M \leqslant \frac{L_1 + L_2}{2} \qquad (4\text{-}11)$$

综上所述，顺向串联时，由于同向耦合作用，等效电感增大；反向串联时，由于反向耦合作用，等效电感减小，类似于串联电容的作用，常称作互感的"容性"效应。

【例 4-4】 两个线圈串联接到工频 220V 的正弦电源上。顺向串联时，电流为 2.5A，功率为 125W；反向串联时，电流为 7A。试求互感 M。

解： 正弦交流电路耦合线圈复阻抗为

$$Z = (R_1 + R_2) + \mathrm{j}\omega(L_1 + L_2 \pm 2M)$$

当耦合线圈顺向串联时，令电流 $I_a = 2.5\text{A}$，有

$$R_1 + R_2 = \frac{P}{I_a^2} = \frac{125}{2.5^2} = 20(\Omega)$$

顺向串联总的等效感抗 L_a 为

$$(\omega L_a)^2 = \left(\frac{U}{I_a}\right)^2 - (R_1 + R_2)^2$$

$$L_{\mathrm{a}} = \frac{\sqrt{\left(\dfrac{U}{I_{\mathrm{a}}}\right)^2 - (R_1 + R_2)^2}}{\omega} = \frac{\sqrt{\left(\dfrac{220}{2.5}\right)^2 - 20^2}}{2\pi \times 3.14} = 0.27(\mathrm{H})$$

反向串联时，线圈的电阻不变。根据已知条件，反向串联的等效电抗 L_{b} 为

$$(\omega L_{\mathrm{b}})^2 = \left(\frac{U}{I_{\mathrm{b}}}\right)^2 - (R_1 + R_2)^2$$

则

$$L_{\mathrm{b}} = \frac{\sqrt{\left(\dfrac{U}{I_{\mathrm{b}}}\right)^2 - (R_1 + R_2)^2}}{\omega} = \frac{\sqrt{\left(\dfrac{220}{8}\right)^2 - 20^2}}{2\pi \times 3.14} = 0.06(\mathrm{H})$$

由 $L_{\mathrm{a}} = L_1 + L_2 + 2M$，$L_{\mathrm{b}} = L_1 + L_2 - 2M$，得

$$M = \frac{L_{\mathrm{a}} - L_{\mathrm{b}}}{4} = \frac{0.27 - 0.06}{4} = 0.053(\mathrm{H})$$

2. 耦合电感的并联

两个耦合电感并联也有两种方式：一种是同侧并联，另一种是异侧并联。同侧并联是将两个线圈的同名端连接在同一个节点上，电路如图 4-13(a) 所示；异侧并联是将两个线圈的异名端相连，电路如图 4-13(b) 所示。耦合电感并联后，同样形成一个二端网络。

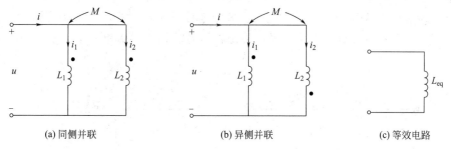

(a) 同侧并联　　　　　　　　(b) 异侧并联　　　　　　　　(c) 等效电路

图 4-13　耦合电感同侧并联

(1) 电路的伏安关系。对于图 4-13(a)、(b) 所示的耦合电感，根据 KCL 和 KVL，可得下列方程：

$$i_1 + i_2 - i = 0 \tag{4-12}$$

$$L_1 \frac{\mathrm{d}i}{\mathrm{d}t} \pm M \frac{\mathrm{d}i}{\mathrm{d}t} = u \tag{4-13}$$

$$L_2 \frac{\mathrm{d}i}{\mathrm{d}t} \pm M \frac{\mathrm{d}i}{\mathrm{d}t} = u \tag{4-14}$$

整理式(4-12)～式(4-14)，得到电路的伏安关系为

$$u = \frac{L_1 L_2 - M^2}{L_1 + L_2 \mp 2M} \frac{\mathrm{d}i}{\mathrm{d}t} = L_{\mathrm{eq}} \frac{\mathrm{d}i}{\mathrm{d}t} \tag{4-15}$$

其中，

$$L_{\mathrm{eq}} = \frac{L_1 L_2 - M^2}{L_1 + L_2 \mp 2M} \tag{4-16}$$

式(4-16) 中，分母的 $2M$ 前的负号对应于同侧并联的情况，如图 4-13(a) 所示；负号对应于异侧并联的情况，如图 4-13(b) 所示。

（2）等效电感和去耦等效电路。根据式(4-16)，得到耦合电感并联时的去耦等效电路，如图 4-13(c) 所示。电路中的 L_{eq} 称为等效电感。

由于耦合的两个无源电感并联后形成的等效电感仍然是无源的，因此 L_{eq} 为正值。这样，当耦合电感同侧并联时，由式(4-10) 和式(4-16) 可知

$$L_1 L_2 - M^2 > 0 \tag{4-17}$$

亦即

$$M \leqslant \sqrt{L_1 L_2} \tag{4-18}$$

仅对 M 的限制而言，式(4-18) 比式(4-11) 更严格，因为两个正数的几何平均值总是小于或等于其算术平均值。因此，M 的最大可能值是 $M_{max} = \sqrt{L_1 L_2}$ $\tag{4-19}$

综上所述，同侧并联（同名端相连）时，耦合电感的并联等效电感较大；反之，异侧并联（异名端相连）时，耦合电感的并联等效电感较小。因此，应注意同名端的连接对等效电路参数的影响。

由于实际的耦合线圈是有电阻的，所以上述耦合电感的并联只是一种理想的连接方式。而实际耦合线圈的并联模型，通常以 T 型连接的方式出现，也可以说，并联只是 T 型连接的一种特殊情况。

3. 耦合电感的 T 型连接

从耦合电感的两个线圈中各取出一端连接在一起，形成一个公共端，然后从公共端引出一个端子，即形成了耦合电感的 T 型连接。T 型连接有两种方式，一种是将同名端连接后，引出一个端子，如图 4-14(a) 所示；另一种是将异名端相连后引出一个端子，如图 4-14(b) 所示。

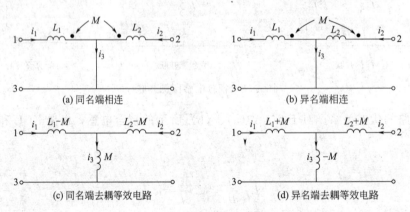

(a) 同名端相连 (b) 异名端相连

(c) 同名端去耦等效电路 (d) 异名端去耦等效电路

图 4-14 耦合电感 T 型连接

（1）电路的伏安关系。对于图 4-14(a)、(b) 所示的电路，根据 KCL 和 KVL，可得下列方程：

$$i_1 + i_2 - i = 0 \tag{4-20}$$

$$u_{13} = L_1 \frac{di_1}{dt} \pm M \frac{di_2}{dt} \tag{4-21}$$

$$u_{23} = L_2 \frac{di_2}{dt} \pm M \frac{di_1}{dt} \tag{4-22}$$

整理式 (4-20)～式(4-22)，得到电路的伏安关系为

$$u_{13} = L_1 \frac{\mathrm{d}i}{\mathrm{d}t} \pm M \frac{\mathrm{d}i}{\mathrm{d}t} = L_1 \frac{\mathrm{d}i}{\mathrm{d}t} \pm M \frac{\mathrm{d}(i_3 - i_1)}{\mathrm{d}t} = (L_1 \mp M) \frac{\mathrm{d}i_1}{\mathrm{d}t} \pm M \frac{\mathrm{d}i_3}{\mathrm{d}t} \quad (4\text{-}23)$$

$$u_{23} = L_2 \frac{\mathrm{d}i_2}{\mathrm{d}t} \pm M \frac{\mathrm{d}i_1}{\mathrm{d}t} = L_2 \frac{\mathrm{d}i_2}{\mathrm{d}t} \pm M \frac{\mathrm{d}(i_3 - i_2)}{\mathrm{d}t} = (L_2 \mp M) \frac{\mathrm{d}i_2}{\mathrm{d}t} \pm M \frac{\mathrm{d}i_3}{\mathrm{d}t} \quad (4\text{-}24)$$

式(4-23) 和式(4-24) 即为 T 型连接耦合电感的伏安关系。公式中，上面的符号对应于同名端连接的情况，如图 4-14(c) 所示；下面的符号对应于异名端连接的情况，如图 4-14(d) 所示。

（2）去耦等效电路。根据式(4-23) 和式(4-24)，可知耦合电感 T 型连接时的去耦等效电路，如图 4-14(c)、(d) 所示。耦合电感并联时，也可以按照 T 型连接的去耦规则进行去耦。

并联耦合电感有两个公共端，对其去耦时，可以把任意一个公共端拆成两个端子。利用 T 型连接的去耦规则得到去耦等效电路后，再将拆开的两个端子接在一起。

【例 4-5】　在图 4-15 所示的互感电路中，a、b 端加 10V 正弦电压。已知：电路的参数为 $R_1 = R_2 = 3\Omega$，$\omega L_1 = \omega L_2 = 4\Omega$，$\omega M = 2\Omega$。求 c、d 端的开路电压。

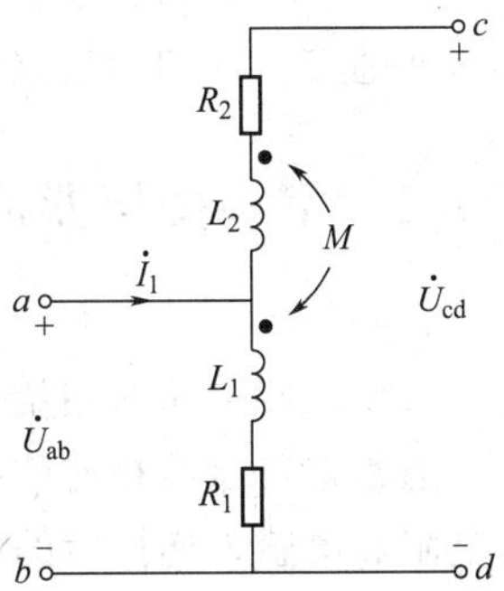

解：当 c、d 端开路时，线圈 2 中无电流。因此，在线圈 1 中没有互感电压。以 a、b 端电压为参考，电压 $\dot{U}_{ab} = 10 / 0° \mathrm{V}$，且

$$\dot{I}_1 = \frac{\dot{U}_{ab}}{R + \mathrm{j}\omega L_1} = \frac{10 / 0°}{3 + \mathrm{j}4} = 2 / -53.1° (\mathrm{A})$$

由于线圈 2 中没有电流，因而 L_2 上无自感电压。但 L_1 上有电流，因此线圈 2 中有互感电压。根据电流对同名端的方向可知，c、d 端的电压为

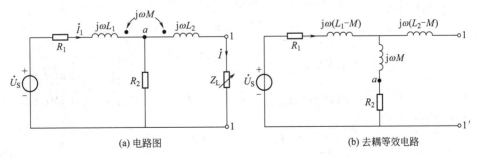

图 4-15　例 4-5 图

$$\dot{U}_{cd} = \mathrm{j}\omega M \dot{I}_1 + \dot{U}_{ab} = \mathrm{j}2 / -53.1° + 10 = 4 / 36.9° + 10 = 13.4 / 10.3° (\mathrm{V})$$

【例 4-6】　在图 4-16(a) 所示电路中，$\omega L_1 = \omega L_2 = 10\Omega$，$\omega M = 5\Omega$，$U_S = 10\mathrm{V}$。求 Z_L 最佳匹配时获得的功率 P。

(a) 电路图　　　　　　　　　　　　　(b) 去耦等效电路

图 4-16　例 4-6 图

解：令 $\dot{U}_s = 10 \angle 0° \mathrm{V}$。耦合电感的两条支路与 R_2 形成第 3 支路的节点 a 和 $1'$，可用去耦法求解。图 4-16(b) 为去耦等效电路，开路电压和等效阻抗分别为

$$\dot{U}_{OC} = \frac{R_2 + \mathrm{j}\omega M}{R_1 + \mathrm{j}\omega(L_1 - M) + R_2 + \mathrm{j}\omega M} \dot{U}_s = \frac{5 + \mathrm{j}5}{5 + \mathrm{j}5 + 5 + \mathrm{j}5} \dot{U}_s = \frac{1}{2} \dot{U}_s = 5 \angle 0° (\mathrm{V})$$

$$Z_{\mathrm{eq}} = \left[\frac{1}{2}(5+\mathrm{j}5)+\mathrm{j}5\right] = 2.5+\mathrm{j}7.5(\Omega)$$

最佳匹配时，$Z_{\mathrm{L}} = Z_{\mathrm{eq}}^{*} = 2.5 - \mathrm{j}7.5(\Omega)$，求得功率为

$$P = \frac{U_{\mathrm{OC}}^{2}}{4R_{\mathrm{eq}}} = \frac{5^{2}}{4\times 2.5} = 2.5(\mathrm{W})$$

4.4 空心变压器

变压器是电工、电子技术中常用的电气设备，是耦合电感工程实际应用的典型例子。变压器由两个耦合线圈绕在一个共同的芯子上绕制而成，它是利用互感原理来实现传输能量或信号的一种器件。以铁磁性材料制作芯子的变压器为铁芯变压器。由于非铁磁材料的磁导率与真空或空气的磁导率接近，所以以非铁磁材料制作芯子的变压器称为空心变压器。空心变压器在通信工程和测量仪器中应用广泛。

4.4.1 空心变压器的电路模型

空心变压器是由 R_1、L_1、R_2、L_2 和 M 5 个参数表征的四端元件。工作在正弦稳态下的空心变压器电路的相量模型如图 4-17 所示。空心变压器的两个绕组分别与电源和负载连接。通常把与电源相连的线圈称为一次绕组，或称为一次侧，R_1 和 L_1 分别表示一次绕组的电阻和电感，连接后的回路称为一次侧回路；另一个线圈与负载相连，称为二次绕组，或称为二次侧，R_2 和 L_2 分别表示二次绕组的电阻和电感，连接后的回路称为二次侧回路。M 为两个线圈的互感。变压器由一次侧和二次侧两个独立回路组成，它们之间虽然没有电的直接联系，但可以通过耦合电感将电能从一次绕组传递到二次绕组。

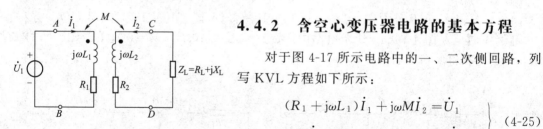

图 4-17 空心变压器的相量模型

4.4.2 含空心变压器电路的基本方程

对于图 4-17 所示电路中的一、二次侧回路，列写 KVL 方程如下所示：

$$\left.\begin{array}{l} (R_1+\mathrm{j}\omega L_1)\dot{I}_1 + \mathrm{j}\omega M\dot{I}_2 = \dot{U}_1 \\ \mathrm{j}\omega M\dot{I}_1 + (R_2+\mathrm{j}\omega L_2+Z_{\mathrm{L}})\dot{I}_2 = 0 \end{array}\right\} \tag{4-25}$$

令 $Z_{11} = R_1+\mathrm{j}\omega L_1$，称为一次回路阻抗；$Z_{22} = R_2+\mathrm{j}\omega L_2+Z_{\mathrm{L}}$，称为二次回路阻抗；$Z_{\mathrm{M}} = \mathrm{j}\omega M$，称为互阻抗；$Z_{\mathrm{L}} = R_{\mathrm{L}}+\mathrm{j}X_{\mathrm{L}}$ 称为负载阻抗，上述方程简写为

$$\left.\begin{array}{l} Z_{11}\dot{I}_1 + Z_{\mathrm{M}}\dot{I}_2 = \dot{U}_1 \\ Z_{\mathrm{M}}\dot{I}_1 + Z_{22}\dot{I}_2 = 0 \end{array}\right\} \tag{4-26}$$

通过回路方程，解出变压器一次侧回路的电流 $\dot{I}_1$ 和二次侧回路电流 $\dot{I}_2$ 为

$$\dot{I}_1 = \frac{\dot{U}_1}{Z_{11} - \dfrac{Z_{\mathrm{M}}^{2}}{Z_{22}}} = \frac{\dot{U}_1}{Z_{11} + \dfrac{(\omega M)^2}{Z_{22}}} = \frac{\dot{U}_1}{Z_{11} + (\omega M)^2 Y_{22}} \tag{4-27}$$

$$\dot{I}_2 = -\frac{Z_{\mathrm{M}}}{Z_{22}}\dot{I}_1 \tag{4-28}$$

由式(4-28) 可知，由于变压器的两个绕组之间有互感 M，所以只要一次绕组接电源 $\dot{U}_1$，二次侧回路就会产生电流 $\dot{I}_2$，从而实现电能的传输功能。

4.4.3　空心变压器的等效电路

由式(4-27) 可得空心变压器一次侧的输入阻抗为

$$Z_{\mathrm{i}} = \frac{\dot{U}_1}{\dot{I}_1} = Z_{11} + \frac{(\omega M)^2}{Z_{22}} = Z_{11} + Z_{\mathrm{f1}} \tag{4-29}$$

$$Z_{\mathrm{f1}} = \frac{(\omega M)^2}{Z_{22}} \tag{4-30}$$

由式(4-29) 可知，输入阻抗由两部分组成：一次侧的自阻抗 Z_{11} 和二次侧回路的自阻抗 Z_{22} 通过互感反映到一次侧的等效阻抗 Z_{f1}。Z_{f1} 称为反映阻抗。显然，反映阻抗的性质与二次侧回路阻抗的性质相反，即感性（容性）的阻抗 Z_{22} 反映到一次侧回路的 Z_{f1} 变为容性（感性）阻抗。

根据式(4-27)、式(4-28) 和式(4-30)，得到空心变压器的等效电路，如图 4-18 所示。

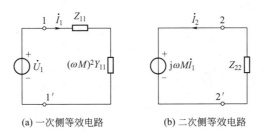

(a) 一次侧等效电路　　　　(b) 二次侧等效电路

图 4-18　变压器等效电路

通过引入反映阻抗，作出空心变压器的一次侧等效电路，然后根据该电路计算一次侧电压、电流，进而求出二次侧的电压、电流的映法称为反映阻抗法。

【例 4-7】　图 4-19 所示电路中，$u_{\mathrm{s}} = 120\cos 100t\,\mathrm{V}$，$L_1 = 0.6\mathrm{H}$，$L_2 = 0.3\mathrm{H}$，$M = 0.1\mathrm{H}$，$R_1 = 45\Omega$，$R_2 = 10\Omega$，$R_{\mathrm{L}} = 30\Omega$。求电流 i_1 和 i_2。

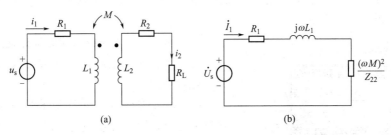

(a)　　　　　　　　　　(b)

图 4-19　例 4-7 图

解：方法 1，用互感电路的一般分析方法求解；方法 2，用空心变压器的等效电路求解。

方法 1：回路法。

图 4-19(a) 所示电路的相量形式的回路方程为

$$\begin{cases} (R_1 + j\omega L_1)\dot{I}_1 - j\omega M\dot{I}_2 = \dot{U}_s & \text{(1)} \\ (R_2 + R_L + j\omega L_2)\dot{I}_2 - j\omega M\dot{I}_1 = 0 & \text{(2)} \end{cases}$$

由式（2）得

$$\dot{I}_2 = \frac{\dot{I}_1 j\omega M}{R_2 + R_L + j\omega L_2} \tag{3}$$

将式（3）和参数代入式（1），解得 $\dot{I}_1 = 1.132\angle 38.4°\text{A}$，再由式（3）得 $\dot{I}_2 = 0.226$ $\angle 91.5°\text{A}$。所以，

$$i_1 = 1.132\sqrt{2}\cos(100t + 38.4°)(\text{A})$$

$$i_2 = 0.226\sqrt{2}\cos(100t + 91.5°)(\text{A})$$

方法2：利用变压器的等效电路分析求解，画出图4-19（a）所示电路的相量模型，并将副边折算到原边，得到图4-19（b）所示空心变压器原边等效电路，则

$$Z_{22} = R_2 + R_L + j\omega L_2 = 40 + j30(\Omega)$$

$$\dot{I}_1 = \frac{\dot{U}_s}{R_1 + j\omega L_1 + \frac{(\omega M)^2}{Z_{22}}} = \frac{\frac{120}{\sqrt{2}}\angle 90°}{45 + j60 + \frac{10^2}{40 + j30}} = 1.13\angle 38.4°(\text{A})$$

$$\dot{I}_1 = \frac{\dot{I}_1 j\omega M}{R_2 + R_L + j\omega L_2} = 0.226\angle 91.5°(\text{A})$$

所以

$$i_1 = 1.132\sqrt{2}\cos(100t + 38.4°)(\text{A})$$

$$i_2 = 0.226\sqrt{2}\cos(100t + 91.5°)(\text{A})$$

4.5 理想变压器

理想变压器也是一种耦合元件，它是从实际变压器或耦合电感抽象而来的。理想变压器可以看成是理想情况下的实际变压器，也可以看成是极限情况下的耦合电感。

在实际工程应用时，常常忽略变压器的一些次要因素，比如漏磁通、各种损耗等。当变压器同时满足以下三个条件。

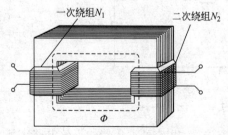

图4-20　理想变压器结构示意图

（1）全耦合（$k=1$），即无漏磁通。

（2）无损耗，即一次绕组和二次绕组的电阻为0，不消耗能量。

（3）一次绕组和二次绕组的自感和耦合电感均趋于无穷大，自感系数比值为常数，且等于两个绕组的匝数比。

此时，变压器称为理想变压器。理想变压器结构示意图如图4-20所示。

4.5.1　理想变压器的伏安关系

理想变压器是实际变压器的理想化模型，其电路模型如图 4-21(a) 所示。在图示的电压、电流参考方向下，伏安关系为

$$u_1 = n u_2 \tag{4-31}$$

$$i_1 = -\frac{1}{n} i_2 \tag{4-32}$$

理想变压器的相量模型如图 4-21(b) 所示，其伏安关系相量形式为

$$\dot{U}_1 = n \dot{U}_2 \tag{4-33}$$

$$\dot{I}_1 = -\frac{1}{n} \dot{I}_2 \tag{4-34}$$

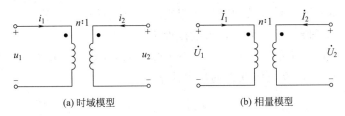

(a) 时域模型　　　　　　　　　(b) 相量模型

图 4-21　理想变压器电路模型

由上述伏安关系可见，理想变压器具有变换电压和变换电流的作用，n 为理想变压器的匝数比，或称变比。若一、二次侧绕组的匝数分别为 N_1、N_2，则 $n = \dfrac{N_1}{N_2}$。当 $n > 1$ 时，为降压变压器，例如，理想变压器的电路模型中标出 5 ∶ 1，即 $n = \dfrac{5}{1} = 5$，它是一个降压变压器；当 $n < 1$ 时，为升压变压器，例如，理想变压器的电路模型中标出 1 ∶ 5，即等于 $n = \dfrac{1}{5} = 0.2$，它是一个升降压变压器。

确定伏安关系式中正、负号的原则是：

(1) 两个端口电压的参考极性对同名端是一致的，即如果电压 u_1 和 u_2 的参考正极或负极均在同名端处，则电压关系式中为正号，反之为负号。

(2) 两端的电流的参考方向对同名端是相反的，即如果电流 i_1 和 i_2 均从同名端流出或流入，则电流关系式中为负号，反之为正号。

4.5.2　理想变压器的阻抗变换关系

理想变压器除具有变换电压和电流的功能外，还具有变换阻抗的作用。在正弦稳态的情况下，当变压器二次侧接入负载阻抗 Z_L 时，如图 4-22 所示，有

$$Z_i = \frac{\dot{U}_1}{\dot{I}_1} = \frac{n \dot{U}_2}{-\frac{1}{n} \dot{I}_2} = -n^2 \frac{\dot{U}_2}{\dot{I}_2} = -n^2(-Z_L) = n^2 Z_L \tag{4-35}$$

上式说明，变压器可以进行阻抗变换，使输入阻抗变换为 n^2 倍的负载阻抗，即 $Z_i = n^2 Z_L$，

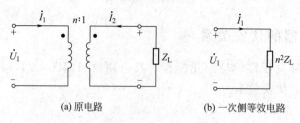

图 4-22　理想变压器的变换阻抗作用

$n^2 Z_L$ 为二次侧折合到一次侧的等效阻抗。式(4-33) 对应的一次侧等效电路如图 4-22(b) 所示。如果二次侧分别接入 R、L、C，折合至一次侧将为 $n^2 R$、$n^2 L$、$\dfrac{C}{n^2}$，也就是变化了元件的参数。

理想变压器实际上是不存在的，但在工程上通常采用两个方面的措施，使实际变压器性能接近理想变压器的特性：一是选用磁导率很高的铁磁性材料做芯子；二是在保持匝数比一定的情况下尽量增加线圈匝数，使耦合系数接近于1。

【例 4-8】　如图 4-23 所示，试求：(1) 使 $10k\Omega$ 电阻获得最大功率时，变压器的变比 n；(2) 满足上述条件时，$10k\Omega$ 电阻获得的最大功率是多少。

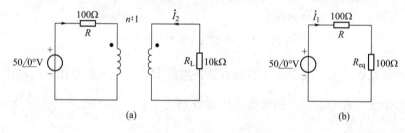

图 4-23　例 4-8 图

解：(1) 设理想变压器副边折合到原边的等效电阻为 R_{eq}，欲使 $10k\Omega$ 电阻获得最大功率，则 $R_{eq}=R=n^2 10\times 10^3=100$ （Ω），如图 4-23(b) 所示。

解得：$n=1/10$

(2) 图 4-23(b) 所示电路中，

$$\dot{I}_1 = \frac{50\angle 0^\circ}{100+100} = 0.25\angle 0^\circ (A)$$

根据原副边电流关系

$$I_2 = nI_1 = \frac{1}{10}\times 0.25 = 0.025(A)$$

$10k\Omega$ 电阻获得的最大功率为

$$P = I_2^2 \times 10\times 10^3 = 6.25(W)$$

由于一个线圈的电流变化而在另一个线圈中产生感应电压的现象称为互感现象。关联参

考方向下，互感磁链与产生互感磁链的电流的比值，称为互感系数，即

$$M = \frac{\Psi_{21}}{i_1} = \frac{\Psi_{12}}{i_2}$$

为了表征互感线圈耦合的紧密程度，定义耦合系数 $k = \frac{M}{\sqrt{L_1 L_2}}$ $(0 \leqslant k \leqslant 1)$。$k = 0$ 时，称为无耦合；$k = 1$ 时，称为全耦合。

在互感电路中，线圈端电压是自感电压与互感电压的代数和，即

$$
\left.
\begin{aligned}
u_1 &= u_{11} + u_{12} = L_1 \frac{\mathrm{d}i_1}{\mathrm{d}t} \pm M \frac{\mathrm{d}i_2}{\mathrm{d}t} \\
u_2 &= u_{22} + u_{21} = L_2 \frac{\mathrm{d}i_2}{\mathrm{d}t} \pm M \frac{\mathrm{d}i_1}{\mathrm{d}t}
\end{aligned}
\right\}
$$

式中，各项的正、负号与端钮的电压、电流参考方向及同名端的位置有关。

如果两个互感线圈的电流所产生的磁通是相互增强的，那么，两个电流同时流入（或流出）的端钮就是同名端；如果磁通相互削弱，则两个电流同时流入（或流出）的端钮就是异名端。

变压器是利用互感原理来实现传输能量或信号的一种器件。变压器通常由两个绕在同一个芯子上的耦合线圈构成。

当变压器同时满足以下三个条件：

（1）全耦合（$k = 1$），即无漏磁通。

（2）无损耗，即一次绕组和二次绕组的电阻为 0，不消耗能量。

（3）一次绕组和二次绕组的自感和耦合电感均趋于无穷大，自感系数比值为常数，且等于两个绕组的匝数比。

此时，变压器称为理想变压器。理想变压器具有 3 个重要特性：变压、变流、变阻抗。

习　题

4-1　填空题

（1）耦合电感的电压是　　　　　　电压和　　　　　　电压叠加的结果。

（2）当流过一个线圈中的电流发生变化时，在线圈本身引起的电磁感应现象称为　　　　　　现象。若本线圈电流变化在相邻线圈中引起感应电压，称为　　　　　　现象。

（3）当端口电压、电流为　　　　　参考方向时，自感电压取正；若端口电压、电流的参考方向　　　　　　，则自感电压为负。

（4）理想变压器的理想条件是：①变压器中无　　　　　　；②耦合系数 $k =$　　　　　　；③线圈的　　　　　　量和　　　　　　量均为无穷大。理想变压器具有变换　　　　　　特性、变换　　　　　　特性和变换　　　　　　特性。

4-2　选择题

（1）变压器的基本作用是（　　　）。

A. 变电压　　　　　　　B. 变电流　　　　　　　C. 变阻抗　　　　　　　D. 变相

（2）符合全耦合、参数无穷大、无损耗 3 个条件的变压器称为（　　）。

A. 空芯变压器　　　　B. 理想变压器　　　　C. 实际变压器

（3）线圈几何尺寸确定后，其互感电压的大小正比于相邻线圈中电流的（　　）。

A. 大小　　　　　　　B. 变化量　　　　　　C. 变化率

（4）两个互感线圈的耦合系数 $k=$（　　）。

A. $\dfrac{\sqrt{M}}{L_1 L_2}$　　　　　　B. $\dfrac{M}{\sqrt{L_1 L_2}}$　　　　　　C. $\dfrac{M}{L_1 L_2}$

（5）两个互感线圈同侧相并时，其等效电感量 $L=$（　　）。

A. $\dfrac{L_1 L_2 - M^2}{L_1 + L_2 - 2M}$　　B. $\dfrac{L_1 L_2 - M^2}{L_1 + L_2 + 2M}$　　C. $\dfrac{L_1 L_2 - M^2}{L_1 + L_2 - M^2}$

4-3　判断题

（　　）（1）理想变压器原、副边的电压之比等于原、副线圈的匝数比。

（　　）（2）由于线圈本身的电流变化而在本线圈中引起的电磁感应称为自感。

（　　）（3）由同一电流引起的感应电压，其极性始终保持一致的端子称为同名端。

（　　）（4）两个串联互感线圈的感应电压极性，取决于电流流向，与同名端无关。

（　　）（5）通过互感线圈的电流若同时流入同名端，则它们产生的感应电压彼此增强。

4-4　试确定题 4-4 图中耦合线圈的同名端。

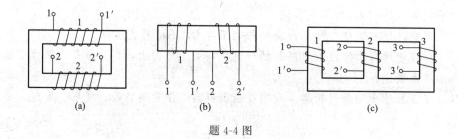

题 4-4 图

4-5　在题 4-5 图中，耦合线圈的同名端已标出，试确定线圈 2 的绕向。

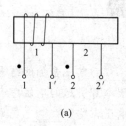　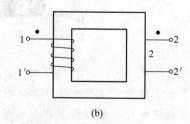

题 4-5 图

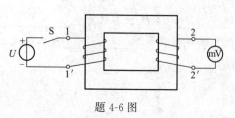

题 4-6 图

4-6　两个耦合线圈如题 4-6 图所示，试根据图中开关 S 闭合时或闭合后再打开时毫伏表的偏转方向确定同名端。

4-7　电路如题 4-7 图所示，$i_1 = 10\cos(10t)$A，$i_2 = 5$A；电感 $L_1 = 3$H，$L_2 = 2$H；互感为 $M = 1$H。试求：（1）耦合电感的端电压 u_1 和 u_2；（2）耦合

系数 k。

4-8 题 4-8 图所示为一对耦合电感，线圈 1 接到频率为 500Hz 的正弦电源上，电流表读数为 1A；线圈 2 所接电压表读数为 31.4V。试求两个耦合线圈的互感 M。

题 4-7 图 　　　　　　　　　　题 4-8 图

4-9 题 4-9 图所示电路中，（1）$L_1=8H$，$L_2=2H$，$M=2H$；（2）$L_1=8H$，$L_2=2H$，$M=4H$；（3）$L_1=L_2=4H$。试求以上 3 种情况下，从端子 1-1$'$ 看进去的等效电感。

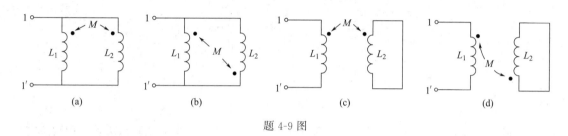

(a) 　　　　　(b) 　　　　　(c) 　　　　　(d)

题 4-9 图

4-10 已知两个耦合电感的参数为 $L_1=6H$，$L_2=4H$，$M=2H$，试计算耦合电感中两个线圈串联或并联后的等效电感值。

4-11 求题 4-11 图所示电路的输入阻抗 Z（$\omega=1\text{rad/s}$）。

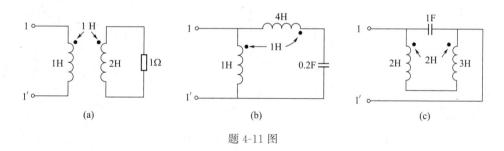

(a) 　　　　　　　　(b) 　　　　　　　　(c)

题 4-11 图

4-12 电路如题 4-12 图所示，已知 2 个线圈的参数 $R_1=R_2=100\Omega$，$L_1=3H$，$L_2=10H$，$M=5H$，正弦电源电压 $U=220V$，$\omega=100\text{rad/s}$。试求：（1）2 个线圈的端电压，并作相量图；（2）证明 2 个耦合电感反接串联时不可能有 $L_1+L_2-2M<0$；（3）画出该电路的去耦等效电路。

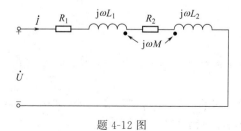

题 4-12 图

4-13 题 4-13 图所示电路为正弦稳态电路，试求 $\dot{U}_1$ 和 $\dot{U}_2$。

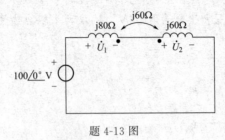

题 4-13 图

4-14 题 4-14 图所示电路为正弦稳态电路，试求 $\dot{I}_1$ 和 $\dot{I}_2$。

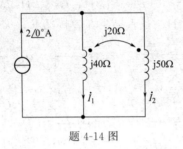

题 4-14 图

4-15 电路如题 4-15 图所示，已知正弦电源电压 $U_1 = 100\text{V}$，$\omega L_1 = \omega L_2 = 10\Omega$，$\omega M = 5\Omega$，试求 a、b 两端的开路电压 U_{ab}。

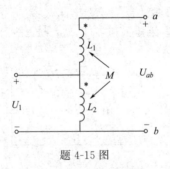

题 4-15 图

4-16 求题 4-16 图所示电路的总电流和电路消耗的功率。

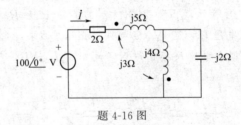

题 4-16 图

4-17 题 4-17 图所示为自耦变压器等效电路，R、C 为负载。用回路电流法列写电路的相量方程式。

4-18 题 4-18 图所示电路中，$L_1 = 3.6\text{H}$，$L_2 = 0.06\text{H}$，$M = 0.465\text{H}$，$R_1 = 20\Omega$，$R_2 = 0.08\Omega$，$R_L = 42\Omega$，$u_s = 115\cos 314t\text{ V}$。求电流 i_1。

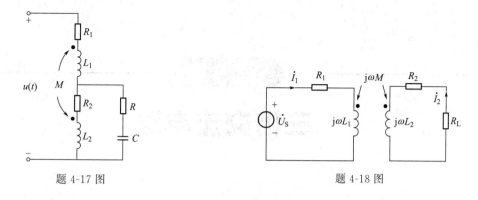

题 4-17 图　　　　　　　　　　题 4-18 图

4-19　如题 4-19 图所示电路中，理想变压器的变比为 $10:1$，求电压 $\dot{U}_2$。

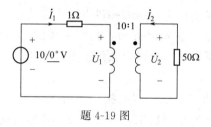

题 4-19 图

4-20　要使 10Ω 电阻获得最大功率，试确定题 4-20 图所示电路中理想变压器的变比 n。

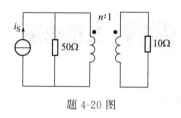

题 4-20 图

4-21　如题 4-21 图所示电路中，$U_s=10\text{V}$，问：理想变压器变比 n 为多大时，6Ω 负载电阻获得最大功率？最大功率是多少？

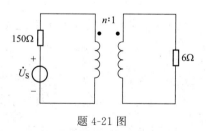

题 4-21 图

第5章

三相交流电路

在现代电力系统中，电能的产生、传输和供电绝大多数采用三相交流电。这是因为三相供电系统具有很多优点。例如，在发电方面，相同尺寸的三相发电机比单相发电机的功率大；在传输方面，三相供电系统比单相供电系统节省传输线等。因此，三相交流电在世界各国电力系统中应用广泛。

由三相电源、三相负载和三相输电线路按一定方式连接而成的电路，称为三相交流电路。三相交流电路是正弦交流电路的特例，因此正弦交流电路的分析方法可以应用于三相交流电路，但它有自身的特点。

5.1 三相电源

5.1.1 三相电源的基本概念

三相电源一般是由三相交流发电机产生的。三相电源由 3 个频率相同、幅度相等、初相角依次滞后 $120°$ 的正弦电压源通过一定的方式连接而成，三相依次称为 U 相、V 相和 W 相，如图 5-1 所示。

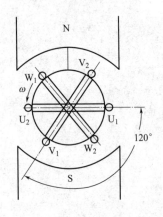

图 5-1 三相交流发电机的原理

三相电源电压的瞬时值表达式为

$$\begin{cases} u_U = \sqrt{2}U\sin\omega t \\ u_V = \sqrt{2}U\sin(\omega t - 120°) \\ u_W = \sqrt{2}U\sin(\omega t + 120°) \end{cases} \quad (5\text{-}1)$$

以 U 相电压为参考正弦量，对应的相量形式为

$$\begin{cases} \dot{U}_U = U\angle 0° \\ \dot{U}_V = U\angle -120° = \alpha^2\dot{U}_U \\ \dot{U}_W = U\angle 120° = \alpha\dot{U}_U \end{cases} \quad (5\text{-}2)$$

式(5-2) 中，$\alpha = 1\angle 120° = -\dfrac{1}{2} + j\dfrac{\sqrt{3}}{2}$，是工程上为了方便

而引入的单位相量算子，表示模等于 1，辐角等于 120° 的旋转因子。以 U 相电压 u_U 作为参考正弦量，V 相电压 u_V 顺时针旋转 120°（滞后 U 相 120°），W 相电压 u_W 逆时针旋转 120°（超前 U 相 120°）。对称三相电源端电压的波形及相量图如图 5-2 所示。

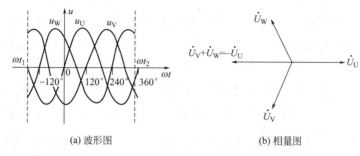

(a) 波形图　　　　　　　　　　(b) 相量图

图 5-2　对称三相电源的电压波形和相量图

从计时起点开始，三相交流电依次出现正幅值（或零值）的顺序称为正序或顺序，图 5-2（b）所示三相交流电的相序 U-V-W 就是正序。与此相反，V 相超前 U 相 120°，W 相滞后 U 相 120°，这种相序称为负序或逆序。相位差为零的相序称为零序。电力系统一般采用正序。

对称的三相电源电压满足

$$u_U + u_V + u_W = 0 \text{ 或 } \dot{U}_U + \dot{U}_V + \dot{U}_W = 0$$

对称的三相电压源是由三相发电机提供的，我国三相系统电源频率 $f = 50\text{Hz}$，入户电压为 220V，日、美等国为 60Hz，110V。

5.1.2　三相电源的连接

三相电源有两种连接方式：一种是星形（Y 形）；另一种是三角形（△形）。

1. 三相电源的星形连接

图 5-3 所示为三相电源的星形连接，简称星形或 Y 形电源。从 3 个电压源的正极性端（首端）U、V、W 向外引出的导线称为端线，俗称火线，常用 L_1、L_2、L_3 表示，其裸导线分别涂黄、绿、红三种颜色标志。将三个电源的负极性端（末端）X、Y、Z 连接在一起形成一个公共点 N，叫做电源的中性点，简称中点，从中性点引出的导线称为中性线，俗称零线，其裸导线可涂黑色标志。

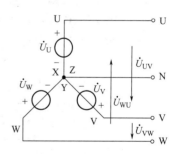

图 5-3　三相电源的星形连接

端线 U、V、W 之间的电压称为线电压。习惯上，用下标字母的次序表示线电压的参考方向，分别记为 $\dot{U}_{UV}$、$\dot{U}_{VW}$、$\dot{U}_{WU}$。如线电压 $\dot{U}_{UV}$ 参考方向表示由端点 U 指向端点 V，即端点 U 的参考极性为 "+"，端点 V 的参考极性为 "−"。端线与中性线之间的电压称为相电压，也用下标字母的次序表示其参考方向，分别记为 $\dot{U}_{UN}$、$\dot{U}_{VN}$、$\dot{U}_{WN}$，简称为 $\dot{U}_U$、$\dot{U}_V$、$\dot{U}_W$。采用这样的规定后，就不必在电路图中一一标出电压的参考方向了。

对于对称的星形电源，根据 KVL，线电压和相电压之间有如下关系：

$$\left.\begin{aligned}
\dot{U}_{\mathrm{UV}} &= \dot{U}_{\mathrm{U}} - \dot{U}_{\mathrm{V}} = (1-\alpha^2)\dot{U}_{\mathrm{U}} = \sqrt{3}\dot{U}_{\mathrm{U}}\angle 30° \\
\dot{U}_{\mathrm{VW}} &= \dot{U}_{\mathrm{V}} - \dot{U}_{\mathrm{W}} = (1-\alpha^2)\dot{U}_{\mathrm{V}} = \sqrt{3}\dot{U}_{\mathrm{V}}\angle 30° \\
\dot{U}_{\mathrm{WU}} &= \dot{U}_{\mathrm{W}} - \dot{U}_{\mathrm{U}} = (1-\alpha^2)\dot{U}_{\mathrm{W}} = \sqrt{3}\dot{U}_{\mathrm{W}}\angle 30°
\end{aligned}\right\} \tag{5-3}$$

从式(5-3) 可以看出，只有两个式子是彼此独立的，对称三相电源作星形连接时，线电压也是对称的。线电压的有效值是相电压的 $\sqrt{3}$ 倍，记作 $U_\mathrm{l}=\sqrt{3}U_\mathrm{p}$（下标 l 表示线，下标 p 表示相）；而线电压超前对应的相电压 30°；各线电压之间的相位差也是 120°。

对称的星形三相电源的线电压和相电压之间的关系可以用相量图求出，图 5-4 给出了两种相量图的画法。图 (a) 中，在 $\dot{U}_{\mathrm{U}}$ 的顶点加上 $-\dot{U}_{\mathrm{V}}$ 就是 $\dot{U}_{\mathrm{UV}}$。类似地，可作出 $\dot{U}_{\mathrm{VW}}$ 和 $\dot{U}_{\mathrm{WU}}$。图 (b) 中，逆着 $\dot{U}_{\mathrm{V}}$ 就得到 $-\dot{U}_{\mathrm{V}}$，$\dot{U}_{\mathrm{UV}}=-\dot{U}_{\mathrm{V}}+\dot{U}_{\mathrm{U}}$。以 V 为原点，从 V 指向 U 就是线电压 $\dot{U}_{\mathrm{UV}}$。类似地，可作出 $\dot{U}_{\mathrm{VW}}$ 和 $\dot{U}_{\mathrm{WU}}$。

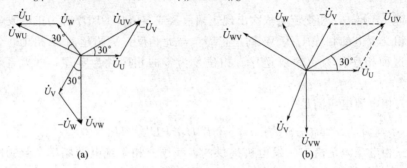

(a)   (b)

图 5-4　三相电源星形连接相量图

实际计算时，只要算出 $\dot{U}_{\mathrm{UV}}$，就可以依序写出 $\dot{U}_{\mathrm{VW}}$ 和 $\dot{U}_{\mathrm{WU}}$。

引出中性线的电源称为三相四线制电源，其供电方式称为三相四线制；不引出中性线的电源称为三相三线制电源，其供电方式称为三相三线制。

2. 三相电源的三角形连接

把三相电压源依次连接成一个回路，再从端子 U、V、W 向外引出导线，称为三相电源的三角形连接，简称三角形或△形电源，如图 5-5 所示。

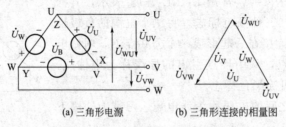

(a) 三角形电源　　　　(b) 三角形连接的相量图

图 5-5　三相电源的三角形连接

显然，三角形电源不引出中性线，线电压等于相电压。即

$$\left\{\begin{aligned}
\dot{U}_{\mathrm{UV}} &= \dot{U}_{\mathrm{U}} \\
\dot{U}_{\mathrm{VW}} &= \dot{U}_{\mathrm{V}} \\
\dot{U}_{\mathrm{WU}} &= \dot{U}_{\mathrm{W}}
\end{aligned}\right. \tag{5-4}$$

从式(5-4) 可以看出，对称三相电源作三角形连接时，线电压是对称的，且线电压和相电压的有效值相等，记作 $U_l=U_p$。应当注意，三相电源作三角形连接时，要注意接线的正确性。只有连接正确，三角形闭合回路中总的电压才为零，即 $\dot{U}_U+\dot{U}_V+\dot{U}_W=0$，相量图如图 5-4(b) 所示，此时电源内部没有环形电流。但是，如果将某一相电压源（如 W 相）接反，则三角形连接回路的总电源电压为

$$\dot{U}_U+\dot{U}_V-\dot{U}_W=U_p\angle 0°+U_p\angle-120°+U_p\angle-60=-2\dot{U}_W$$

是一相电压的 2 倍。由于电源的内阻抗很小，在三角形电源回路内可能形成很大的环形电流，将严重损坏电源装置。

【例 5-1】　三相发电机接成三角形供电。如果误将 U 相接反，会产生什么后果？如何使连接正确？

解：U 相接反时的电路如图 5-6(a) 所示。此时，回路中的电流为

$$\dot{I}_S=\frac{-\dot{U}_U+\dot{U}_V+\dot{U}_W}{3Z_{sp}}=\frac{-2\dot{U}_U}{3Z_{sp}}$$

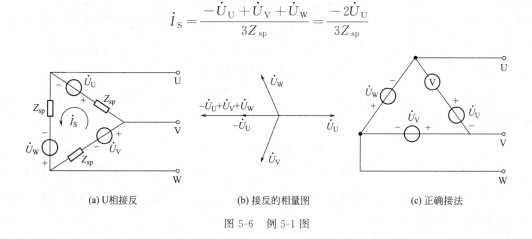

(a) U相接反　　　　　　(b) 接反的相量图　　　　　　(c) 正确接法

图 5-6　例 5-1 图

5.2　三相负载及其连接

三相电路是由三相电源和三相负载合理连接而构成。三相电路的负载有动力负载，如三相电动机，它有对称的三个绕组，在电路模型中用 3 个相同的阻抗表示；还有如照明、家用电器等负载，只需要用单相电源，但将它们按一定的规律连接在一起，也能组成三相负载。如果三相负载的阻抗均相同，则称为对称负载；否则，称为不对称负载。和三相电源一样，也有星形连接和三角形连接两种。

5.2.1　三相负载的星形连接

如图 5-7 所示，将 3 个单相负载连接成星形，就称为星形连接或星形负载。3 个负载的公共连接点称为负载中性点，用 N′ 表示。如果将星形负载 U′、V′、W′ 端向外接至三相电源的端线，负载中线点 N′ 和电源中性点 N 连在一起，这种用 4 根导线把电源和负载连接起来的三相电路称为三相四线制，用 Y/Y₀ 表示。

流过每根相线的电流称为线电流（Line Current），规定各线电流的参考方向由电源端

U、V、W 流向负载端 U′、V′、W′，分别用 $\dot{I}_U$、$\dot{I}_V$、$\dot{I}_W$ 表示。流过每相电源或每相负载的电流称为相电流（Phase Current），在电源中规定各相电流的参考方向从电源的末端指向始端；在负载中，规定各相电流的参考方向与各相电压的参考方向一致。流过中线的电流为中线电流，用 $\dot{I}_N$ 表示。各电流的参考方向如图 5-7 所示。

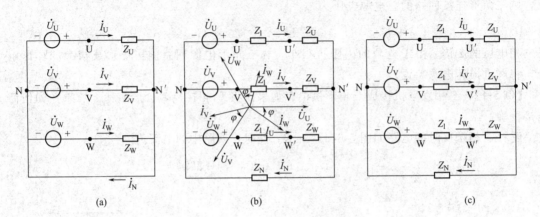

图 5-7 三相负载的星形连接

三相四线制中，线电流有效值等于相电流有效值，即 $I_1 = I_p$，中线电流等于各相电流的代数和，表示为

$$\dot{I}_N = \dot{I}_U + \dot{I}_V + \dot{I}_W \tag{5-5}$$

如果将三相四线制的中线 NN′ 去掉，则为 Y/Y 连接的三相三线制。因为没有中线，则 $\dot{I}_U + \dot{I}_V + \dot{I}_W = 0$。由于三个相电流的初相位不同，任一瞬时不会同时流向负载，至少有一根相电流作为返回电源的通路。

【例 5-2】 三相四线制电路中，星形负载各相阻抗分别为 $Z_U = 8 + j6\,\Omega$，$Z_V = 3 - j4\,\Omega$，$Z_W = 10\,\Omega$，电源线电压为 380V。求各相电流及中线电流。

解：设电源为星形连接，由题意知：

$$U_p = \frac{U_1}{\sqrt{3}} = 220(\text{V})$$

则 $\dot{U}_U = 220\angle 0°(\text{V})$。

U 相的电流为

$$\dot{I}_U = \frac{\dot{U}_U}{Z_U} = \frac{220\angle 0°}{8 + j6} = \frac{220\angle 0°}{10\angle 36.9°} = 22\angle -36.9°(\text{A})$$

同理，可推出

$$\dot{I}_V = \frac{\dot{U}_V}{Z_V} = \frac{220\angle -120°}{3 - j4} = \frac{220\angle -120°}{5\angle -53.1°} = 44\angle -66.9°(\text{A})$$

$$\dot{I}_W = \frac{\dot{U}_W}{Z_W} = \frac{220\angle 120°}{10} = \frac{220\angle 120°}{10\angle 0°} = 22\angle 120°(\text{A})$$

中性线电流为

$$\dot{I}_N = \dot{I}_U + \dot{I}_V + \dot{I}_W = 22\angle -36.9° + 44\angle -66.9° + 22\angle 120°$$

$$= 17.6 - j13.2 + 17.3 - j40.5 - 11 + j19.1$$
$$= 23.9 - j34.6$$
$$= 42\angle -55.4°(A)$$

5.2.2　三相负载的三角形连接

把 3 个负载连接成三角形，称为三角形负载。如果各相负载有极性，则必须同三相电源一样，按负载的始、末端一次相连，如图 5-8 所示。各相负载的相电压就是线电压，流过各相负载的相电流分别为 $\dot{I}_{UV}$、$\dot{I}_{VW}$、$\dot{I}_{WU}$，各端线的线电流为 $\dot{I}_U$、$\dot{I}_V$、$\dot{I}_W$。按照图 5-8（a）所示的参考方向，根据 KCL，线电流与相电流之间有如下关系：

$$\left.\begin{array}{l}\dot{I}_U = \dot{I}_{UV} - \dot{I}_{WU} = (1-\alpha)\dot{I}_{UV} = \sqrt{3}\,\dot{I}_{UV}\angle -30° \\ \dot{I}_V = \dot{I}_{VW} - \dot{I}_{UV} = (1-\alpha)\dot{I}_{VW} = \sqrt{3}\,\dot{I}_{VW}\angle -30° \\ \dot{I}_W = \dot{I}_{VU} - \dot{I}_{VW} = (1-\alpha)\dot{I}_{WU} = \sqrt{3}\,\dot{I}_{WU}\angle -30° \end{array}\right\} \tag{5-6}$$

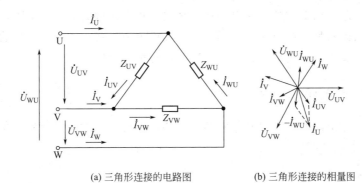

(a) 三角形连接的电路图　　　　(b) 三角形连接的相量图

图 5-8　负载的三角形连接

在三角形连接中，若相电流对称，则线电流也对称，且线电流有效值为相电流有效值的 $\sqrt{3}$ 倍，记作 $I_l = \sqrt{3}\,I_p$；而线电流的相位滞后于对应相的相电流 30°。实际计算时，只要计算出 $\dot{I}_U$，就可依次写出 $\dot{I}_V = \alpha^2 \dot{I}_U$，$\dot{I}_W = \alpha \dot{I}_U$。

应当指出，负载作三角形连接时，无论三相电流对称与否，根据 KCL，总有线电流

$$\dot{I}_U + \dot{I}_V + \dot{I}_W = 0$$

三相电路就是由上述各种连接方式的三相电源和三相负载组成的系统。根据电源和负载的不同连接方式，可构成电源为星形电源、负载为星形负载的 Y-Y 连接方式，三相电源为星形电源、负载为三角形负载的 Y-△ 连接方式，还有 △-Y 和 △-△ 连接方式。这 4 种连接方式中，只有 Y-Y 连接方式可构成三相四线制，其他连接方式均为三相三线制。

【例 5-3】　对称负载接成三角形，接入线电压为 380V 的三相电源。若每相阻抗 $Z = 6 + j8\Omega$，求负载各相电流及各线电流。

解：设线电压 $\dot{U}_{UV} = 380\angle 0°V$，则负载各相电流为

$$\dot{I}_{UV} = \frac{U_{UV}}{Z} = \frac{380\angle 0°}{6+j8} = \frac{380\angle 0°}{10\angle 53.1°} = 38\angle -53.1°(A)$$

$$\dot{I}_{VW} = \frac{\dot{U}_{VW}}{Z} = \dot{I}_{UV}\angle-120° = 38\angle-53.1°-120° = 38\angle-173.1°(A)$$

$$\dot{I}_{WU} = \frac{\dot{U}_{WU}}{Z} = \dot{I}_{UV}\angle120° = 38\angle-53.1°+120° = 38\angle66.9°(A)$$

负载各线电流为

$$\dot{I}_U = \sqrt{3}\,\dot{I}_{UV}\angle-30° = \sqrt{3}\times38\angle-53.1°-30° = 66\angle-83.1°(A)$$

$$\dot{I}_V = \dot{I}_U\angle-120° = 66\angle-83.1°-120° = 66\angle156.9°(A)$$

$$\dot{I}_W = \dot{I}_U\angle120° = 66\angle-83.1°+120° = 66\angle36.9°(A)$$

5.3 三相电路的计算

三相电路实质上是正弦交流电路的一种特殊类型，前面讨论的正弦交流电路的分析方法对三相电路完全适用。由对称的三相电源和对称的三相负载构成的三相电路，称为对称三相电路；否则，称为不对称三相电路。三相电源一般情况下是对称的，大多数的不对称三相电路主要是由三相负载不对称造成的。下面首先分析对称三相电路。

5.3.1 对称三相电路的计算

在分析对称三相电路时，可以利用它的一些特点来化简。下面以对称三相四线制电路为例进行分析，如图 5-9 所示。

1. 对称三相电路的特点

在图 5-9 中，Z_1 为线路阻抗，Z_N 为中性线阻抗，$Z_U = Z_V = Z_W = Z$ 为负载阻抗。以 N 为参考节点，用节点法求出中性点 N′ 与 N 之间的电压，可得

$$\left(\frac{1}{Z_N} + \frac{3}{Z_1+Z}\right)\dot{U}_{N'N} = \frac{1}{Z_1+Z}(\dot{U}_U + \dot{U}_V + \dot{U}_W)$$

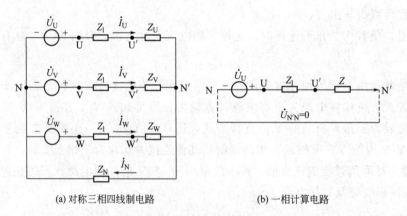

(a) 对称三相四线制电路   (b) 一相计算电路

图 5-9 对称三相四线制电路的计算

由于 $\dot{U}_U + \dot{U}_V + \dot{U}_W = 0$，所以 $\dot{U}_{N'N} = 0$，即 N′ 与 N 等电位。各相电源和负载中的相

电流等于线电流，它们分别是

$$\dot{I}_{U} = \frac{\dot{U}_{U} - \dot{U}_{N'N}}{Z_1 + Z} = \frac{\dot{U}_{U}}{Z_1 + Z}$$

$$\dot{I}_{V} = \frac{\dot{U}_{V} - \dot{U}_{N'N}}{Z_1 + Z} = \frac{\dot{U}_{V}}{Z_1 + Z} = \alpha^2 \dot{I}_{U}$$

$$\dot{I}_{W} = \frac{\dot{U}_{W} - \dot{U}_{N'N}}{Z_1 + Z} = \frac{\dot{U}_{W}}{Z_1 + Z} = \alpha \dot{I}_{U}$$

可见，各相（线）电流对称，因而中线电流为零，即 $\dot{I}_{N} = \dot{I}_{U} + \dot{I}_{V} + \dot{I}_{W} = 0$。

又由于 $\dot{U}_{N'N} = 0$，各相（线）电流独立，所以，对称的 Y-Y 电路可分列为 3 个独立的单相电路。鉴于三相电流对称，所以只要分析计算三相中的任一相，其他两相（线）电流就能按对称顺序写出，也就是将对称的 Y-Y 三相电路归结为一相的计算方法。图 5-9（b）所示为一相计算电路（U 相）。在一相电路计算中，连接 N′ 与 N 的短路线是 $\dot{U}_{N'N} = 0$ 的等效线，与中性线阻抗 Z_N 无关。在不考虑输电线路阻抗，即 $Z_1 = 0$ 时，负载相电压等于电源线电压。

综上所述，Y-Y$_0$ 连接的对称三相电路具有以下特点：

（1）$\dot{U}_{N'N} = 0$，$\dot{I}_{N} = 0$，中性线不起作用。这表明，对称的 Y-Y 三相电路理论上不需要中性线。图 5-9（b）中的虚线表示中性线可以移去。在任一时刻，i_{U}、i_{V}、i_{W} 至少有一个为负值，对应此负值电流的输电线作为对称电流系统在该时刻的电流回线。

（2）各相电流、电压彼此独立。从前面的分析可知，因为 $\dot{U}_{N'N} = 0$，所以各相的电压、电流仅由该项的电源和阻抗决定，与其他两相无关。

（3）各相响应均是与激励同相序的对称正弦量。因此，只要计算出一相的电流和电压，其他两相的电流和电压就能按对称顺序写出。

2. 对称三相电路的计算方法

根据以上特点，Y-Y 连接的对称三相电路可归结为一相计算。对于其他连接方式的对称三相电路，可以根据星形和三角形的等效互换，化成对称的 Y-Y 三相电路，然后用一相计算法计算。具体计算步骤如下所述：

（1）若已知对称三相电源的线电压 $\dot{U}_{UV}$、$\dot{U}_{VW}$ 和 $\dot{U}_{WU}$，根据相电压与线电压的关系式确定电源的相电压 $\dot{U}_{U}$、$\dot{U}_{V}$ 和 $\dot{U}_{W}$。

（2）从三相电路中任意选择一相，无论原电路有无中性线，都将中点 N′ 与 N 用阻抗为零的中性线连接起来，画出一相的计算电路；计算出该一相的电流和电压，再根据对称性原则，直接写出其他两相的电流和电压。

（3）如果是三角形连接的负载，回到原电路，根据对称相电压与线电压以及相电流与线电流的关系，求出三角形负载的相电压和相电流。

【**例 5-4**】 图 5-10（a）所示对称三相电路中，负载每相阻抗 $Z = (6 + j8)\Omega$，端线阻抗 $Z_1 = (1 + j1)\Omega$，电源线电压有效值为 380V。求负载各相电流、每条端线中的电流及负载各相电压。

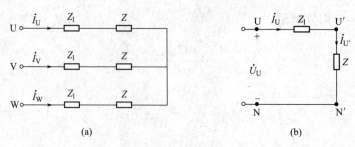

图 5-10 例 5-4 图

解 已知 $U_1 = 380\mathrm{V}$，可得 $U_\mathrm{p} = \dfrac{U_1}{\sqrt{3}} = \dfrac{380}{\sqrt{3}} = 220$（V）

设 $\dot{U}_\mathrm{U} = 220\angle 0°\mathrm{V}$，负载是星形连接，则负载端相电流和线电流相等，即

$$\dot{I}_\mathrm{U} = \frac{U_\mathrm{U}}{Z_1 + Z} = \frac{220\angle 0°}{(1+\mathrm{j}1)+(6+\mathrm{j}8)} = \frac{220\angle 0°}{11.4\angle 52.1°} = 19.3\angle -52.1°(\mathrm{A})$$

$$\dot{I}_\mathrm{V} = \dot{I}_\mathrm{U}\angle -120° = 19.3\angle -172.1°(\mathrm{A})$$

$$\dot{I}_\mathrm{W} = \dot{I}_\mathrm{U}\angle 120° = 19.3\angle 67.9°(\mathrm{A})$$

$$\dot{U}_{\mathrm{U}'} = \dot{U}_{\mathrm{U}'\mathrm{N}'} = Z\dot{I}_\mathrm{U} = 19.3\angle -52.1° \times (6+\mathrm{j}8) = 192\angle 1°(\mathrm{V})$$

$$\dot{U}_{\mathrm{V}'} = \dot{U}_{\mathrm{V}'\mathrm{N}'} = \dot{U}_{\mathrm{U}'\mathrm{N}'}\angle -120° = 192\angle -119°(\mathrm{V})$$

$$\dot{U}_{\mathrm{W}'} = \dot{U}_{\mathrm{W}'\mathrm{N}'} = \dot{U}_{\mathrm{U}'\mathrm{N}'}\angle 120° = 192\angle 121°(\mathrm{V})$$

5.3.2 不对称三相电路的计算

在三相电路中，只要有一部分不对称，就称为不对称三相电路。在电力线路中，电源一般是对称的。三相负载中除了三相电动机等对称负载外，照明电路、家用电器等单相负载虽然可以连接成三相负载，但由于负载的分散性和用电时间的不同，这些单相用电设备很难做到三相对称。再如，若对称三相电路的某一相负载发生短路或断路，或某一条端线断开，三相电路就失去了对称性，都为不对称的三相电路。对于不对称三相电路的分析，一般情况下不能引用上一节介绍的一相计算方法，而用其他方法求解。下面以 Y-Y 连接的三相电路为例，介绍由于负载不对称而引起的一些特点及其分析方法。

图 5-11 所示为三相电源对称、负载不对称三相四线制电路。三相负载阻抗分别为 Z_U、Z_V、Z_W，中线阻抗 Z_N。对于不对称的星形连接负载，常采用中性点电压法。先讨论不接

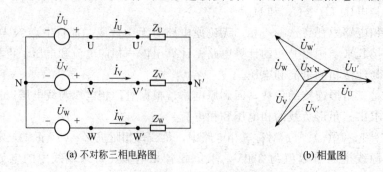

(a) 不对称三相电路图　　　　　　　　(b) 相量图

图 5-11 不对称三相电路分析

中性线时的情况。以 N 为参考节点，由节点电压方程得

$$\dot{U}_{N'N} = \frac{\dfrac{\dot{U}_U}{Z_U} + \dfrac{\dot{U}_V}{Z_V} + \dfrac{\dot{U}_W}{Z_W}}{\dfrac{1}{Z_U} + \dfrac{1}{Z_V} + \dfrac{1}{Z_W}} \neq 0$$

由于负载不对称，一般情况下，$\dot{U}_{N'N} \neq 0$，即 N′ 与 N 点电位不同。各相相电压分别为

$$\dot{U}_{U'} = \dot{U}_{UN'} = \dot{U}_U - \dot{U}_{N'N}$$

$$\dot{U}_{V'} = \dot{U}_{VN'} = \dot{U}_V - \dot{U}_{N'N}$$

$$\dot{U}_{W'} = \dot{U}_{WN'} = \dot{U}_W - \dot{U}_{N'N}$$

$$\dot{I}_U = \frac{\dot{U}_{U'}}{Z_U}, \quad \dot{I}_V = \frac{\dot{U}_{V'}}{Z_V}, \quad \dot{I}_W = \frac{\dot{U}_{W'}}{Z_W}$$

或从图 5-11（b）所示的相量关系也可以清楚地看出 N′点与 N 点不重合，这一现象称为中性点位移。在电源对称的情况下，可以根据中性点位移的情况判断负载端部对称的程度。当中性点位移较大时，会造成各相负载电压严重不对称，从而严重影响负载的正常工作。

当接上中性线时，节点电压 $\dot{U}_{N'N}$ 为

$$\dot{U}_{N'N} = \frac{\dfrac{\dot{U}_U}{Z_U} + \dfrac{\dot{U}_V}{Z_V} + \dfrac{\dot{U}_W}{Z_W}}{\dfrac{1}{Z_U} + \dfrac{1}{Z_V} + \dfrac{1}{Z_W}} \neq 0$$

由于负载不对称，$\dot{U}_{N'N} \neq 0$。如果 $Z_N \approx 0$，可使 $\dot{U}_{N'N} = 0$，负载相电压接近对称。尽管电路不对称，仍可使各相保持独立性，各相的工作互不影响，因而各相可以分别计算，能够确保各相负载在相电压下安全工作。因此，在负载不对称的情况下，中性线存在是非常重要的。照明线路必须采用三相四线制，同时规定中性线上不允许安装开关盒熔断器，且中性线应使用强度较大的导线，以防断开。

由于线（相）电流的不对称，中性线的电流一般不为零，即

$$\dot{I}_N = \dot{I}_A + \dot{I}_B + \dot{I}_C \neq 0$$

【例 5-5】　星形连接的三相不对称电路如图 5-12 所示，$Z_A = -j\dfrac{1}{\omega C}$，$Z_V = Z_W = R$，且 $R = \dfrac{1}{\omega C}$。此电路是一种相序测定器的电路，图中的电阻 R 可用两个相同的白炽灯代替。试分析在电源相电压对称的情况下，如何根据白炽灯的亮度确定电源的相序。

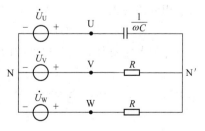

图 5-12　例 5-5 图

解：中性点电压 $\dot{U}_{N'N}$ 为

$$\dot{U}_{N'N} = \frac{j\omega C \dot{U}_U + G \dot{U}_V + G \dot{U}_W}{j\omega C + 2G}$$

令 $\dot{U}_U = U \angle 0° V$，代入给定参数后，有

$$\dot{U}_{N'N}=(-0.2+j0.6)U=0.63U\angle108.4°$$

V 相白炽灯承受的电压$\dot{U}_{VN'}$为

$$\dot{U}_{VN'}=\dot{U}_{VN}-\dot{U}_{NN'}=U\angle-120°1-(-0.2+j0.6)U=1.5U\angle-101.5°$$

则
$$U_{VN'}=1.5U$$

而
$$\dot{U}_{WN'}=\dot{U}_{WN}-\dot{U}_{NN'}=U\angle120°1-(-0.2+j0.6)U=0.4U\angle133.4°$$

则
$$U_{WN'}=0.4U$$

根据上述分析结果可以判定，如将电容器所在的那一相定为 U 相，则白炽灯较亮的为 V 相，较暗的为 W 相。

5.4 三相电路的功率

5.4.1 三相功率计算

1. 有功功率

有功功率又称平均功率。在三相电路中，三相负载吸收的总有功率等于各相负载吸收的有功功率之和，即

$$P=P_U+P_V+P_W=U_UI_U\cos\varphi_U+U_VI_V\cos\varphi_V+U_WI_W\cos\varphi_W \tag{5-7}$$

式(5-7)中，U_U、U_V、U_W 分别为各相电压的有效值，I_U、I_V、I_W 为各相电流的有效值。

当三相电路对称时，三相负载的平均功率是每相平均功率的 3 倍，有

$$P=P_U+P_V+P_W=3U_UI_U\cos\varphi_U=3P_U$$

当对称负载为三角形连接时，$U_l=U_p$，$I_l=\sqrt{3}\,I_p$；当负载为星形连接时，$U_l=\sqrt{3}\,U_p$，$I_l=I_p$。

因此，无论负载是哪种连接方式，有功功率均可表示为

$$P=3U_pI_p\cos\varphi=\sqrt{3}U_lI_l\cos\varphi \tag{5-8}$$

2. 无功功率

三相电路的无功功率为各项负载的无功功率之和，即

$$Q=Q_U+Q_V+Q_W=U_UI_U\sin\varphi_U+U_VI_V\sin\varphi_V+U_WI_W\sin\varphi_W$$

当三相电路对称时，三相负载的无功功率是每相无功功率的 3 倍，有

$$Q=Q_U+Q_V+Q_W=3Q_U=3U_pI_p\sin\varphi$$

用线电压、线电流来表示三相总无功功率，无论负载接法如何，都有

$$Q=3U_pI_p\sin\varphi=\sqrt{3}U_lI_l\sin\varphi \tag{5-9}$$

3. 视在功率

三相电路的视在功率不等于各项负载的视在功率之和，为

$$S=\sqrt{P^2+Q^2} \tag{5-10}$$

式中，P 为三相电路的总功率；Q 为三相电路的总无功功率。

在三相电路中，总视在功率为

$$S = 3U_p I_p = \sqrt{3} U_l I_l$$

4. 瞬时功率

三相电路的瞬时功率为各相负载的瞬时功率之和，即

$$\begin{cases} p_U = u_{UN} i_U = \sqrt{2} U_{UN} \cos \omega t \times \sqrt{2} I_U \cos(\omega t - \varphi) = U_{UN} I_U [\cos \varphi + \cos(2\omega t - \varphi)] \\ p_V = u_{VN} i_V = U_{VN} I_V [\cos \varphi + \cos(2\omega t - \varphi - 240°)] \\ p_W = u_{WN} i_W = U_{WN} I_W [\cos \varphi + \cos(2\omega t - \varphi - 240°)] \end{cases}$$

所以 $\qquad\qquad p = p_U + p_V + p_W = 3U_{UN} I_U \cos \varphi$

从上式可以看出，对称三相电路的瞬时功率是恒定的，是一个不随时间变化的常量，并等于其平均功率。如果三相负载是电动机，虽然每相的电流随时间变化，但转矩的瞬时值和三相瞬时功率成正比，所以转距是恒定的，不会时大时小。这也是三相电优于单相电的原因之一。

【例 5-6】 有一个三相对称负载接在线电压为 380V 的三相对称电源上，每相负载等效阻抗为 $(15 + j15\sqrt{3}) \, \Omega$，求下列两种情况下负载消耗的有功功率：（1）负载连接成星形；（2）负载连接成三角形。

解：（1）三相负载连接成星形，接在线电压为 380V 的三相电源，则

$$U_p = \frac{U_l}{\sqrt{3}} = \frac{380}{\sqrt{3}} = 220 \, (V)$$

$$I_p = \frac{U_p}{Z} = \frac{220}{\sqrt{15^2 + (15\sqrt{3})^2}} = \frac{220}{30} = 7.33 \, (A)$$

对称三相负载星形连接时，线电流等于相电流，即 $I_l = I_p = 7.33 \, (A)$，有

$$P = \sqrt{3} U_l I_l \cos \varphi = \sqrt{3} \times 380 \times 7.33 \times \frac{15}{\sqrt{15^2 + (15\sqrt{3})^2}} = 2.41 \, (kW)$$

（2）三相负载连接成三角形，接在线电压为 380V 的三相电源，则

$$U_l = U_p = 380 \, (V)$$

$$I_p = \frac{U_p}{Z} = \frac{380}{\sqrt{15^2 + (15\sqrt{3})^2}} = \frac{380}{30} = 12.67 \, (A)$$

$$I_l = \sqrt{3} I_p = 21.95 \, (A)$$

$$P = \sqrt{3} U_l I_l \cos \varphi = \sqrt{3} \times 380 \times 21.95 \times \frac{15}{\sqrt{15^2 + (15\sqrt{3})^2}} = 7.22 \, (kW)$$

两种接法中，三角形连接是星形连接相电压的 $\sqrt{3}$ 倍，所以三角形连接的相电流增大 $\sqrt{3}$，有功功率增大 3 倍。

5.4.2　三相电路的功率测量

根据三相电路的实际情况，三相功率测量有以下几种方法。

1. 一功率表法测对称三相电路有功功率

对称三相电路中，无论负载是星形连接还是三角形连接，无论供电方式采用三相三线制

还是采用三相四线制，可以用一只功率表测出其中一相的有功功率，再乘以 3，就是三相总有功功率。这种测量方法称为一功率表法。

2. 二功率表法测三相三线制电路的有功功率

三相三线制电路中，无论负载是否对称，无论负载采用哪种连接方式，都可以使用两只

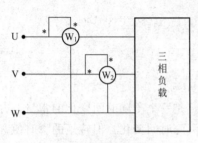

功率表测量三相总功率。这种测量方法称为二功率表法，接线图如图 5-13 所示。需要注意的是，两只功率表的电流线圈分别串联在不同的两相电源线（U、W 或 V、W）上，并且电流线圈的"＊"端接在电源侧；两只功率表的电压线圈"＊"端与各自电流线圈的"＊"端接在一起，另一端共同接到功率表电流线圈的 W 上。改变功率表电流线圈的接线，可以得到二功率表法不同的接线方式。

图 5-13　二功率表法接线图

两只功率表的接线只触及端线，而与负载的连接方式无关。可以证明，两个功率表的代数和为三相三线制中三相负载吸收的总有功功率，即

$$P = P_1 + P_2 = P_U + P_V + P_W$$

注意：

（1）此时，每块功率表的读数是无意义的。

（2）在一定条件下，其中一只功率表可能是负值，求代数和时该读数应取负值。

3. 三功率表法测不对称三相四线制电路的有功功率

三相四线制电路中，当负载不对称时，可以用三只功率表分别测量，再把读数相加，得到三相电路的总功率。这种测量方法称为三功率表法，接线图如 5-14 所示

【例 5-7】　利用二瓦特表测量对称三相电路的功率。如图 5-13 所示，已知对称三相负载吸收的功率为 3kW，功率因数 $\lambda = \cos\varphi = 0.866$（感性），线电压为 380V。求两只功率表的读数。

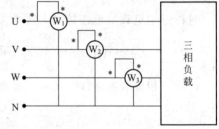

图 5-14　三表法

解： 要求功率表的读数，只需求出它们相关联的电压、电流相量。

$$\because \quad P = 3U_U I_U \cos\varphi = \sqrt{3}\,UI\cos\varphi, \varphi = \cos^{-1}\lambda = 30°（感性）$$

$$\therefore \quad I_A = \frac{P}{\sqrt{3}\,U_{UV}\cos\varphi} = 5.26(A)$$

令　$\dot{U}_U = 220\angle 0°V$，则有

$$\dot{I}_U = 5.26\angle -30°（A）$$

$$\dot{U}_{UW} = \dot{U}_U - \dot{U}_W = \sqrt{3}\dot{U}_U\angle -30° = 380\angle -30°（V）$$

同理，$\dot{I}_V = 5.26\angle -150°（A）, \dot{U}_{VW} = 380\angle -90°（V）$

$\therefore$　功率表 W_1 的读数为

$$P_1 = U_{UW}I_U\cos\varphi_1 = 380 \times 5.26\cos[-30° + 30°] \approx 2(kW)$$

功率表 W_2 的读数为

$$P_2 = U_{VW} I_V \cos\varphi_2 = 380 \times 5.26\cos(-90°+150°) \approx 1(\text{kW})$$
$$P = P_1 + P_2 = 2+1 = 3(\text{kW})$$

小　结

三相交流电源必须限定有 3 个独立的电压源，且各单相电压源必须是角频率相同，振幅（最大值）相等，在相位上依次相差 120°。满足 3 个条件的电源称为对称三相电源。3 个独立的电源要求采用星形（Y 形）连接或者三角形（△形）连接的方式。

在三相电源对称的情况下，如果采用星形连接，线电压的大小是相电压的 $\sqrt{3}$ 倍，在相位上超前于相应的相电压 30°；如果采用三角形连接，线电压等于相应的相电压。

三相电路负载有星形连接和三角形连接两种方式。如果负载采用星形连接，线电流等于相应的相电流；如果负载采用三角形连接，线电流在大小上是相电流的 $\sqrt{3}$ 倍，在相位上滞后于相应的相电流 30°。

计算三相电路的功率时，对于对称的三相负载，有 $P = 3U_p I_p \cos\varphi = \sqrt{3} U_l I_l \cos\varphi$，$Q = 3U_p I_p \sin\varphi = \sqrt{3} U_l I_l \sin\varphi$，$S = 3U_p I_p = \sqrt{3} U_l I_l$。

在低压电网中，用三相四线制传输电力，其中有 3 根火（相）线和 1 根零线。为了保证用电安全，在用户使用区改用三相五线制供电。这第 5 根线就是地线，它的一端在用户区附近用金属导体埋深埋于地下；另一端与各用户的地线接点相接，起接地保护的作用。一般情况下，对于相线，U 相用黄色，V 相用绿色，W 相用红色，零线（N）一般用蓝色，地线（PE）是黄绿相间。如果是三相插座，面对插座，左边是零线，右边是火线，中间（上面）是地线。

习　题

5-1　填空题

（1）对称三相电源是由 3 个_____、_____、初相依次相差_____的正弦电压源连接成_____形或_____组成的电源。

（2）如图 5-13 所示，功率表 W_1 的读数为 200W，W_2 的读数为 150W，则三相负载消耗的功率为_____。

（3）日光灯消耗的功率 $P = UI\cos\varphi$，并联一个适当的电容后，整个电路的功率因数_____，日光灯消耗的功率_____。

5-2　选择题

（1）照明灯的开关一定要接在（　　）线上。

A. 中　　　　　　　　B. 地　　　　　　　　C. 火　　　　　　　　D. 零

（2）在对称三相四线制供电线路上，每相负载连接相同的灯泡（正常发光）。当中性线断开时，将会出现（　　）。

A. 3 个灯泡都变暗
B. 3 个灯泡都因过亮而烧坏

C. 仍然能正常发光

（3）三相对称负载作三角形连接时，（　　）。

A. $I_1=\sqrt{3}\,I_p$，$U_1=U_p$
B. $I_1=I_p$，$U_1=\sqrt{3}\,U_p$

C. 不一定
D. 都不正确

（4）三相对称负载作星形连接时，（　　）。

A. $I_1=\sqrt{3}\,I_p$，$U_1=U_p$
B. $I_1=I_p$，$U_1=\sqrt{3}\,U_p$

C. 不一定
D. 都不正确

（5）无论三相电路是 Y 连接或△连接，当三相电路负载对称时，其总功率为（　　）。

A. $P=3UI\cos\varphi$
B. $P=PU+PV+PW$

C. $P=\sqrt{3}\,UI\cos\varphi$
D. $P=\sqrt{2}\,Ui\cos\varphi$

（6）在变电所，三相母线应分别涂以（　　）色，以示正相序。

A. 红、黄、绿
B. 黄、绿、红

C. 绿、黄、红

（7）正序的顺序是（　　）。

A. U、V、W
B. V、U、W

C. U、W、V
D. W、V、U

（8）日常生活中，照明线路的接法为（　　）。

A. 星形连接三相三线制
B. 星形连接三相四线制

C. 三角形连接三相三线制
D. 既可为三线制，又可为四线制

（9）对于三相四线制电路，电源线电压为 380V，则负载的相电压为（　　）V。

A. 380
B. 220

C. $190\sqrt{2}$
D. 负载的阻值未知，无法确定

5-3　判断题

（　　）（1）三相负载星形连接时，一定要有中线。

（　　）（2）对于对称三相电路的计算，仅需计算其中一相，即可推出其余两相。

（　　）（3）假设三相电源的正相序为 U-V-W，则 V-W-U 为负相序。

（　　）（4）3 个电压频率相同、振幅相同，就称为对称三相电压。

（　　）（5）在三相四线制中，三相功率的测量一般采用三瓦计法。

（　　）（6）在三相三线制中，三相功率的测量一般采用三瓦计法。

5-4　已知星形连接的三相电源的线电压为 $u_{AB}=380\sqrt{2}\cos(\omega t+60°)$ V。试分别写出 u_{BC}、u_{CA}、u_A、u_B、u_C 的表达式，并画出波形图。

5-5　对于一个对称正弦电压源，$\dot{U}_A=127\angle30°$ V。（1）试写出 $\dot{U}_B$ 和 $\dot{U}_C$；（2）求 $\dot{U}_A-\dot{U}_C$，并与 $\dot{U}_A$ 进行比较；（3）求 $\dot{U}_A+\dot{U}_C$，并与 $\dot{U}_A$ 进行比较；（4）分别画出相量图。

5-6　已知对称三相电路的星形负载阻抗 $Z=(40+j30)\Omega$，端线阻抗 $Z_1=(1+j2)\Omega$，中性线阻抗 $Z_1=(1+j1)\Omega$，电源端的线电压 $U_1=380$V。求相电流和负载端的线电压，并作电路的相量图。

5-7　已知对称三相电路电源端的线电压 $U_1=380$V，三角形负载阻抗 $Z=(4.5+j6)\Omega$，

端线阻抗 $Z_1 = (1.5 + j2)\Omega$。求线电流和负载的相电流，并作相量图。

5-8 对于一组三相对称负载，负载阻抗 $Z = (11 + j8)\Omega$，接在线电压为 380V 的三相对称电源上，试求下面两种接法时的线电流：（1）负载接成星形；（2）负载接成三角形。

5-9 对称三相负载每相阻抗 $Z = (12 + j5)\Omega$，每相负载额定电压为 380V，已知三相电源的线电压为 380V。此负载应采取何种连接方式？计算相电流和线电流。

5-10 不对称三相电路如题 5-10 图所示，电源线电压为 220V，负载阻抗 $Z_U = (50 + j50)\Omega$，$Z_V = 50\Omega$，$Z_W = (30 + j30)\Omega$。求电源各线电流。

5-11 三相四线制电路中，电源的线电压为 380V，三相负载分别为 $Z_U = 11\Omega$，$Z_V = Z_W = 22\Omega$。（1）求负载相电流、线电流、中线电流，并作相量图；（2）若中线断开，求负载相电压；（3）若无中性线，求 U 相负载短路时，各负载的相电压和相电流。

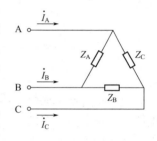

题 5-10 图

5-12 如题 5-12 图所示对称三相电路的电源相电压为 220V，负载阻抗 $Z = (30 + j20)\Omega$。求：（1）图中电流表的读数；（2）三相负载吸收的有功功率；（3）如果 U 相开路，其他两相不变，再求（1）、（2）。

5-13 如题 5-13 图所示，一台三相交流电动机星形连接在对称三相电源上，负载端线电压为 380V，负载吸收的功率为 1.4kW，其功率因数 $\lambda = 0.866$（滞后），$Z_1 = -j55\Omega$。求电源端线电压和功率因数。

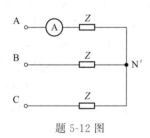

题 5-12 图

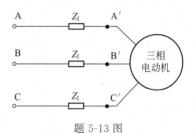

题 5-13 图

5-14 三相负载接成三角形，如题 5-14 图所示。电源线电压为 220V，$Z = (20 + j20)\Omega$。（1）求三相总有功功率、视在功率；（2）若用两表法测三相总功率，其中一只表已经接好，画出另一只功率表的接法，并求出其读数。

5-15 如题 5-15 图所示对称三相电路的线电压为 380V，图中功率表的读数 $W_1 = 782W$，$W_2 = 1976.44W$。求：（1）负载吸收的有功功率、视在功率和负载阻抗；（2）当开关 S 打开后，功率表的读数。

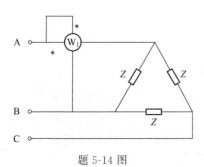

题 5-14 图

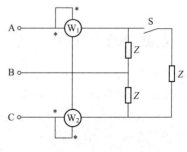

题 5-15 图

第6章

线性动态电路的时域分析

前几章讨论了电阻电路，即由独立电源和电阻、受控源、理想变压器等电阻元件构成的电路。描述这类电路的电压、电流约束关系的电路方程是代数方程，但在实际电路的分析中，往往还需要采用电容元件和电感元件建立电路模型。这些元件的电压、电流关系涉及到电压、电流对时间的微分或积分，称为动态元件。含动态元件的电路称为动态电路，描述动态电路的方程是微分方程。

对于含有直流或交流电源的动态电路，若电路已经接通了相当长的时间，电路中各元件的工作状态已趋于稳定，则称电路达到了稳定状态，简称稳态。在直流电路中，电容相当于开路，电感相当于短路，电路方程简化为代数方程组。在正弦电路中，可以利用相量的概念将问题归结为复数形式的代数方程组。如果电路发生某些变动，例如电路参数的改变、电路结构的变动、电源的改变等，电路的原有状态就会被破坏。电路中的电容器可能出现充电与放电现象，电感线圈可能出现磁化与去磁现象。储能元件上的电场或磁场能量所发生的变化一般都不可能瞬间完成，必须经历一定的过程才能达到新的稳态。这种介于两种稳态之间的变化过程叫做过渡过程，简称瞬态或暂态。电路过渡过程的特性广泛地应用于通信、计算机、自动控制等许多工程实际中。同时，在电路的过渡过程中，由于储能元件状态发生变化而使电路中可能出现过电压、过电流等特殊现象，在设计电气设备时必须予以考虑，以确保其安全运行。因此，研究动态电路的过渡过程具有十分重要的理论意义和现实意义。

本章主要分析过渡过程中的电压和电流随时间变化的规律。

6.1 换路定律及其初始条件

6.1.1 电路的动态过程

如图 6-1 所示 RC 串联电路，开关 S 闭合前，电容的初始储能为零。在 $t=0$ 时刻，开关 S 闭合，电源 U_S 通过电阻 R 向电容 C 充电，电容器 C 两端的电压逐渐升高到 U_S。只要保持电路的工作状态不变，电容器两端的电压就保持为 U_S 不变。此时，电容器的充电过程就是动态过程，或称为过渡过程。

分析表明，电路产生动态过程的内因是电路存在储能元件 L 或 C，外因是电路的结构或参数发生变化而引起电路变化，这种变化统称为换路。换路是在 $t=0$ 时刻进行的。一般把换路前的最终时刻记为 $t=0_-$，把换路后的最初时刻记为 $t=0_+$，换路经历的时间是 0_- 到 0_+。

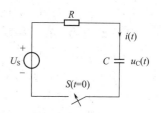

图 6-1　RC 串联电路
的动态过程

分析动态电路的过渡过程常采用经典法，这是一种在时间域中的分析方法。即根据 KCL、KVL 和支路的 VCR 建立描述电路的方程。这是一类以时间为自变量的线性常微分方程。求解常微分方程，得到电路所求变量（电压或电流）。

用经典法求微分方程时，必须根据电路的初始条件确定解答中的积分常数。初始条件就是电路中所求变量（电压或电流）及其 1 阶至（$n-1$）阶导数在 $t=0_+$ 时的值，也称初始值。一般来讲，电容电压 $u_C(0_+)$ 和电感电流 $i_L(0_+)$ 称为独立的初始条件，其余称为非独立初始条件。初始值可根据换路定律确定。

6.1.2　换路定律

对于线性电容，在从 0_- 到 0_+ 时，它的电荷、电压与电流的关系为

$$q(0_+)=q(0_-)+\int_{0_-}^{0_+} i_C \mathrm{d}t$$

$$u_C(0_+)=u_C(0_-)+\frac{1}{C}\int_{0_-}^{t} i_C \mathrm{d}t \tag{6-1}$$

从式(6-1) 可以看出，如果在换路的 0_- 到 0_+ 瞬间，电流 $i_C(t)$ 为有限值，则式(6-1) 中右方的积分项将为零，此时电容上的电荷和电压不发生跃变，即

$$q(0_+)=q(0_-)$$

$$u_C(0_+)=u_C(0_-) \tag{6-2}$$

对于线性电感元件，在从 0_- 到 0_+ 时，它的磁通链、电压与电流的关系为

$$\varPsi_L(0_+)=\varPsi_L(0_-)+\int_{0_-}^{0_+} u_L \mathrm{d}t$$

$$i_L(0_+)=i_L(0_-)+\frac{1}{L}\int_{0_-}^{0_+} u_L \mathrm{d}t \tag{6-3}$$

从式(6-3) 可以看出，如果在换路的从 0_- 到 0_+ 瞬间，电流 $u_L(t)$ 为有限值，则式(6-3) 中右方的积分项将为零，此时电感上的磁通链和电流不发生跃变，即

$$\psi_L(0_+)=\psi_L(0_-)$$

$$i_L(0_+)=i_L(0_-) \tag{6-4}$$

上述式子分别表明，在换路前，电容电流和电感电压为有限值的条件下，换路前、后、电容电压和电感电流不能突变。这称为换路定则。

6.1.3　电路初始值的确定

一个动态电路的独立初始条件为电容电压 $u_C(0_+)$ 和电感电流 $i_L(0_+)$，一般可根据它们在 $t=0_-$ 时的值 $u_C(0_-)$ 和 $i_L(0_-)$ 来确定。该电路的非独立初始条件，即电阻的电压和电流、电容电流、电感电压等需通过已知的独立初始条件求得。

对于一个在 $t=0_-$ 储存电荷 $q(0_-)$，电压为 $U_C(0_-)=U_0$ 的电容，在换路瞬间有

$u_C(0_+) = u_C(0_-) = U_0$，电容可视为一个电压值为 U_0 的电压源。同理，对于一个在 $t=0_-$ 不带电荷的电容，在换路瞬间 $u_C(0_+) = u_C(0_-) = 0$，电容相当于短路。

对于一个在 $t=0_-$ 时电流为 $i_L(0_-) = I_0$ 的电感，在换路瞬间有 $i_L(0_+) = i_L(0_-) = I_0$，电感可视为一个电流值为 I_0 的电流源。同理，对于一个在 $t=0_-$ 电流为零的电感，在换路瞬间 $i_L(0_+) = i_L(0_-) = 0$，电感相当于开路。

确定电路动态过程初始值，按下面的步骤操作：

(1) 根据换路前的电路，确定 $t=0_-$ 时 $u_C(0_-)$ 和 $i_L(0_-)$。

(2) 根据换路定则，确定 $t=0_+$ 时的 $u_C(0_+)$、$i_L(0_+)$。

(3) 画出 $t=0_+$ 时的初始值等效电路。根据替代定律，若 $u_C(0_+) = U_0$，电容所在处用电压源 U_0 替代；$u_C(0_+) = 0$，电容所在处用短路线替代。若 $i_L(0_+) = I_0$，电感所在处用电流源 I_0 替代；若 $i_L(0_+) = 0$，电感所在处用开路替代。这样处理后，$t=0_+$ 时的等效电路是一个直流电阻网络，可以确定其他非独立初始条件。

【例 6-1】 图 6-2(a) 所示电路中，直流电压源的电压 $U_S=12\text{V}$，电阻 $R_1=4\text{k}\Omega$，$R_2=8\text{k}\Omega$，开关 S 打开前，电路已达稳定状态。在 $t=0$ 时，开关 S 打开。求各元件电压、电流初始值。

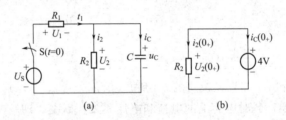

图 6-2 例 6-1 图

解： 各元件电压、电流参考方向如图 6-2(a) 所示。

求独立初始条件。根据 $t=0_-$ 时刻的电路状态计算 $u_C(0_-)$。由于开关打开前，电路中的电压、电流已处于恒定状态，故有

$$\left(\frac{\mathrm{d}u_C}{\mathrm{d}t}\right)_0 = 0$$

电容电流 $i_C = C\dfrac{\mathrm{d}u_C}{\mathrm{d}t} = 0$，此刻电容相当于开路，则

$$u_C(0_-) = \frac{R_2}{R_1+R_2}U_S = \frac{4}{12} \times 12 = 4(\text{V})$$

根据换路定则，

$$u_C(0_+) = u_C(0_-) = 4(\text{V})$$

画出 $t=0_+$ 时等效电路，如图 6-2(b) 所示。

$$i_C(0_+) = -\frac{u_C(0_+)}{R_2} = -\frac{4}{4} = -1(\text{A})$$

$$u_{R_2}(0_+) = -R_2 i_C(0_+) = 4(\text{V}) \text{ 或 } u_{R_2}(0_+) = u_C(0_+) = 4(\text{V})$$

【例 6-2】 图 6-3 所示电路中，已知：电源电压 $U_S=60\text{V}$，$R_1=5\text{k}\Omega$，$R_2=5\text{k}\Omega$。开关 S 打开前，电路已经处于稳态。求在 $t=0$ 时，开关 S 打开，各电流及电感电压的初始值。

解： 电压、电流的参考方向如图 6-3 所示。

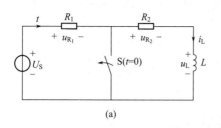
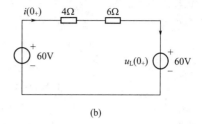

图 6-3　例 6-2 图

开关打开前，电路已处于稳态，电感储能为 0，则
$$i_L(0_-)=0$$
开关 S 打开后，根据换路定律，$i_L(0_+)=i_L(0_-)=0$。

在 $t=0_+$ 时刻，
$$i(0_+)=i_L(0_+)=0$$
$$u_{R_1}(0_+)=R_1 i(0_+)=5\times0=0(\text{V})$$
$$u_{R_2}(0_+)=R_2 i(0_+)=5\times0=0(\text{V})$$

根据 KVL 定律，有
$$u_{R_1}(0_+)+u_{R_2}(0_+)+u_L(0_+)=U_S$$

所以 $u_L(0_+)=60(\text{V})$。

【例 6-3】　图 6-4 所示电路中，已知：电源电压 $U_S=60\text{V}$，电阻 $R_1=R_2=5\Omega$，$R_3=20\Omega$。开关 S 在打开前，电路已达到稳态。试求电路在 $t=0_+$ 时刻各电流及电感电压、电容电压的初始值。

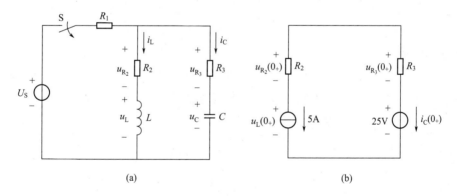

图 6-4　例 6-3 图

解：首先确定初始值 $i_L(0_+)$ 和 $u_C(0_+)$。

由于电路在换路前已达到稳态，电感元件相当于短路，电容元件相当于开路，故
$$i_L(0_-)=\frac{U_S}{R_1+R_2}=\frac{60}{5+5}=6(\text{A})$$
$$u_C(0_-)=R_2 i_L(0_-)=5\times6=30(\text{V})$$

开关 S 打开后，根据换路定律，
$$i_L(0_+)=i_L(0_-)=6(\text{A})$$
$$u_C(0_+)=u_C(0_-)=30(\text{V})$$

计算相关初始值。电感 L 和电容 C 分别用 6A 和 30V 的等效电流源和电压源代替。$t=0+$ 时刻的等效电路如图 6-4(b) 所示。

$$u_{R_2}(0_+)=R_2 i_L(0_+)=5\times6=30(\text{V})$$

$$i_C(0_+)=-i_L(0_+)=-6(\text{A})$$

$$u_{R_3}(0_+)=R_3 i_C(0_+)=10\times(-6)=-60(\text{V})$$

$$u_L(0_+)=i_C(0_+)[R_2+R_3]+u_C(0_+)=-6\times(5+10)+30=-60(\text{V})$$

计算结果表明电容电流和电感电压初始值在换路瞬间可以跃变。

6.2 一阶电路的零输入响应

动态电路中只含有一种储能元件的电路称为一阶电路。一阶动态电路中无外施激励电源，仅由动态元件初始储能所产生的响应，称为一阶动态电路的零输入响应。

6.2.1 RC 电路的零输入响应

在图 6-5 所示 RC 电路中，开关 S 闭合前，电容 C 已经充电，其电压 $u_C=U_0$。开关闭合后，电容储存的能量将通过电阻以热能的形式释放出来。在 $t=0$ 时，开关 S 闭合；$t\geq0_+$ 时，根据 KVL，可得

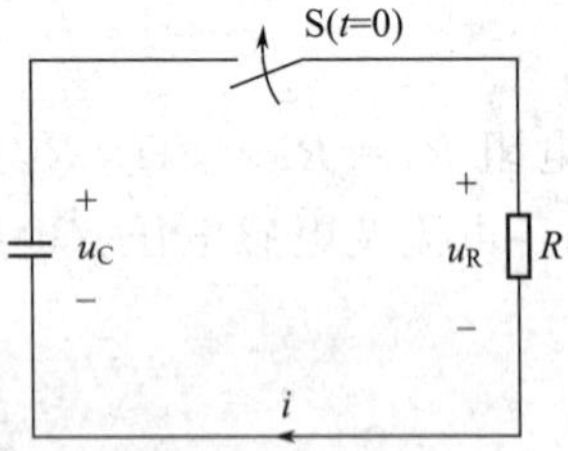

$$u_R-u_C=0$$

将 $u_R=Ri$，$i=-C\dfrac{\mathrm{d}u_C}{\mathrm{d}t}$ 代入上式，有

$$RC\frac{\mathrm{d}u_C}{\mathrm{d}t}+u_C=0 \tag{6-5}$$

图 6-5 一阶电路的零输入响应

式(6-5) 是函数 $u_C(t)$ 的一阶齐次微分方程，初始条件 $u_C(0_+)=u_C(0_-)=U_0$。它的通解为指数函数 $u_C=A\mathrm{e}^{pt}$，其中，A 为待定系数，p 为特征根，代入式(6-5)，得特征根方程

$$RCp+1=0$$

特征根为

$$p=-\frac{1}{RC}$$

电路的特征根仅取决于电路的结构和元件的参数。

所以，u_C 的通解为 $u_C=A\mathrm{e}^{-\frac{t}{RC}}$。

积分常数 A 由电路的初始条件 $u_C(0_+)$ 确定。将初始条件代入上式，求得积分常数

$$A=u_C(0_+)=U_0$$

求得满足初始值的微分方程的解为

$$u_C=U_0\mathrm{e}^{-\frac{t}{RC}} \tag{6-6}$$

这是放电过程中，电容电压 u_C 的表达式。

电路中的电流为

$$i = -C\frac{\mathrm{d}u_C}{\mathrm{d}t} = -C\frac{\mathrm{d}}{\mathrm{d}t}(U_0\,\mathrm{e}^{-\frac{t}{RC}}) = -C\left(-\frac{1}{RC}\right)U_0\,\mathrm{e}^{-\frac{1}{RC}t} = \frac{U_0}{R}\mathrm{e}^{-\frac{1}{RC}t}$$

电阻上的电压

$$u_R = u_C = U_0\,\mathrm{e}^{-\frac{1}{RC}t}$$

从上述式子可以看出，电压 u_R、u_C 以及电流 i 都是按照同样的指数规律衰减的，衰减的快慢取决于指数中 $\frac{1}{RC}$，的大小。当电阻的单位为 Ω，电容的单位为 F 时，乘积 RC 的单位为 s，称为 RC 电路的时间常数，用 τ 表示，即

$$\tau = RC \tag{6-7}$$

电容电压 u_C 和电流 i 也可以表示为

$$u_C = U_0\,\mathrm{e}^{-\frac{t}{\tau}}$$

$$i = \frac{U_0}{R}\mathrm{e}^{-\frac{t}{\tau}} \tag{6-8}$$

τ 的大小反映了一阶电路过渡过程的进展速度。按式(6-8)可以计算，当 t 等于 0，τ，2τ，3τ，…时，u_C 的值，如表 6-1 所示。

表 6-1　不同时间常数时的电容电压数值

t	0	τ	2τ	3τ	4τ	5τ	…	∞
$u_C(t)$	U_0	$0.368U_0$	$0.135U_0$	$0.05U_0$	$0.018U_0$	$0.0067U_0$	…	0

从表 6-1 中列出的各值可以看出，放电经历一个时间常数 τ 后，电容电压衰减为原值的 36.8%；经历的时间为 3τ 时，u_C 值衰减为原值的 5%。虽然理论上要经过无限长的时间 u_C 才能衰减为零，但工程上一般认为换路后，经过 $3\tau \sim 5\tau$，过渡过程即告结束。

图 6-6 所示是 u_R、u_C 和 i 随时间变化的曲线。放电开始时的电流最大，其值为 $\frac{U_0}{R}$。在放电过程中，电容不断放出能量，被电阻所消耗；最后，原来储存在电容中的电场能量全部被电阻吸收而转换成热能，即

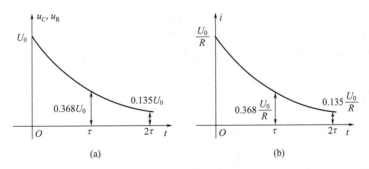

图 6-6　u_R、u_C 和 i 变化曲线图

$$W_R = \int_0^\infty i^2(t)R\,\mathrm{d}t = \int_0^\infty\left(\frac{U_0}{R}\mathrm{e}^{-\frac{1}{RC}t}\right)^2 R\,\mathrm{d}t = \frac{U_0^2}{R}\int_0^\infty \mathrm{e}^{-\frac{2}{RC}t}\,\mathrm{d}t = -\frac{1}{2}CU_0^2(\mathrm{e}^{-\frac{2}{RC}t})\bigg|_0^\infty = \frac{1}{2}CU_0^2$$

【例 6-4】 电路如图 6-7 所示，开关 S 在左侧位置已久，$t=0$ 时合向右侧位置。求换路后的 $u_C(t)$ 和 $i(t)$。

解：(1) 开关 S 动作前，电容电压的初始值为

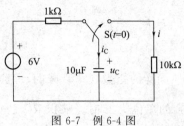

图 6-7 例 6-4 图

$$u_C(0_+)=u_C(0_-)=6(\text{V})$$

（2）时间常数为

$$\tau=RC=10\times10^3\times10\times10^{-6}=0.1(\text{s})$$

（3）电容电压为

$$u_C=U_0\mathrm{e}^{-\frac{t}{\tau}}=6\mathrm{e}^{-\frac{t}{0.1}}=6\mathrm{e}^{-10t}(\text{V})$$

电路中的电流为

$$i=\frac{U_0}{R_2}\mathrm{e}^{-\frac{t}{\tau}}=\frac{6}{10}\mathrm{e}^{-\frac{t}{0.1}}=0.6\mathrm{e}^{-10t}(\text{mA})$$

6.2.2 RL 电路的零输入响应

图 6-8(a) 所示电路在开关 S 动作之前，电压和电流已恒定不变，电感中的电流 $i_L(0_-)=I_0=\dfrac{U_0}{R_0}$。在 $t=0$ 时，开关由位置 1 合到位置 2，如图 6-8(b) 所示，具有初始电流的电感 L 和电阻 R 构成一个闭合的回路。在 $t>0$ 时，由 KVL 得

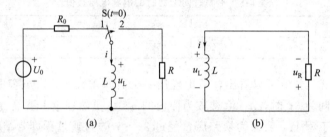

图 6-8 RL 电路的零输入响应

$$u_R+u_L=0$$

而 $u_R=Ri$，$u_L=L\dfrac{\mathrm{d}i}{\mathrm{d}t}$，电路的微分方程为

$$Ri+L\frac{\mathrm{d}i}{\mathrm{d}t}=0 \qquad\qquad (6\text{-}9)$$

式(6-9) 也是一个一阶齐次微分方程。方程的通解为

$$i=A\mathrm{e}^{pt}$$

其特征方程为

$$Lp+R=0$$

特征根

$$p=-\frac{R}{L}$$

故电流为

$$i=A\mathrm{e}^{-\frac{R}{L}t}$$

由换路定律，得

$$i_L(0_+)=i_L(0_-)=I_0$$

代入上式，求得 $A=i_L(0_+)=I_0$。

电感电流为

$$i=I_0\mathrm{e}^{-\frac{R}{L}t}$$

电感和电阻电压分别为

$$u_L = L\frac{\mathrm{d}i}{\mathrm{d}t} = RI_0 \mathrm{e}^{-\frac{R}{L}t}$$

$$u_R = Ri = -RI_0 \mathrm{e}^{-\frac{R}{L}t}$$

与 RC 电路类似，令 $\tau = \dfrac{L}{R}$，称其为 RL 电路的

时间常数，则上述各式写为

$$i = I_0 \mathrm{e}^{-\frac{t}{\tau}}$$

$$u_L = RI_0 \mathrm{e}^{-\frac{t}{\tau}}$$

$$u_R = -RI_0 \mathrm{e}^{-\frac{t}{\tau}}$$

电流 i、电压 u_L 及 u_R 随时间变化的曲线如图 6-9
所示。

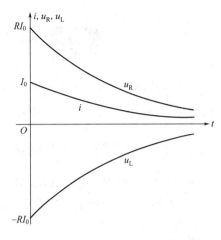

图 6-9　RL 电路的零输入响应曲线

【**例 6-5**】　如图 6-10 所示，开关 S 打开前，电路
已经处于稳态。已知电阻 $R = 0.2\Omega$，R_M 是可变电阻，阻值在 $10 \sim 5000\Omega$ 之间可调，电感
$L = 0.4\mathrm{H}$，直流电压 $U = 30\mathrm{V}$。在 $t = 0$ 时，断开开关 S，求：

（1）电阻、电感回路的时间常数。

（2）电流 i 和电感电压 u_L。

（3）开关刚断开时，电感的电压 u_L。

解：（1）时间常数

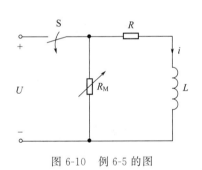

图 6-10　例 6-5 的图

$$R_M = 5000\Omega \text{ 时，} \tau = \frac{L}{R+R_M} = \frac{0.4}{0.2+5\times10^3} = 80(\mu\mathrm{s})$$

$$R_M = 10\Omega \text{ 时，} \tau = \frac{L}{R+R_M} = \frac{0.4}{0.2+10} = 0.039(\mathrm{s})$$

（2）开关断开前，由于电流已恒定不变，电感两端的
电压为零，故

$$i(0_+) = i(0_-) = I_0 = \frac{U}{R} = \frac{30}{0.2} = 150(\mathrm{A})$$

$R_M = 5000\Omega$ 时，电流为

$$i = I_0 \mathrm{e}^{-\frac{t}{\tau}} = 150\mathrm{e}^{-\frac{t}{8\times10^{-5}}} = 150\mathrm{e}^{-12500t}(\mathrm{A})$$

$$u_L = -(R+R_M)i = -(0.2+5\times10^3)\times150\mathrm{e}^{-12500t} \approx -750\mathrm{e}^{-12500t}(\mathrm{kV})$$

$R_M = 10\Omega$ 时，电流为

$$i = I_0 \mathrm{e}^{-\frac{t}{\tau}} = 150\mathrm{e}^{-\frac{t}{0.039}} = 150\mathrm{e}^{-282t}(\mathrm{A})$$

$$u_L = -(R+R_M)i = -(0.2+10)\times150\mathrm{e}^{-12500t} = -1530\mathrm{e}^{-282t}(\mathrm{V})$$

（3）开关刚断开时，电感电压为

$$u_L(0_-) = -750(\mathrm{kV})$$

$$u_L(0_+) = -1530(\mathrm{V})$$

将电感从直流电源断开时，电感两端电压值远大于直流电源电压 U，而且初始瞬间电流
也很大。由此可见，切断电感电流时，必须考虑磁场能量的释放。并联电阻越小，换路瞬
间，电感两端电压跃变值越小，但能量释放时间会越长。

6.3 一阶电路的零状态响应

动态电路中，动态元件初始储能为零，称之为零初始状态，简称零状态。电路在零状态下由外施激励引起的响应称为零状态响应。

6.3.1 RC 电路的零状态响应

如图 6-11 所示 RC 串联电路，开关 S 闭合前，电路处于零初始状态，即 $u_C(0_-)=0$。在 $t=0$ 时刻，开关 S 闭合，电路接入直流电源 U_S。

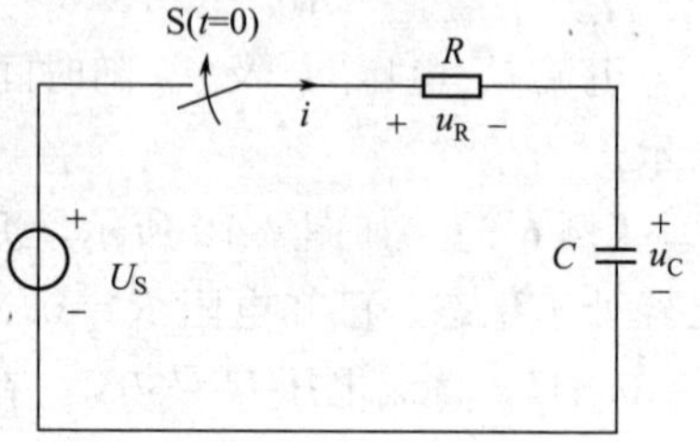

换路后，根据 KVL，有

$$u_R+u_C=U_S$$

将 $u_R=Ri$，$i=C\dfrac{\mathrm{d}u_C}{\mathrm{d}t}$ 代入上式，得

$$RC\frac{\mathrm{d}u_C}{\mathrm{d}t}+u_C=U_S$$

图 6-11   RC 电路的零状态响应

这是一个一阶线性非齐次方程。方程的解由非齐次方程的特解 u_C' 和齐次方程的通解 u_C'' 两个分量组成，即 $u_C=u_C'+u_C''$。

当激励为直流量时，特解可以在电路处于稳态时求出，即

$$u_C'=U_S$$

齐次方程 $RC\dfrac{\mathrm{d}u_C}{\mathrm{d}t}+u_C=0$ 的通解为

$$u_C''=A\mathrm{e}^{-\frac{t}{\tau}}$$

其中，$\tau=RC$，则

$$u_C=U_S+A\mathrm{e}^{-\frac{t}{\tau}}$$

将初始值 $u_C(0_-)=0$ 代入上式，得

$$0=U_S+A$$

所以

$$A=-U_S$$

最后解得

$$u_C=U_S-U_S\mathrm{e}^{-\frac{t}{\tau}}=U_S(1-\mathrm{e}^{-\frac{t}{\tau}})$$

$$u_R=U_S-u_C=U_S\mathrm{e}^{-\frac{t}{\tau}}$$

电流为

$$i=C\frac{\mathrm{d}u_C}{\mathrm{d}t}=\frac{U_S}{R}\mathrm{e}^{-\frac{t}{\tau}}$$

电压 u_C 和电流 i 的波形如图 6-12 所示。电压 u_C 的两个分量 u_C' 和 u_C'' 也示于图中。

电压 u_C 以指数形式趋近于它的最终恒定值 U_S。到达该值后，电压和电流不再变化，电容相当于开路，电流为零，这就是直流电源对电容的充电过程。特解 u_C' 是电路处于稳态

时求出的，称为稳态分量，且与外施激励的变化规律有关，称为强制分量。齐次方程的通解 u_C'' 的变化规律取决于特征根，而与外施激励无关，所以称为自由分量。自由分量按指数规律衰减，最终趋近于零，又称为瞬态分量。

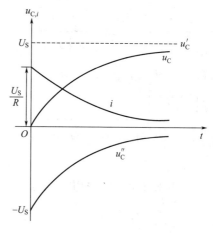

图 6-12　u_C、i 的波形

RC 零状态响应就是电源通过电阻对电容充电的过程。$t=\tau$ 时，电容电压增长为 $u_C=0.632U_S$；$t=5\tau$ 时，可以认为充电已经结束。时间常数越大，自由分量衰减越慢，充电时间越长。

在充电过程中，电源供给的能量一部分转换成电场能量储存于电容中，电容最终储能 $\dfrac{1}{2}CU_S^2$，一部分被电阻转变为热能消耗。电阻消耗的电能为

$$W_R=\int_0^\infty i^2R\,\mathrm{d}t=\int_0^\infty\left(\frac{U_S}{R}\mathrm{e}^{-\frac{t}{\tau}}\right)^2R\,\mathrm{d}t=\frac{U_S^2}{R}\left(-\frac{RC}{2}\right)\mathrm{e}^{-\frac{2}{RC}t}\Big|_0^\infty=\frac{1}{2}CU_S^2$$

从上式可见，不论电路中电容 C 和电阻 R 的数值为多少，在充电过程中，电源提供的能量只有一半转变成电场能量储存于电容中，另一半被电阻消耗，也就是说，效率只有 50%。

【例 6-6】　在图 6-13 所示电路中，已知 $U_S=12\mathrm{V}$，电阻 $R_1=6\mathrm{k\Omega}$，$R_2=3\mathrm{k\Omega}$，$C=10\mu\mathrm{F}$。$t=0$ 时，开关 S 闭合。求电压 $u_C(t)$ 的零状态响应。

解：开关 S 闭合前，电容电压 u_C 为零，是零状态响应。

所以，电容的初始值 $u_C(0_+)=u_C(0_-)=0$。

换路后，电容处于稳态时，电容 C 两端的电压（稳态解）为

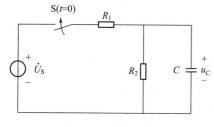

图 6-13　例 6-6 图

$$u_C(\infty)=\frac{3}{3+6}U_S=4(\mathrm{V})$$

时间常数 $\tau=R_{eq}C=\dfrac{3\times6}{3+6}\times10^3\times10\times10^{-6}=0.02(\mathrm{s})$

$$u_C(t)=4(1-\mathrm{e}^{-\frac{t}{\tau}})=4(1-\mathrm{e}^{-50t})(\mathrm{V})$$

开关 S 闭合后构成的 RC 电路中，C 是唯一的，但 R 由多个电阻组成，所以需求等效电阻 R_{eq}。

6.3.2　RL 电路的零状态响应

图 6-14 所示为 RL 电路，直流电流源的电流为 I_S。在开关打开之前，电感 L 中的电流为零。$t=0$ 时开关打开，$i_L(0_+)=i_L(0_-)=0$，电路的响应为零状态响应。电路的微分方程为

$$\frac{L}{R}\frac{\mathrm{d}i_L}{\mathrm{d}t}+i_L=I_S$$

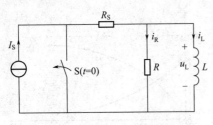

图 6-14　RL 电路的零状态响应

换路后，R_S 与 I_S 串联的等效电路仍为 I_S。

初始条件 $i_L(0_+)=0$，电流的通解为

$$i_L=i'_L+A e^{-\frac{R}{L}t}=i'_L+A e^{-\frac{t}{\tau}}$$

式中，$\tau=\dfrac{L}{R}$ 为时间常数。

特解 $i'_L=I_S$，积分常数 $A=-i'_L(0_+)=-I_S$，

所以

$$i_L=I_S(1-e^{-\frac{t}{\tau}})$$

电阻 R 和电感 L 的电压分别为

$$u_L=L\frac{di_L}{dt}=R I_S e^{-\frac{t}{\tau}}$$

$$u_R=u_L=R I_S e^{-\frac{t}{\tau}}$$

电感电流 i_L 和电压 u_L、u_R 的波形如图 6-15 所示。电感电流 i_L 由初始值以指数形式趋近于它的稳态值 I_S，电感电压 u_L 在换路瞬间由 0 跃变为最大值 $R I_S$，以后按指数规律衰减到零。当电路达到稳态时，电感储存的磁场能量为 $\frac{1}{2}L I_S^2$。

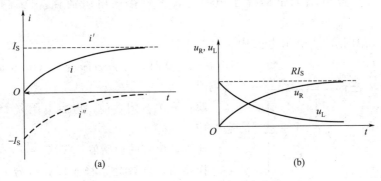

(a)　　　　　　　(b)

图 6-15　RL 电路的零状态响应曲线

【例 6-7】　图 6-16 所示电路中，已知 $U_S=100V$，$R_1=R_3=100\Omega$，$L=0.1H$，电感初始储能为零，开关 S 在 $t=0$ 时闭合。求各支路电流。

解： 开关 S 闭合后，电感电流的稳态分量为

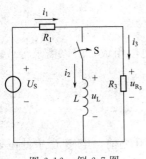

图 6-16　例 6-7 图

$$I_0=i_2(\infty)=\frac{U_S}{R_1}=\frac{100}{100}=1(A)$$

电感两端的等效电阻 $R_{eq}=\frac{R_1}{2}=\frac{R_3}{2}=\frac{100}{2}=50(\Omega)$

时间常数 $\tau=\frac{L}{R_{eq}}=\frac{0.1}{50}=\frac{1}{500}$ （s）

电感支路电流 $i_2(t)=I_0(1-e^{-\frac{t}{\tau}})=(1-e^{-500t})(A)$

电阻 R_3 两端电压 $u_{R_3}(t)=u_L(t)=L\frac{di_2}{dt}=0.1\times$

$\dfrac{d(1-e^{-500t})}{dt}=50e^{-500t}$ （V）

所以 $i_3 = \dfrac{u_{R_3}}{R_3} = \dfrac{50e^{-500t}}{100} = 0.5e^{-500t}$ (A)

$$i_1 = i_1 + i_2 = 1 - 0.5e^{-500t} \text{ (A)}$$

6.4　一阶电路的全响应

6.4.1　全响应分析

当一个非零初始状态的一阶电路受到激励时，电路的响应称为一阶电路的全响应。图 6-17 所示电路为已充电的电容经过电阻接到直流电压源 U_S。设电容原有电压 $u_C = U_0$，开关 S 闭合后，根据 KVL，有

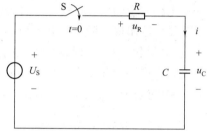

图 6-17　一阶 RC 电路全响应

$$RC \frac{du_C}{dt} + u_C = U_S$$

初始条件 $u_C(0_+) = u_C(0_-) = U_0$，方程的通解

$$u_C = u_C' + u_C''$$

u_C' 为换路后达到稳态的电容电压，为特解，$u_C' = U_S$；u_C'' 为微分方程对应的齐次方程的通解，$u_C'' = Ae^{-\frac{t}{\tau}}$。其中，$\tau = RC$ 为电路的时间常数，则有

$$u_C = U_S + Ae^{-\frac{t}{\tau}}$$

将初始条件 $u_C(0_+) = u_C(0_-) = U_0$ 代入上式，则积分常数为

$$A = U_0 - U_S$$

所以，电容电压 $u_C = U_S + (U_0 - U_S)e^{-\frac{t}{\tau}}$。　　　　　　　　　　　　　　　　　　　　　(6-10)

式(6-10) 所示就是 $t \geq 0$ 时的全响应。

从式(6-10) 可以看出，右边第一项是电路微分方程的特解，其变化规律与电路外施激励相同，称为强制分量。右边第二项对应微分方程的通解，其变化规律取决于电路的参数，而与外施激励无关，称为自由分量。因此，全响应可以用自由分量和强制分量表示，即

$$\text{全响应} = (\text{强制分量}) + (\text{自由分量})$$

在直流或正弦激励的一阶电路中，常取换路后达到新的稳态的解作为特解。自由分量随时间的增长按指数规律逐渐衰减为零，所以全响应又可以看作是稳态分量与瞬态分量的叠加，即

$$\text{全响应} = (\text{稳态分量}) + (\text{瞬态分量})$$

若把式(6-10) 改写为

$$u_C = U_0 e^{-\frac{t}{\tau}} + U_S(1 - e^{-\frac{t}{\tau}})$$　　　　　　　　　　　　　　　(6-11)

上式右边第一项是电路的零输入响应，右边第二项是零状态响应，说明全响应是零输入和零状态响应的叠加，即

$$\text{全响应} = \text{零输入响应} + \text{零状态响应}$$

6.4.2 一阶电路全响应的三要素法

无论是把全响应分解为零状态响应和零输入响应，还是分解为稳态分量和瞬态分量，都是通过不同的角度去分析全响应。从式(6-11)可见，全响应是由初始值、特解（稳态分量）和时间常数三个要素决定的。

1. 一阶电路在直流激励下的全响应

一阶电路在直流激励下，设初始值为 $f(0_+)$，特解为稳态值 $f(\infty)$，时间常数为 τ，则全响应 $f(t)$ 表示为

$$f(t)=f(\infty)+[f(0_+)-f(\infty)]\mathrm{e}^{-\frac{t}{\tau}} \tag{6-12}$$

只要知道了 $f(0_+)$、$f(\infty)$ 和 τ 这三个要素，代入式(6-12)，就可直接写出直流激励下一阶电路的全响应。这种方法称为三要素法。

三要素法求解一阶电路全响应的步骤如下所述：

（1）根据 0_- 和 0_+ 时刻的等效电路求解初始值 $f(0_+)$，即 $u_C(0_+)$ 或 $i_L(0_+)$。

（2）将换路后除动态元件之外的电路用戴维南和诺顿定理进行等效变换，求出储能元件的电压和电流的稳态值 $f(\infty)$。

时间常数的求法，对于 RC 电路，$\tau=R_0C$；对于 RL 电路，$\tau=\dfrac{L}{R_0}$。R_0 是换路后戴维南或诺顿等效电阻。

（3）列微分方程或用三要素法求解。

2. 一阶电路在正弦激励下的全响应

一阶电路在正弦电源激励下，全响应 $f(t)$ 的稳态分量（特解）$f'(t)$ 是时间的正弦函数，则上述公式改写为

$$f(t)=f'(t)+[f(0_+)-f'(0_+)]\mathrm{e}^{-\frac{t}{\tau}} \tag{6-13}$$

其中，$f(0_+)$ 是初始值，$f'(0_+)$ 是 $t=0$ 时稳态响应的初始值，τ 是时间常数。

零输入响应和零状态响应都可视为全响应的特例，应用式(6-12)和式(6-13)也可直接求出零输入响应或零状态响应。

【例 6-8】 如图 6-18 所示，电路处于稳定状态。$t=0$ 时开关闭合，求换路后的 $u_C(t)$。

解：换路前，电路已处于稳态，电容相当于开路，则电容电压的初始值为

$$u_C(0_+)=u_C(0_-)=2\times1=2(\mathrm{V})$$

$t=0$ 时，开关闭合，电路换路后，

$$u_C(\infty)=\frac{2}{2+1}\times1\times1=0.667(\mathrm{V})$$

时间常数为

$$\tau=R_0C=\frac{2}{3}\times3=2(\mathrm{s})$$

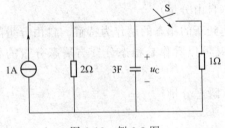

图 6-18　例 6-8 图

则

$$u_C(t)=u_C(\infty)+[u_C(0_+)-u_C(\infty)]\mathrm{e}^{-\frac{t}{\tau}}=0.667+(2-0.667)\mathrm{e}^{-0.5t}=0.667+1.33\mathrm{e}^{-0.5t}(\mathrm{V})$$

【例 6-9】 如图 6-19 所示，电路处于稳定状态。$t=0$ 时，开关闭合。求 $t>0$ 后的 i_L、

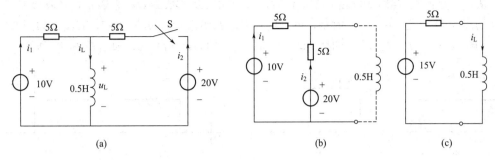

图 6-19　例 6-9 图

i_1 和 i_2。

解：换路前，电路处于稳态，电感相当于短路，则电感电流的初始值为

$$i_{\mathrm{L}}(0_+)=i_{\mathrm{L}}(0_-)=\frac{10}{5}=2(\mathrm{A})$$

$t=0$ 时，开关闭合，电路换路后，除储能元件 L 外的等效电路如图 6-19(b) 所示。

开路电压
$$U_{\mathrm{OC}}=\frac{10-20}{5+5}\times5+20=15(\mathrm{V})$$

等效电阻
$$R_{\mathrm{eg}}=5//5=2.5(\Omega)$$

其戴维南等效电路如图 6-19(c) 所示，则

电感元件的稳态值
$$i_{\mathrm{L}}(\infty)=\frac{15}{2.5}=6(\mathrm{A})$$

时间常数
$$\tau=\frac{L}{R_{\mathrm{eq}}}=\frac{0.5}{2.5}=0.2(\mathrm{s})$$

则
$$i_{\mathrm{L}}(t)=i_{\mathrm{L}}(\infty)+[i_{\mathrm{L}}(0_+)-i_{\mathrm{L}}(\infty)]\mathrm{e}^{-\frac{t}{\tau}}=6+(2-6)\mathrm{e}^{-5t}=6-4\mathrm{e}^{-5t}(\mathrm{A})$$

电感电压
$$u_{\mathrm{L}}=L\frac{\mathrm{d}i_{\mathrm{L}}}{\mathrm{d}t}=0.5\times(-4\mathrm{e}^{-5t})\times(-5)=10\mathrm{e}^{-5t}(\mathrm{V})$$

电流
$$i_1(t)=\frac{10-u_{\mathrm{L}}(t)}{5}=2-2\mathrm{e}^{-5t}(\mathrm{A})$$

$$i_2(t)=\frac{20-u_{\mathrm{L}}(t)}{5}=4-2\mathrm{e}^{-5t}(\mathrm{A})$$

6.5　一阶电路的阶跃响应

6.5.1　阶跃函数

阶跃函数是数学中的一种奇异函数，在电路中可以模拟开关的动作，表示直流电源的接通和断开。

1. 单位阶跃函数

单位阶跃函数 $\varepsilon(t)$ 的定义为 $\varepsilon(t)=\begin{cases}0, & t<0 \\ 1, & t>0\end{cases}$，波形如图 6-20(a) 所示。当 $t=0$ 时，

$\varepsilon(t)$ 从 0 跃变到 1。当跃变量是 k 个单位时，可以用阶跃函数 $k\varepsilon(t)$ 来表示，其波形如图 6-20 (b) 所示。若跃变发生在 $t=t_0$ 时刻，可以用延迟阶跃函数 $\varepsilon(t-t_0)$ 表示，其波形如图 6-20(c) 所示。函数 $\varepsilon(t)(-t)$ 表示 $t<0$ 时，$\varepsilon(-t)=1$；$t>0$ 时，$\varepsilon(-t)=0$，如图 6-20(d) 所示。

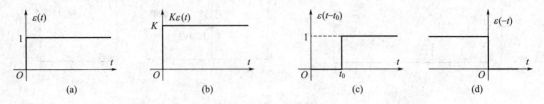

图 6-20　阶跃函数

2. 单位阶跃函数在电路中模拟开关的动态

当直流电压源或直流电流源通过一个开关的作用施加到某个电路时，有时可以表示为一个阶跃电压或阶跃电流作用于该电路。

例如图 6-21(a) 所示开关电路，就其端口产生的电压波形 $u(t)$ 来说，等效于图 6-21(b) 所示的阶跃电压源 $U_0\varepsilon(t)$。对于图 6-21(c) 所示开关电路，就其端口产生的电流波形 $i(t)$ 来说，等效于图 6-21(d) 所示的阶跃电流源 $I_0\varepsilon(t)$。

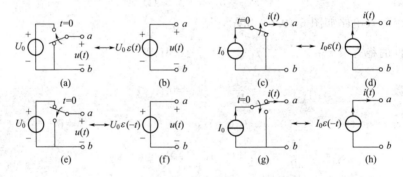

图 6-21　用阶跃电源来表示开关的作用

与此相似，图 6-21(e) 所示电路等效于图 6-21(f) 所示阶跃电压源 $U_0\varepsilon(-t)$；图 6-21(g) 所示电路等效于图 6-21(h) 所示阶跃电流源 $I_0\varepsilon(-t)$。引入阶跃电压源和阶跃电流源，可以省去电路中的开关，使电路分析、研究更加方便，下面举例说明。

【例 6-10】 电路如图 6-22(a) 所示，求 $t=0$ 时的电感电流 $i_L(t)$。

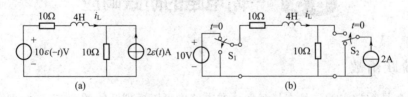

图 6-22　例 6-10 图

解： 图 6-22(a) 电路中的阶跃电压源 $10\varepsilon(-t)$V，等效于开关 S_1 将 10V 电压源接入电路；阶跃电流源 $2\varepsilon(t)$A，等效于开关 S_2 将 2A 电流源接入电路，如图 6-22(b) 所示。就电感电流来说，图 6-22(a) 和 (b) 是等效的。根据图 6-22(b) 所示电路，用三要素法容易求

得电感电流 $i_L(t)$。

（1）计算电感电流的初始值 $i_L(0_+)$：

$$i_L(0_+)=i_L(0_-)=\frac{10}{10+10}=0.5(\text{A})$$

（2）计算电感电流的稳态值 $i_L(\infty)$：

$$i_L(\infty)=\frac{-10}{10+10}\times 2=-1(\text{A})$$

（3）计算电路的时间常数：

$$\tau=\frac{L}{R_0}=\frac{0.1}{10+10}=0.005(\text{s})=5(\text{ms})$$

3. 根据三要素公式写出电感电流的表达式

$$i_L(t)=[0.5-(-1)]\mathrm{e}^{-200t}-1=1.5\mathrm{e}^{-200t}-1(\text{A})(t\geqslant 0)$$

此题说明，如何用三要素法来计算含有阶跃电压源和阶跃电流源的电路。

4. 单位阶跃函数表示复杂的信号

可以用阶跃函数表示矩形脉冲。阶跃函数还可以用来表示时间上分段恒定的电压或电流信号（矩形脉冲）。例如，图 6-23(a) 所示方波电压信号，可以用图 6-23(b) 所示的两个阶跃电压源串联来表示，即

$$u(t)=U_0\varepsilon(t-t_1)+U_0\varepsilon(t-t_2)$$

图 6-23(c) 所示方波电流信号，可以用图 6-23(d) 所示两个阶跃电流源并联来表示，即

$$i(t)=I_0\varepsilon(t-t_1)+I_0\varepsilon(t-t_2)$$

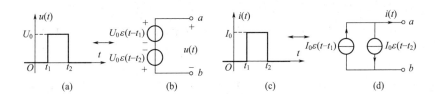

$$(a)\qquad\qquad(b)\qquad\qquad(c)\qquad\qquad(d)$$

图 6-23　用阶跃函数表示矩形脉冲

对于线性电路来说，这种表示方法的好处在于可以应用叠加定理来计算电路的零状态响应。在此基础上，采用积分的方法还可以求出电路在任意波形激励时的零状态响应。

6.5.2　一阶电路的阶跃响应

单位阶跃信号作用下电路的零状态响应，称为电路的阶跃响应，用符号 $s(t)$ 表示。它可以利用三要素法计算出来。对于图 6-24(a) 所示 RC 串联电路，其初始值 $u_C(0_+)=0$，稳态值 $U_C(0_+)=1$，时间常数 $\tau=RC$。用三要素公式得到电容电压 $U_C(t)$ 的阶跃响应为 $s(t)=(1-\mathrm{e}^{-\frac{t}{RC}})\varepsilon(t)$，对于图 6-24(b) 所示 RL 并联电路，其初始值 $i_L(0_+)=0$，稳态值 $i_L(\infty)=1$，时间常数为 $\tau=L/R$。利用三要素公式得到电感电流 $i_L(t)$ 的阶跃响应为 $s(t)=(1-\mathrm{e}^{-\frac{R}{L}t})\varepsilon(t)$，如图 6-24 所示。

以上两个式子可以用一个表达式表示如下：

$$s(t)=(1-\mathrm{e}^{-\frac{t}{\tau}})\varepsilon(t)$$

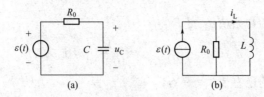

图 6-24　电感电流 $i_L(t)$ 的阶跃响应

其中，时间常数 $\tau = RC$ 或 $\tau = L/R$。

已知电路的阶跃响应，利用叠加定理，容易求得在任意分段恒定信号激励下，线性时不变电路的零状态响应。例如，图 6-25(b) 所示信号作用于图 6-25(a) 所示 RC 串联电路时，由于图 6-25(b) 所示信号可以分解为下面所示的若干个延迟的阶跃信号的叠加：

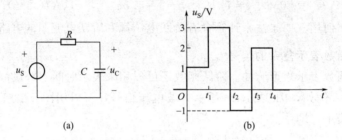

图 6-25　RC 串联电路在分段恒定信号激励下的零状态响应

$$u_S(t) = \varepsilon(t) + 2\varepsilon(t-t_1) - 4\varepsilon(t-t_2) + 3\varepsilon(t-t_3) - 2\varepsilon(t-t_4)$$

其电容电压 $u_C(t)$ 的零状态响应可以表示为

$$u_C(t) = s(t) + 2s(t-t_1) - 4s(t-t_2) + 3s(t-t_3) - 2s(t-t_4)$$

$$s(t) = (1 - e^{-\frac{t}{RC}})\varepsilon(t)$$

$$s(t-t_1) = (1 - e^{-\frac{t-t_1}{RC}})\varepsilon(t-t_1)$$

$$s(t-t_2) = (1 - e^{-\frac{t-t_2}{RC}})\varepsilon(t-t_2)$$

$$s(t-t_3) = (1 - e^{-\frac{t-t_3}{RC}})\varepsilon(t-t_3)$$

$$s(t-t_4) = (1 - e^{-\frac{t-t_4}{RC}})\varepsilon(t-t_4)$$

【例 6-11】　矩形脉冲电流 i_S 的波形如图 6-26(b) 所示。在 $t=0$ 时，作用于图 6-26(a) 所示的 RL 电路，其中 $i_L(0_+)=0$。求电流 $i_L(t)$ 的阶跃响应，并画出波形曲线。

解：图 6-26(b) 所示的方波电流可以用两个阶跃函数来表示，即

$$i_S(t) = I_S\varepsilon(t) - I_S\varepsilon(t-t_0), \quad I_S = 10, \quad t_0 = 1\text{ms}$$

由于该电路是线性电路，根据动态电路的叠加定理，其零状态响应等于 $10\varepsilon(t)$ 和 $-10\varepsilon(t-1)$ 两个阶跃电源单独作用引起零状态响应之和。

(1) 阶跃电流源 $10\varepsilon(t)\text{mA}$ 单独作用时，其响应为

$$i_L'(t) = 10(1 - e^{-1000t})\varepsilon(t) \quad (\text{mA})$$

(2) 阶跃电流源 $-10\varepsilon(t-1)\text{mA}$ 单独作用时，其响应为

$$i_L''(t) = -10[1 - e^{-1000(t-1\text{ms})}]\varepsilon(t-1)(\text{mA})$$

(3) 电流的响应为两个阶跃响应的叠加，即

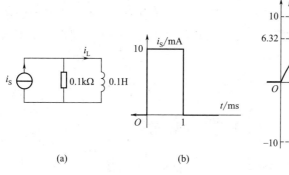
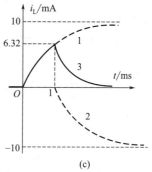

图 6-26　例 6-11 图

$$i_L(t) = i_L'(t) + i_L''(t) = 10(1 - e^{-1000t})\varepsilon(t) - 10[1 - e^{-1000(t-1\text{ms})}]\varepsilon(t - 1\text{ms})(\text{mA})$$

分别画出 $i_L'(t)$ 和 $i_L''(t)$ 的波形，如图 6-26(c) 图中曲线 1、2 所示。它们相加后得到 $i_L(t)$ 波形曲线，如图 6-26(c) 中曲线 3 所示。

小　结

本章主要分析过渡过程中的电压和电流随时间变化的规律，重点介绍了一阶动态电路的分析方法。

分析动态电路的过渡过程常采用经典法，即根据 KCL、KVL 和支路的 VCR 建立描述电路的方程。这是一类以时间为自变量的线性常微分方程。用经典法求微分方程时，必须根据电路的初始条件确定解答中的积分常数。

初始条件就是电路中所求变量（电压或电流）及其 1 阶至 $n-1$ 阶导数在 $t=0_+$ 时的值，也称初始值。

换路定则指的是在换路前，电容电流和电感电压为有限值的条件下，换路前、后电容电压和电感电流不能突变。

一阶动态电路的零输入响应动态电路中只含有一种储能元件，电路中无外施激励电源，仅由动态元件初始储能产生响应。本章重点介绍包括 RL 电路的零输入响应和 RC 电路的零输入响应。

在动态电路中，动态元件初始储能为零称为零初始状态。电路在零状态下由外施激励引起的响应称为零状态响应。本章重点介绍 RC 电路的零状态响应和 RL 电路的零状态响应。

当一个非零初始状态的一阶电路受到激励时，电路的响应称为一阶电路的全响应。根据一阶电路的微分方程求出的特解，其变化规律与电路外施激励相同，称为强制分量。对应微分方程的通解，其变化规律取决于电路的参数，与外施激励无关，称为自由分量。全响应可以用自由分量和强制分量表示。

全响应是由初始值、特解（稳态分量）和时间常数三个要素决定的。三要素法求解一阶电路全响应有 3 个步骤：①根据 0_- 和 0_+ 时刻的等效电路求解初始值 $f(0_+)$，即 $u_C(0_+)$ 或 $i_L(0_+)$；②将换路后除动态元件之外的电路用戴维南和诺顿定理进行等效变换，求出储能元件的电压和电流的稳态值 $f(\infty)$；③列微分方程或用三要素法求解。

单位阶跃函数可以在电路中模拟开关的动态。用单位阶跃函数可以表示复杂的信号。单位阶跃信号作用下电路的零状态响应，称为电路的阶跃响应，可以利用三要素法计算出来。

6-1 什么是换路定则？怎样确定独立初始值和相关初始值？

6-2 题 6-2 图所示电路中，开关 S 在 $t=0$ 时动作。试求电路在 $t=0_+$ 时刻，电流及电压的初始值。

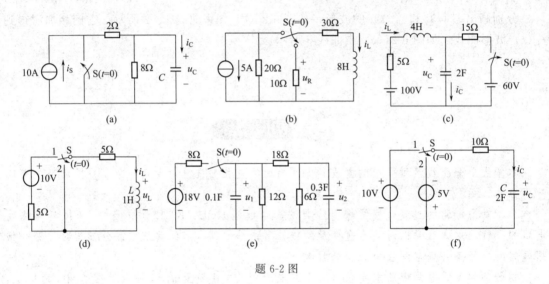

题 6-2 图

6-3 题 6-3 图所示电路中，$i_S=5\cos10t\,\mathrm{A}$，$e(t)=100\cos(\omega t+30°)$，$u_C(0_-)=20\mathrm{V}$。开关 S 在 $t=0$ 时动作。试求电路在 $t=0_+$ 时刻，电流及电压的初始值。

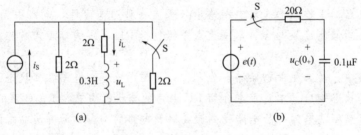

题 6-3 图

6-4 电路如题 6-4 图所示。开关 S 在位置 1 已久，$t=0$ 时合向位置 2。求电流 $i(t)$ 和电压电压 $u_C(t)$。

6-5 电路如题 6-5 图所示，开关 S 在 $t=0$ 时动作。求电压 $u_C(t)$，并定性画出其变化曲线。

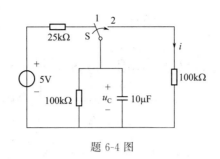

题 6-4 图

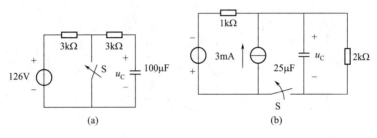

(a)　　　　　　　(b)

题 6-5 图

6-6　电路如题 6-6 图所示，开关 S 在位置 1 已久，$t=0$ 时合向位置 2。求电流 $i(t)$ 和电压 $u_L(t)$。

6-7　电路如题 6-7 图所示，开关 S 在 $t=0$ 时闭合。求电流 $i(t)$，并定性画出其变化曲线。

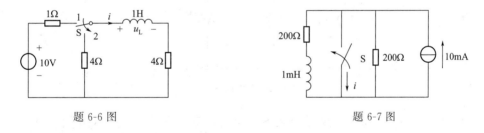

题 6-6 图　　　　　　　　　　题 6-7 图

6-8　电路如题 6-8 图所示，开关 S 在 $t=0$ 时打开，求电流 $i(t)$。

6-9　如题 6-9 图所示开关 S 闭合前，电容电压 u_C 为零。$t=0$ 时开关 S 闭合，求电压 $u_C(t)$ 和 $i_C(t)$。

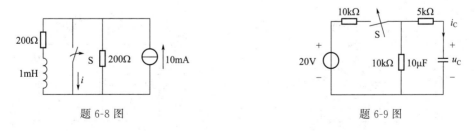

题 6-8 图　　　　　　　　　　题 6-9 图

6-10　如题 6-10 图所示电路中，开关 S 断开 0.2s 时电容电压为 8V。试问电容 C 应是多少？

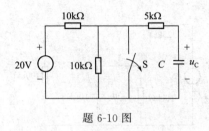

题 6-10 图

6-11 电路如题 6-11 图所示，$t=0$ 时开关 S 动作，求 $u_L(t)$ 和 $i_L(t)$。

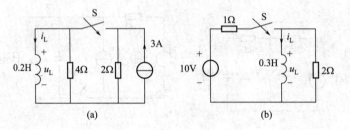

题 6-11 图

6-12 题 6-12 图所示电路开关 S 打开前已经处于稳态。$t=0$ 时开关 S 打开。求 $t>0$ 时的 $u_L(t)$ 和电压源发出的功率。

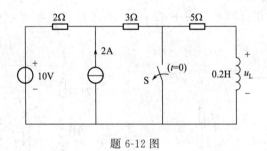

题 6-12 图

6-13 如题 6-13 图所示电路在开关 S 闭合前处于稳态。在 $t=0$ 时合上开关 S，求开关闭合后的 $u_C(t)$ 和 $i(t)$。

6-14 如题 6-14 图所示电路中，$i_S(0_-)=6A$，$R=2\Omega$，$C=1F$。$t=0$ 时，开关 S 闭合。在下列两种情况下，求 $u_C(t)$ 和 $i_C(t)$ 以及电流源发出的功率：（1）$u_C(0_-)=3V$，（2）$u_C(0_-)=15V$。

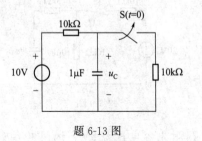

题 6-13 图

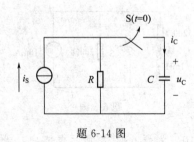

题 6-14 图

第7章

非正弦周期电流电路的分析与计算

前面介绍的交流电路中的电压、电流都是正弦量。在实际工程和科学实验中，有很多按非正弦规律变化的电压和电流信号，如无线电工程及通信技术中的语音、图像等信号，自动控制以及电子计算机中使用的脉冲信号，非电测量技术中由非电量转换过来的电信号等，即使在电力过程中使用的正弦信号，也只是近似的正弦波。非正弦信号分为周期和非周期两种。本章主要讨论非正弦周期电源或信号作用下，线性电路的稳态分析和计算方法。

7.1 非正弦周期信号的分解

7.1.1 常见的非正弦周期信号

按非正弦规律周期性变化的电压、电流称为非正弦周期信号（波），如图 7-1 所示。其中，图（a）、（f）所示为脉冲电流，图（b）所示为锯齿波电压，图（c）、（d）所示为方波电压，图（e）所示为全波整流电流。

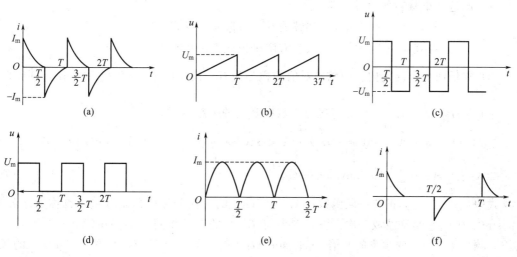

图 7-1 非正弦周期信号

7.1.2 非正弦周期量的产生

1. 多频率电源作用

当电路中有多个不同频率的电源同时作用，引起的电流便是非正弦周期电流，如图 7-2 所示。根据叠加定理，分别计算不同频率的响应，然后将瞬时值结果叠加，产生非正弦周期信号。

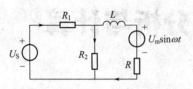

图 7-2　多频率激励电路

2. 非正弦周期电压激励

发电机理论上发出正弦交流电，由于发电机的电枢表面有槽和齿，沿电枢表面的磁感应强度不能完全按正弦规律分布，因此感应电动势也不是理想的正弦交流电。在非正弦周期电压源或电流源（例如方波、锯齿波）作用下，电路的响应也是非正弦的。

3. 电路中存在非线性元件

电路中含有非线性元件时，即使激励是正弦量，响应也可能是非正弦周期量。如全波整流电路，加在电路输入端的电压是正弦量，但是通过非线性元件二极管时，输出图 7-3 所示波形。

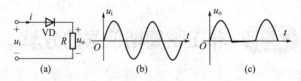

图 7-3　非线性元件电路

7.1.3 非正弦周期量的分解

周期为 T，角频率为 ω 的周期函数 $f(t)$ 可表示为

$$f(t) = f(t + kT) \qquad k = 0, 1, 2, \cdots$$

当其满足狄里赫利条件时，即

（1）$f(t)$ 在任何一个周期内，连续或存在有限个间断点。

（2）$f(t)$ 在任何一个周期内，只有有限个极大值和极小值。

（3）在任何一个周期内，函数绝对值的积分为有界值，即 $\int_0^T |f(t)|\, \mathrm{d}t$ 存在，其周期为

T，角频率 $\omega = \dfrac{2\pi}{T}$，则 $f(t)$ 的傅里叶级数展开式的一般形式为

$$f(t) = A_0 + A_{1\mathrm{m}}\sin(\omega t + \psi_1) + A_{2\mathrm{m}}\sin(2\omega t + \psi_2) + \cdots + A_{k\mathrm{m}}\sin(k\omega t + \psi_k)$$

$$= A_0 + \sum_{k=1}^{\infty} A_{k\mathrm{m}}\sin(k\omega t + \psi_k) \tag{7-1}$$

式中，$f(t)$ 是非正弦周期函数；A_0 是 $f(t)$ 的直流分量或恒定分量，也称零序分量；$A_{1\mathrm{m}}\sin(\omega t + \psi_1)$ 是基波或一次谐波，频率与 $f(t)$ 的频率相同；$A_{2\mathrm{m}}\sin(2\omega t + \psi_2)$ 是二次谐波，频率是 $f(t)$ 的频率的 2 倍；$A_{k\mathrm{m}}\sin(k\omega t + \psi_k)$ 是 k 次谐波，频率是与 $f(t)$ 的频率的 k 倍。

$k \geqslant 2$ 的各次谐波统称为高次谐波。其中，1、3、5 次等高次谐波称为奇次谐波；2、4、6 次等高次谐波称为偶次谐波。非正弦周期函数的傅里叶级数展开式中应包含无穷多项，但由于傅里叶级数的收敛性，谐波次数越高的幅值越小。实际工程计算中，一般取 5 次或 7 次谐波就能保证足够的精度。

按照式(7-1)，利用三角函数中的两角和公式，可得傅里叶级数展开式的另一种形式。已知

$$A_{k\mathrm{m}}\sin(k\omega t + \psi_k) = A_{k\mathrm{m}}\cos\psi_k \sin k\omega t + A_{k\mathrm{m}}\sin\psi_k \cos k\omega t$$
$$= a_k \sin k\omega t + b_k \cos k\omega t$$

式(7-1) 改写为

$$f(t) = A_0 + \sum_{k=1}^{\infty} a_k \sin k\omega t + \sum_{k=1}^{\infty} b_k \cos k\omega t \tag{7-2}$$

不难看出，上述两种形式的系数之间的关系为

$$\left. \begin{array}{l} a_k = A_{k\mathrm{m}}\cos\psi_k \\ b_k = A_{k\mathrm{m}}\sin\psi_k \\ A_{k\mathrm{m}} = \sqrt{a_k^2 + b_k^2} \\ \psi_k = \arctan\left(\dfrac{-b_k}{a}\right) \end{array} \right\} \tag{7-3}$$

利用数学知识，可求出 A_0、a_k 和 b_k 如下所示：

$$\left. \begin{array}{l} A_0 = \dfrac{1}{2\pi}\displaystyle\int_0^{2\pi} f(\omega t)\mathrm{d}(\omega t) \\[3mm] a_k = \displaystyle\int_0^{2\pi} f(\omega t)\sin(k\omega t)\mathrm{d}(\omega t) \\[3mm] b_k = \displaystyle\int_0^{2\pi} f(\omega t)\cos(k\omega t)\mathrm{d}(\omega t) \end{array} \right\} \tag{7-4}$$

利用式(7-1)～式(7-4)，可将已知周期性函数分解为傅里叶级数。表 7-1 列出了几种常见的非正弦周期性函数的分解结果，供查用。

表 7-1　常见非正弦周期性函数傅里叶级数展开式

名称	波形	傅里叶级数展开式	有效值	平均值
正弦波		$f(t) = A_\mathrm{m}\sin(\omega t)$	$\dfrac{A_\mathrm{m}}{\sqrt{2}}$	$\dfrac{2A_\mathrm{m}}{\pi}$
方波		$f(t) = \dfrac{4A_\mathrm{m}}{\pi}\left[\sin\omega t + \dfrac{1}{3}\sin(3\omega t) + \dfrac{1}{5}\sin(5\omega t)\right.$ $\left. + \cdots + \dfrac{1}{k}\sin(k\omega t) + \cdots\right]$ $k = 1, 3, 5, \cdots$	A_m	A_m

名称	波形	傅里叶级数展开式	有效值	平均值
锯齿波		$f(t)=\dfrac{A_m}{2}-\dfrac{A_m}{\pi}\left[\sin\omega t+\dfrac{1}{2}\sin(2\omega t)+\dfrac{1}{3}\sin(3\omega t)+\cdots+\dfrac{1}{k}\sin(k\omega t)+\cdots\right]$ $k=1,2,3,4,\cdots$	$\dfrac{A_m}{\sqrt{3}}$	$\dfrac{A_m}{2}$
半波整流波		$f(t)=\dfrac{2A_m}{\pi}\left[\dfrac{1}{2}+\dfrac{\pi}{4}\cos(\omega t)+\dfrac{1}{3}\sin(2\omega t)-\dfrac{1}{15}\cos(4\omega t)+\cdots-\dfrac{\cos\left(\dfrac{k\pi}{2}\right)}{k^2-1}\cos(k\omega t)+\cdots\right]$ $k=2,4,6,\cdots$	$\dfrac{A_m}{2}$	$\dfrac{A_m}{\pi}$
全波整流波		$f(t)=\dfrac{4A_m}{\pi}\left[\dfrac{1}{2}+\dfrac{1}{3}\sin(2\omega t)-\dfrac{1}{15}\cos(4\omega t)+\cdots-\dfrac{\cos\left(\dfrac{k\pi}{2}\right)}{k^2-1}\cos(k\omega t)+\cdots\right]$ $k=2,4,6,\cdots$	$\dfrac{A_m}{\sqrt{2}}$	$\dfrac{2A_m}{\pi}$
三角波		$f(t)=\dfrac{8A_m}{\pi^2}\left[\sin(\omega t)-\dfrac{1}{9}\sin(3\omega t)+\dfrac{1}{25}\sin(5\omega t)+\cdots+\dfrac{(-1)^{\frac{k-1}{2}}}{k^2}\sin(k\omega t)+\cdots\right]k=1,3,5,\cdots$	$\dfrac{A_m}{\sqrt{3}}$	$\dfrac{A_m}{2}$
梯形波		$f(t)=\dfrac{4A_m}{\omega t_0\pi}\left[\sin(\omega t_0)\sin(\omega t)+\dfrac{1}{9}\sin(3\omega t_0)\sin(3\omega t)+\dfrac{1}{25}\sin(5\omega_0 t)\sin(5\omega t)+\cdots+\dfrac{1}{k^2}\sin(k\omega_0 t)\sin(k\omega t)+\cdots\right]$ $k=1,3,5,\cdots$	$A_m\sqrt{1-\dfrac{4\omega t_0}{3\pi}}$	$A_m\left(1-\dfrac{\omega t_0}{\pi}\right)$
脉冲波		$f(t)=\dfrac{\tau A_m}{T}+\dfrac{2A_m}{\pi}\left[\sin\left(\omega\dfrac{\tau}{2}\right)\cos(\omega t)+\dfrac{\sin\left(2\omega\dfrac{\tau}{2}\right)}{2}\cos(2\omega t)+\cdots+\dfrac{\sin\left(k\omega\dfrac{\tau}{2}\right)}{k}\cos(k\omega t)+\cdots\right]$ $k=1,3,5,\cdots$	$A_m\sqrt{\dfrac{\tau}{T}}$	$A_m\dfrac{\tau}{T}$

7.1.4 非正弦周期函数的对称性

电工技术中常遇到具有对称性的周期函数。利用函数的对称性，可使系数 a_k、b_k 的求解简化。

1. 偶谐波函数（even harmonic function）

（1）定义：

$$f(t) = f\left[t \pm \frac{T}{2}\right]$$

（2）波形图：前半周向后推移半周后，与后半周重合，如图 7-4 所示。

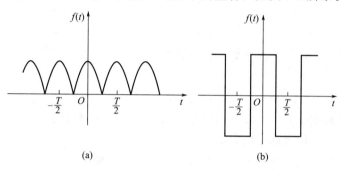

图 7-4　偶谐波函数对称性

（3）分解后的特点：只含偶数次谐波和恒定分量，不含奇数次谐波。

偶谐波函数实为奇谐波函数经全波整流后而得，实质上其周期缩短为原来的 1/2，即基波频率增加为原来的 2 倍，所以偶谐波函数各次谐波的频率均为原基波频率的偶数倍。

它的傅里叶级数展开式不包含奇次谐波分量，即

$$f(t) = A_\mathrm{m} + \sum_{k=2}^{\infty} a_k \sin k\omega t + \sum_{k=2}^{\infty} b_k \cos k\omega t \quad k = 2,4,6,\cdots$$

2. 奇谐波函数（odd harmonic function）：

（1）定义：

$$f(t) = -f\left[t \pm \frac{T}{2}\right]$$

（2）波形图：前半周向后推移半周后，与后半周互为镜向对称，如图 7-5 所示。

（3）分解后的特点：只含奇数次谐波，不含偶数次谐波和恒定分量。

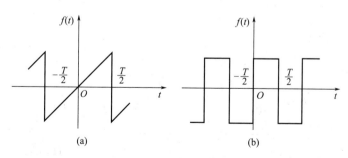

图 7-5　奇谐波函数对称性

它的傅里叶级数展开式不包含恒定（直流）分量和偶次谐波分量，即

$$f(t) = \sum_{k=1}^{\infty} a_k \sin k\omega t + \sum_{k=1}^{\infty} b_k \cos k\omega t \quad k = 1,3,5,\cdots$$

表 7-1 中所示的三角波、梯形波都具有这样的特点。

$f(t)$ 为奇谐波函数或偶谐波函数，仅与该函数的波形有关，与时间起点的选择无关。

7.2 非正弦周期量的有效值、平均值和平均功率

7.2.1 有效值

任一周期电流 i 的有效值定义为其瞬时值的方均根值，即

$$I \overset{\text{def}}{=} \sqrt{\frac{1}{T} \int_0^T i^2 \, dt}$$

从能量消耗的角度来看，非正弦周期电流有效值的定义与周期电流的定义相同，在数值上等于与它热效应相同的直流电的数值。

假设一个非正弦周期电流 i 可以分解为傅里叶级数，即

$$i = I_0 + \sum_{k=1}^{\infty} I_{km} \sin(k\omega t + \varphi_k) = I_0 + \sqrt{2} I_1 \sin(\omega t + \varphi_1) + \sqrt{2} I_2 \sin(2\omega t + \varphi_2) + \cdots$$

其中，I_0 为恒定（直流）分量，I_1，I_2，$\cdots$ 为各次谐波的有效值。将 i 代入有效值公式，得此电流的有效值为

$$I = \sqrt{\frac{1}{T} \int_0^T \left[I_0 + \sum_{k=1}^{\infty} I_{km} \sin(k\omega t + \varphi_k) \right]^2 dt}$$

经过数学推导，非正弦周期电流有效值等于它的各次谐波有效值的平方和的开方，即

$$I = \sqrt{I_0^2 + I_1^2 + I_2^2 + \cdots} = \sqrt{I_0^2 + \sum_{k=1}^{\infty} I_k^2}$$

此结论可以推广到其他非正弦周期量。非正弦周期电压的有效值为

$$U = \sqrt{U_0^2 + U_1^2 + U_2^2 + \cdots} = \sqrt{U_0^2 + \sum_{k=1}^{\infty} U_k^2}$$

【例 7-1】 对于一个周期性矩形脉冲电流，$T = 6.28 \mu s$，$\tau = \dfrac{T}{2}$，$I_p = \dfrac{\pi}{2} mA$。求 $i(t)$ 的有效值 I。

解 1： 由定义式求解。

$$i(t) = \begin{cases} I_p, & -\tau/2 < t < \tau/2 \\ 0, & -\dfrac{T}{2} < t < -\dfrac{\tau}{2} \text{ 及 } \tau/2 < t < T/2 \end{cases}$$

$$I = \sqrt{\frac{1}{T} \int_{-\frac{T}{2}}^{\frac{T}{2}} i^2(t) \, dt} = \sqrt{\frac{2}{T} \int_0^{\frac{\tau}{2}} \left[\frac{\pi}{2} \right]^2 dt} = 1.111 (mA)$$

解 2： $i(t) = \dfrac{\pi}{4} + \cos\omega_1 t - \dfrac{1}{3}\cos3\omega_1 t + \dfrac{1}{5}\cos5\omega_1 t - \dfrac{1}{7}\cos7\omega_1 t + \cdots (mA)$

$$I = \sqrt{I^2 + \sum_{n=1}^{\infty} I_n^2} = \sqrt{\left(\frac{\pi}{4}\right)^2 + \left(\frac{1}{\sqrt{2}}\right)^2 + \left(\frac{1/3}{\sqrt{2}}\right)^2 + \left(\frac{1/5}{\sqrt{2}}\right)^2 + \left(\frac{1/7}{\sqrt{2}}\right)^2} = 1.097 (mA)$$

7.2.2 平均值

非正弦周期量的有效值也可以直接用仪表测量，例如用电磁式、电动式等仪表都可以测出它的有效值。但是当我们用晶体管或电子管伏特计来测量非正弦周期量时，需注意，伏特计的读数并不是待测量的有效值，为此，引入非正弦周期量的平均值。

一般规定，正弦量的平均值按半个周期计算，而非正弦周期量的平均值要按一个周期计算。这是因为正弦量在一个周期内的平均值为零，但半个周期内的平均值不为零。以电流为例，平均值为 $I_{av} = \dfrac{1}{T}\int_0^T i \, dt$ 。

应当注意的是，在一个周期内，其值有正、负的周期量的平均值 I_{av} 与其直流分量 I 是不同的，只有一个周期内其值均为正值的周期量，平均值才等于其直流分量，即 $I_0 = \dfrac{1}{T}\int_0^T i \, dt$ 。

例如，正弦交流电流 $i = I_m \sin\omega t$ 的平均值为

$$I_{av} = \frac{1}{T}\int_0^T \left| I_m \sin\omega t \right| dt = \frac{2I_m}{T}\int_0^{\frac{T}{2}} \sin\omega t \, dt = \frac{2I_m}{T\omega}\left[-\cos\omega t\right]_0^{\frac{T}{2}} = \frac{2I_m}{\pi} = 0.637 I_m = 0.898 I$$

它相当于正弦电流经全波整流后的平均值。对于同一个非正弦周期电流，当用不同类型的仪表测量时，得到的测量结果也不同。因磁电系仪表中的磁场是用永久磁铁产生的，方向不变，当通过动圈中的电流方向发生变化时，指针方向也变化，所以只能用于测量直流。磁电系仪表测量机构指针偏转角与动圈中通过的电流成正比 $\alpha \propto \dfrac{1}{T}\int_0^T i \, dt$ 。电磁系仪表测量机构中的磁场由动圈中通过的电流产生，若定圈中的电流方向变化，两块铁片将被磁化，产生的转动力矩方向变化，所以可用于测量交、直流，且偏转角与被测电流的平方成正比。电磁系仪表的偏转角是随被测直流电流的平方或被测交变电流有效值的平方而变化的，即 $\alpha \propto \dfrac{1}{T}\int_0^T i^2 \, dt$ 。如用全波整流仪表测量，所得测量结果为电流的平均值，这是因为此种仪表的偏转角与电流的平均值成正比。由此可见，在测量非正弦周期电流和电压时，要注意选择合适的仪表，并注意不同仪表的读数表示的含义。

7.2.3 平均功率

在关联参考方向下，非正弦电路瞬时功率与正弦电路计算的方法相同。设非正弦周期电压和电流为

$$u = U_0 + \sum_{k=1}^{\infty} U_{km}\sin(k\omega t + \varphi_{uk})$$

$$i = I_0 + \sum_{k=1}^{\infty} I_{km}\sin(k\omega t + \varphi_{ik})$$

则 $$p = ui = \left[U_0 + \sum_{k=1}^{\infty} U_{km}\sin(k\omega t + \varphi_{uk})\right] \times \left[I_0 + \sum_{k=1}^{\infty} I_{km}\sin(k\omega t + \varphi_{ik})\right]$$

它的平均功率（有功功率）定义为

$$P = \frac{1}{T}\int_0^T p\,\mathrm{d}t = \frac{1}{T}\int_0^T \left[U_0 + \sum_{k=1}^{\infty} U_{km}\sin(k\omega t + \varphi_{uk})\right] \times \left[I_0 + \sum_{k=1}^{\infty} I_{km}\sin(k\omega t + \varphi_{ik})\right]\mathrm{d}t$$

上式中，不同频率的 u、i 构成的瞬时功率不为零，但在一个周期内的平均值为零，所以不同频率的 u、i 不构成平均功率；同频率的正弦电压和电流乘积的积分不为零。可以证明：

$$P = U_0 I_0 + U_1 I_1 \cos\varphi_1 + U_2 I_2 \cos\varphi_2 + \cdots + U_k I_k \cos\varphi_k + \cdots$$

式中，

$$U_k = \frac{U_{km}}{\sqrt{2}}, \quad I_k = \frac{I_{km}}{\sqrt{2}}, \quad \varphi_k = \varphi_{uk} - \varphi_{ik}, k = 1,2,\cdots$$

即平均功率等于恒定分量构成的功率跟各次谐波平均功率的代数和。注意，不表示功率遵循叠加定理。

在电工技术中，将单口网络端钮电压和电流有效值的乘积称为视在功率，$S = UI$。只有单口网络完全由电阻混联而成时，视在功率才等于平均功率，否则，视在功率总是大于平均功率。也就是说，视在功率不是单口网络实际消耗的功率。在正弦交流电路中，有功功率一般小于视在功率，也就是说，视在功率上打一个折扣才能等于平均功率，这个折扣就是 $\cos\varphi$，称为功率因数，用 PF 表示。

【例 7-2】 已知有源二端电路的端口电压和端口电流分别为

$$u = [50 + 60\sqrt{2}\sin(\omega t + 30°) + 40\sqrt{2}\sin(2\omega t + 10°)]$$
$$i = [1 + 0.707\sin(\omega t - 30°) + 0.424\sin(2\omega t + 40°)]$$

求该电路消耗的平均功率。

解： 电路中的电压和电流分别包括恒定分量、一次谐波和二次谐波，其平均功率为

$$P = 50 \times 1 + 60 \times 0.5\cos[30° - (-30°)] + 40 \times 0.3\cos(10° - 40°)$$
$$= 50 + 15 + 10.39$$
$$= 75.39\,(\text{W})$$

7.3 非正弦周期电流电路的计算

非正弦周期电压、电流信号展开为傅里叶级数后，相当于由几个不同频率的正弦电压或电流信号串联而成。在线性电路中，把非正弦激励作用下的响应看作是各次谐波激励单独作用产生的响应之和。对于非正弦周期电流电路的计算，可以转变为分别对各个不同频率的正弦量的计算，再进行叠加，这种分析、计算方法称为谐波分析法，其分析和计算方法的主要理论基础是傅里叶级数和叠加定理。下面通过具体的例子说明非正弦周期电路的分析、计算步骤。

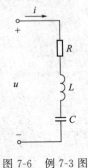

图 7-6　例 7-3 图

【例 7-3】 图 7-6 所示 RLC 串联电路中，$R = 10\Omega$，$L = 100\text{mH}$，$C = 200\mu\text{F}$，$f = 50\text{Hz}$，$u = [20 + 20\sin\omega t + 10\sin(3\omega t + 90°)]\text{V}$。试求：(1) 电流 i；(2) 外加电压和电流的有效值；(3) 电路中消耗的功率。

解： (1) 应用叠加定理求电流 i。

当直流分量 U_0 单独作用时，由于电容的隔直作用，有 $I_0 = 0$。

当基波分量 $\dot{U}_1 = \frac{20}{\sqrt{2}}\angle 0° = 10\sqrt{2}$ （V） 单独作用时，有

$$\dot{I}_1 = \frac{\dot{U}_1}{R + j\left(\omega L - \dfrac{1}{\omega C}\right)} = \frac{10\sqrt{2}}{10 + j\left(314 \times 100 \times 10^{-3} - \dfrac{10^6}{314 \times 200}\right)} = \frac{1.09}{\sqrt{2}} \angle -57.14°(\text{A})$$

$$i_1 = 1.09\sin(\omega t - 57.14°)(\text{A})$$

当 3 次谐波分量 $\dot{U}_3 = \dfrac{10}{\sqrt{2}} \angle 90° = 5\sqrt{2} \angle 90°$（V）单独作用时，有

$$\dot{I}_3 = \frac{\dot{U}_3}{R + j\left(3\omega L - \dfrac{1}{3\omega C}\right)} = \frac{5\sqrt{2}\angle 90°}{10 + j(94.2 - 5.3)} = \frac{0.112}{\sqrt{2}}\angle 6.42°(\text{A})$$

$$i_3 = 0.112\sin(3\omega t - 23.58°)(\text{A})$$

所以，

$$i = i_1 + i_3 = 1.09\sin(\omega t - 57.14) + 0.112\sin(3\omega t + 6.42°)(\text{A})$$

（2）求电流的有效值。

电流的有效值为

$$I = \sqrt{I_0^2 + I_1^2 + I_3^2} = \sqrt{0 + \left[\frac{1.09}{\sqrt{2}}\right]^2 + \left[\frac{0.112}{\sqrt{2}}\right]^2} = 0.775(\text{A})$$

电压的有效值为

$$U = \sqrt{U_0^2 + U_1^2 + U_3^2} = \sqrt{20^2 + \left[\frac{20}{\sqrt{2}}\right]^2 + \left(\frac{10}{\sqrt{2}}\right)^2} = 25.5(\text{V})$$

（3）电路中电阻 R 消耗的功率就是整个电路消耗的功率，即

$$P = RI^2 = 10 \times 0.775^2 = 6(\text{W})$$

也可用公式 $P = P_0 + P_1 + P_3$ 计算，即

$$P_0 = U_0 I_0 = 0(\text{W})$$

$$P_1 = U_1 I_1 \cos\varphi_1 = \frac{20}{\sqrt{2}} \times 1.09 \times \cos(57.14°) = 5.91(\text{W})$$

$$P_3 = U_3 I_3 \cos\varphi_3 = \frac{10}{\sqrt{2}} \times \frac{0.112}{\sqrt{2}} \times \cos(90° - 6.42°) = 0.06(\text{W})$$

解得

$$P = P_0 + P_1 + P_3 = 5.91 + 0.06 = 5.97(\text{W})$$

通过上述分析，可将谐波分析法归结为以下步骤：

（1）将给定的非正弦周期电压或电流信号分解为傅里叶级数。如果是无穷级数，计算时只取前几项（一般 5～7 项）。

（2）分别计算直流分量和各次谐波激励单独作用时产生的响应。

注意：

① 当直流分量单独作用时，为 DC 稳态响应，电感相当于短路，电容相当于开路，即按直流电路方法计算。

② 当各次谐波激励单独作用时，频率对电感、电容元件的影响。频率越高，感抗越大，容抗越小。各次谐波单独作用时，L、C 的导出参数不同。

$$Z_C(jn\omega_1) = -j\frac{1}{n\omega_1 C} = \frac{1}{n}Z_C(j\omega_1)$$

$$Z_L(jn\omega_1) = jn\omega_1 L = nZ_L(j\omega_1)$$

（3）将各激励单独作用产生的响应进行叠加。必须注意：叠加时，只能是域内函数相加，不能把不同频率的响应进行叠加；用相量法分析、计算出来的每个谐波响应，不能直接叠加，必须把它们转化为瞬时值表达式后才能叠加。将激励的每一个分量引起的时域响应叠加起来，即得线性电路对非正弦周期性激励的稳态响应。

小　结

本章主要讨论在非正弦周期电源或信号作用下，线性电路的稳态分析和计算方法。

常见的非正弦周期信号有脉冲电流、锯齿波电压、方波电压及全波整流电流信号。非正弦周期量产生的原因包括电路中有多个不同频率的电源同时作用、非正弦周期电压源或电流源作用、电路中含有非线性元件等。

非正弦周期电流（或电压）若能满足狄里赫利条件，便可展开成一个无穷的三角级数，此级数称为傅里叶级数。傅里叶级数中所含等于和大于二次的谐波分量，分别称为谐波电压和谐波电流。傅里叶级数取无穷多项才能准确代表原函数。但在要求不很高，级数收敛较快的情况下，可以把 5 次以上谐波略去不计。

在非正弦周期激励电压、电流作用下，分析和计算线性电路，主要利用傅里叶级数展开法——谐波分析法。非正弦周期电流电路的计算实质上是化为一系列正弦电流电路的计算，主要步骤如下所述：

（1）将非正弦周期激励电压、电流分解为一系列不同频率的正弦量之和。

（2）分别计算在各种频率正弦量单独作用下产生的正弦电流分量和电压分量。

（3）根据线性电路的叠加定理，把所得分量的时域形式叠加。

测量非正弦周期量时，有时读数并不是待测量的有效值，因此引入平均值的概念。一般规定，正弦量的平均值按半个周期计算，非正弦周期量的平均值要按一个周期计算。

平均功率等于恒定分量构成的功率和各次谐波平均功率的代数和。在关联参考方向下，非正弦电路瞬时功率与正弦电路计算的方法相同，平均功率等于恒定分量构成的功率与各次谐波平均功率的代数和。注意，不表示功率遵循叠加定理。视在功率指的是单口网络端钮电压和电流有效值的乘积。单口网络完全由电阻混联而成时，视在功率才等于平均功率，否则，视在功率总是大于平均功率。

对于非正弦周期电流电路的计算，可采用谐波分析法，即将非正弦周期信号展开为傅里叶级数后，分别对各个不同频率的正弦量进行计算，然后叠加，其主要理论基础是傅里叶级数和叠加定理。

习　题

7-1　如题 7-1 图所示，已知：$u(t) = [100 + 180\sin\omega_1 t + 50\sin(2\omega_1 t + 90°)]\text{V}$，$R = 100\Omega$，

$\omega_1 L_A = 90\Omega$，$\omega_1 L_B = 30\Omega$，$\dfrac{1}{\omega_1 C} = 120\Omega$。求：(1) $u_R(t)$、$u_A(t)$、$i_A(t)$ 和 $i_B(t)$。

(2) 有效值 U_R、U_A、I_A 和 I_B。

(3) 电路吸收的有功功率 p。

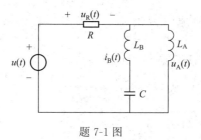

题 7-1 图

7-2　求题 7-2 图所示各非正弦周期信号的直流分量。

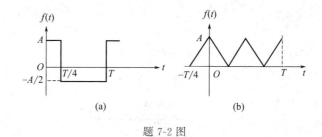

题 7-2 图

7-3　试求非正弦电流 $i = [5 + 10\sin(\omega t - 30°) + 7\sin(3\omega t + 60°)]\text{A}$ 的有效值。

7-4　求下列非正弦周期电压的有效值。

(1) 振幅为 10V 的锯齿波。

(2) $u(t) = [10 - 5\sqrt{2}\sin(\omega t + 20°) - 2\sqrt{2}\sin(3\omega t - 30°)]$。

7-5　已知某非正弦电压 $u(t) = [2 + 4\sqrt{2}\sin(\omega t + 30°) + 10\sin(3\omega t + 10°)]\text{V}$，求此非正弦电压的有效值。

7-6　已知 $u_S = 220\sqrt{2}\cos(\omega t + \varphi)$，$R = 110\Omega$，$C = 16\mu\text{F}$，$L = 1\text{H}$。求：

(1) 输入阻抗。

(2) 谐振频率 ω_0。

(3) 当 $\omega = 250\text{rad/s}$ 时，A_1 和 A_2 的读数。

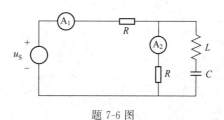

题 7-6 图

7-7　在 RLC 串联电路中，电流 $i = [0.248\sin(\omega t + 60°) + \sin 3\omega t]\text{A}$。已知 $R = 10\Omega$，$L = 30\text{mH}$，$C = 35\mu\text{F}$，$\omega = 314\text{rad/s}$。

试求串联电路端口电压的有效值及电路消耗的功率。

7-8 在 RL 串联电路中，电源电压 $u_S(t)=[50+70\sqrt{2}\sin(\omega t+30°)+10\sqrt{2}\sin3\omega t]V$，已知 $R=100\Omega$，$L=50\text{mH}$，$\omega=314\text{rad/s}$。

试求：（1）串联电路电流 i；（2）电流的有效值；（3）电路消耗的功率。

7-9 一个周期性矩形脉冲电流源激励一个并联谐振电路，且有 $T=6.28\mu s$，$\tau=\dfrac{T}{2}$，

$I_p=\dfrac{\pi}{2}\text{mA}$，$R=20\Omega$，$L=1\text{mH}$，$C=1000\mu F$。

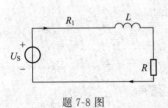

题 7-8 图

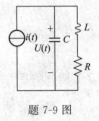

题 7-9 图

7-10 已知 $u_S=10\sqrt{2}\sin10^4t\,V$，$I_S=5\text{mA}$。

求：（1）电流 $i(t)$ 及其有效值。（2）电路消耗的平均功率。

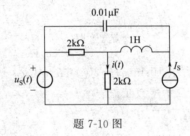

题 7-10 图

第8章

电 路 实 验

8.1 电路实验预备知识

8.1.1 实验电源的分类和电源的参数

1. 实验电源的常用种类

1）直流电源

常用的直流电源有干电池、蓄电池、直流发电机、直流稳压电源以及用交流电源整流后获得的直流电源等。实验室一般采用交流电源整流后获得的直流电源。

2）交流电源

常用的交流电源是从供电网络经电力变压器而获得的工频交流电源，还有由信号发生器发生的各种频率的交流电源等。

3）其他电源

超低频（低于20Hz）信号发生器发出的超低频电源、脉冲信号发生器发出的脉冲电源等。

2. 直流电源的额定电压、额定电流简介

1）干电池

1号干电池的电压为1.5V，电流约为300mA，2号干电池和5号干电池都是1.5V，电流比1号干电池小。仪表用电池6F22电压为9V，10F20电压为15V，其工作电流只有十几毫安到几十毫安。

2）直流发电机

直流发电机的电压有6V、12V、24V、36V、110V和220V等多种，它们所提供的电流值有大有小，随用途而异。

3）整流电源

整流电源的电压和电流随用途而定，电压可高可低，电流可大可小。例如，实验室的双路直流稳压电源，额定电压可在0～30V内调节，额定电流可为1～3A范围内任意值。

3. 交流电源的额定电压、额定电流简介

1) 工频交流电源

利用实验室中的单相调压器或三相调压器，可将电网供给的线电压为 380V、相电压为 220V 的工频交流电调节至 0～230V 的相电压或 0～400V 的线电压，其电流由变压器的容量及负载共同决定。

2) 中频交流电源

中频交流电源电压一般为 220V/380V，电流的大小根据中频交流发电机的容量而定。

3) 音频交流电源

音频交流电源电压可以在 0～160V 的范围内调节，但其最大输出功率只有 4～5W，一般可用低频信号发生器产生。

8.1.2　实验操作须知

为了保证实验的顺利进行和学生人身与设备的安全，必须了解实验操作规程。

实验操作规程如下所述。

(1) 实验前，认真听取指导教师讲解实验内容和注意事项。按时上课，未完成实验，不得早退；未经主管部门同意，不得更改实验时间。

(2) 学生必须到指定实验台做实验。实验前，先检查仪器设备的型号、规格、数量等是否与实验要求相符，然后检查各仪器设备是否完好。如有问题，及时向教师提出，以便处理。

(3) 实验必须以严肃的态度进行，严格遵守实验室的有关规定和仪器设备的操作规程，出现问题应立即报告指导教师，不得自行处理，不得随意挪用与本次实验无关的设备及其他桌上的仪器设备。

(4) 实验电路走线、布线应简洁明了，便于测量。导线的长短粗细要合适，尽量短，少交叉，防止连线短路。接线处不宜过于集中于某一点，所有仪器设备和仪表都要严格按规定的接法正确接入电路（例如，电流表及功率表的电流线圈一定要串接在电路中，电压表及功率表的电压线圈一定要并接在电路中）。应正确选择测量仪表的量程，正确选择各个仪器设备的电流、电压的额定值，否则会造成严重事故。实验中，提倡一位同学把电路接好后，同组另一位同学仔细复查，确定无误后，请指导教师检查批准，方可实验。

(5) 实验操作时，同组人员要注意配合，尤其做强电实验时要注意：手合电源，眼观全局，先看现象，再读数据。将可调电源电压缓慢上调到所需数值。一有异常现象（例如有声响、冒烟、打火、焦臭味及设备发烫等），应立即切断电源，分析原因，查找故障。

(6) 读数前，要弄清仪表的量程及刻度；读数时，注意姿势正确，要求"眼、针、影成一线"。注意仪表指针位置，及时变换量程，使指针指示于误差最小的范围内（一般要求指针在超过半满偏转的范围）。变换量程要在切断电源的情况下操作。

(7) 将所有数据记在原始记录表上。数据记录要完整、清晰，力求表格化，一目了然，合理取舍有效数字。要尊重原始记录，实验后不得涂改，养成良好的记录习惯，培养工程意识。交实验报告时，将原始记录一起附上。

(8) 完成实验后，应该核对实验数据是否完整和合理。确定完整和合理后，交指导教师审查，并在原始记录上签字，然后拆线（注意，要先切断电源，后拆线），做好仪器设备、

导线、实验台面及实验环境的清洁和整理工作。

8.1.3　实验报告

实验报告是实验者将自己所进行的实验及实验结果用文字作综合性表述，用简明的形式将实验结果完整地和真实地表达出来。实验报告要求文理通顺，简明扼要，字迹工整，图表清晰，结论正确，分析合理，讨论深入。实验报告采用规定格式的报告纸，一般应包括如下几项：

（1）实验题目。

（2）实验目的。

（3）实验仪器及设备。

（4）实验原理及实验电路图。

（5）实验步骤及数据图表及计算。

（6）实验结果及误差分析。

（7）思考题或实验体会。

对实验数据的处理，要合理取舍有效数字。报告中的所有图表、曲线均按工程化要求绘制。波形曲线一律画在坐标纸上，比例要适中，坐标轴上应注明物理量的符号和单位。

实验报告一定要遵照教师规定的时间按时交上，经实验指导教师批改、登记后，统一放在实验室保管，以便上级部门和有关人员查询。学生需要参考时，可向实验室提出借用。

8.2　电路元件伏安特性的测绘

8.2.1　实验原理

任何一个二端元件的特性可用该元件上的端电压 U 与通过该元件的电流 I 之间的函数关系 $I=U(f)$ 或 $I=G(U)$ 来表示，即用 $I\text{-}U$ 平面上的曲线来表征。这条曲线称为该元件的伏安特性曲线。

电路元件是电路中最基本的组成单元，分为线性元件和非线性元件，或有源元件（如电压源、电流源）和无源元件（电阻、二极管）。

线性元件的伏安特性是：线性元件的伏安特性满足欧姆定律。在关联参考方向下，表示为 $U=RI$。其中，R 为常量，称为电阻的阻值。伏安特性曲线是通过原点的位于第一、三象限的一条直线，其斜率等于电阻的阻值，如图 8-1(a) 所示。

非线性元件的伏安特性是：非线性电阻的阻值 R 不是一个常量，其伏安特性是一条通过原点的曲线（非直线）。

非线性电阻的种类很多。一般的钨丝灯泡在工作时，灯丝处于高温状态，其灯丝电阻随温度的升高而增大，通过灯泡的电流越大，一般灯泡的"冷电阻"与"热电阻"的阻值可相差几倍至几十倍，其伏安特性如图 8-1(b) 曲线所示。

一般的半导体二极管是非线性电阻元件，其特性如图 8-1（c）所示曲线。正向压降很小（一般的锗管为 $0.2\sim0.3\mathrm{V}$，硅管为 $0.5\sim0.7\mathrm{V}$），超过规定的电压值，正向电流随正向电压

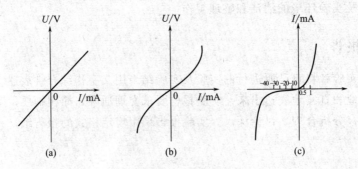

图 8-1　元件伏安特性曲线

的升高而急剧上升，将二极管烧坏；反向电压从零一直增加到十几伏至几十伏时，其反向电流增加很小，粗略地可视为零。可见，二极管具有单向导电性，但反向电压加得过高，超过管子的极限值，会导致管子击穿损坏。

电压源和电流源都是从实际电源抽象得到的电路模型，它们是二端有源元件。

（1）电压源：理想电压源的电压为恒定值，电压源中的电流大小由外电路决定。

电压源的伏安特性曲线是一条不通过原点且与电流轴平行的直线。一个实际的电压源可以用一个理想的电压源 U_S（电动势）与其内阻 R_S 的串联组合来表示，如图 8-2（a）所示。电源向外输出电能时，其伏安特性为 $U = U_S - R_S I$。根据这个函数式可绘出电压源的外特性曲线，如图 8-2（b）所示。内阻越大，曲线的斜率越大。

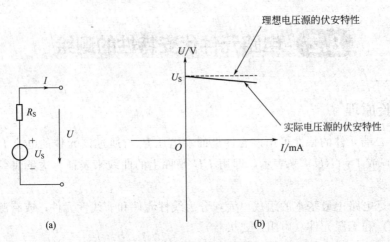

图 8-2　电压源及其外特性曲线

（2）电流源：理想电流源发出的电流为定值。电流源的端电压由外电路决定，其伏安特性曲线是一条不通过原点且与电压轴平行的直线。一个实际的电流源可以用一个理想的电流源 I_S 与其内阻 R_S 的并联组合来表示，如图 8-3（a）所示。电源向外输出电能时，其伏安特性为 $I = I - U/R$，曲线如图 8-3（b）所示。

8.2.2　电路元件伏安特性的测绘

1. 实验目的

（1）掌握线性电阻及非线性电阻元件伏安特性的逐点测试法。

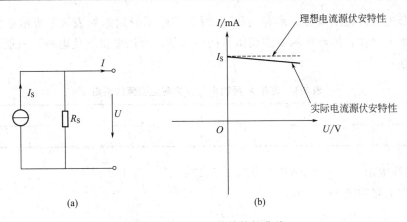

图 8-3　电流源及其外特性曲线

（2）掌握测量电源外特性的方法。

（3）学习使用直流电压表、电流表的方法；掌握电压、电流的测量方法。

（4）学习绘制实验曲线。

2. 实验设备

序号	设备名称	型号与规格	数量	备注
1	可调直流稳压电源	0～30V	1	
2	万用表		1	
3	直流数字电压表	0～200V	1	
4	直流数字毫安表	0～200mA	1	根据情况选择挡位
5	线性电阻器	1kΩ/8W,200Ω	各1	DGJ-05
6	二极管	In4007	1	DGJ-05
7	稳压管	2CW51	1	DGJ-05
8	白炽灯	12V,0.1A	1	DGJ-05

3. 实验内容

1）线性电阻（$R=1\text{k}\Omega$）伏安特性的测定

电路如图 8-4 所示。

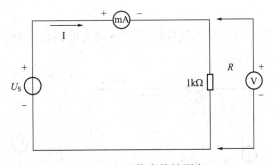

图 8-4　电阻伏安特性测定

（1）按图 8-4 接好电路，电流表的量程选择 20mA，数字万用表选择直流电压 20V，U_S 选择直流稳压源（0～10V）。

（2）调节电压源输出电压，测量电阻 R 两端的电压分别为如表 8-1 所示数值时的电流值，并记入表中（注：因电压源不能调出负的电压值，所以要得到负电压，只能调换电压源的正、负极性）。

表 8-1　电阻 R 两端电压变化时电流值的测量

U/V	0	2	4	6	8	10	−2	−4	−6	−8	−10
I/mA											

2）非线性电阻（二极管 2AP9）伏安特性的测定

正向特性电路如图 8-5 所示。

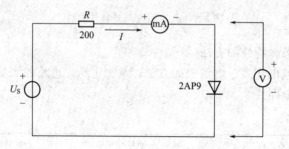

图 8-5　二极管正向特性电路

注意：通过二极管的电压不得超过 0.57V，电流不得超过 20mA，电源电压不得超过 5.5V。R 为限流电阻。

（1）用万用表的电阻挡测量。调节 $1k\Omega/1W$ 电位器，将其阻值调整到 200Ω。

（2）按图 8-5 接好电路，在接通电路之前将电源 U_S 的输出电压调整到"0V"，电流表选择 20mA。

（3）经检查无误，接通电源。调节 U_S，用数字万用表的直流 20V 挡位测量二极管两端的正向电压 U_D 分别为表 8-2 所示数值时的电流值，并记入表格。

表 8-2　二极管正向特性电流测量

UD/V	0.1	0.2	0.3	0.35	0.4	0.45	0.5	0.55	0.57
I/mA									

反向特性电路如图 8-6 所示。

测量步骤同正向特性，只需将二极管反接。电流表的挡位选择 2mA，且其反向电压可加到 20V 左右，如表 8-3 所示。

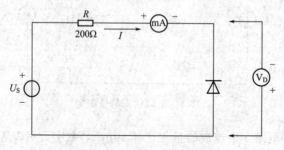

图 8-6　二极管反向特性电路

表 8-3　二极管反向特性电流测量

U_D/V	−1	−3	−6	−8	−10	−15	−20
I/mA							

3）电压源外特性的测定

电压源外特性测定电路如图 8-7 所示。测量电压源内阻分别为 20Ω、30Ω 时的外特性曲线。内阻越大，曲线的斜率越大。

R_0：由 1kΩ/1W 电位器调出。

U_S：理想电压源，由可调直流稳压电源调出，用万用表测得。

mA 表：选择 20mA 挡位。

R_L：1～10kΩ 电位器调出。

按图 8-7 接好电路，按表 8-4 所示进行测量。

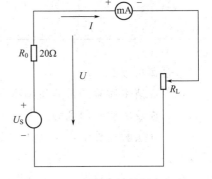

图 8-7　电压源外特性测定电路

（1）当 $R_0=20$Ω 时，R_L 分别为开路、9kΩ、8kΩ、7kΩ、6kΩ、5kΩ、4kΩ、3kΩ、2kΩ、1kΩ，测量 U、I，填入表格。

表 8-4　$R_0=20$Ω 时，U 与 I 的测量值

R_L	开路	9kΩ	8kΩ	7kΩ	6kΩ	5kΩ	4kΩ	3kΩ	2kΩ	1kΩ
U/V										
I/mA	0									

（2）当 $R_0=30$Ω 时，逐渐减小 R_L，电流 I 如表 8-5 中所示各值时，测量电压 U。

表 8-5　$R_0=30$Ω 时，U 的测量值

I/mA	0(开路)	6	6.5	7	7.5	8	8.5	9	9.5
U/V									

4）电流源外特性的测定

使直流恒流源输出 15mA 电流，如图 8-8 所示。

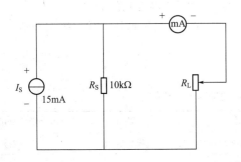
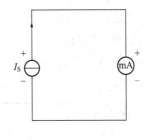

图 8-8　电流源外特性测定电路

R_S：10kΩ 电阻，用万用表验证阻值。

mA 表：选择 20mA 挡位。

R_L：1kΩ/1W 电位器。

调整直流恒流源的电流为 15mA，按图 8-8 所示接线，测量不同 R_L 阻值下的电压、电流值并填入表 8-6（R_L 的阻值调整由小到大）。

表 8-6　不同 R_L 阻值下的电压、电流测量值

U/V	
I/mA	

4. 注意事项

（1）弄清本实验的目的和具体内容，画出各实验内容的具体实验电路图。

（2）注意实验时用到的仪表，注意量程和功能的选择。

（3）在实验过程中，注意电压源不能短路，时刻注意电流表指示，避免因电流过大而烧坏仪表。

（4）根据测量数据，用坐标纸分别绘出电压源、电流源外特性曲线以及各电阻的伏安特性曲线。

（5）因本次实验内容较多，所以一定要认真、细心。

实验曲线按要求一律画在坐标纸上，比例尺要适当（以能表达数值的准确数字以及曲线全貌为宜），坐标轴上应表明物理量的符号、单位，要注明曲线的名称。用"○"、"×"或"△"等记号在坐标纸上标出实验数据（或经整理计算出的数据）对应的点，然后用曲线板绘出曲线。曲线应力求圆滑，决不要强行经过所有实验数据的对应点而连成折线，同时注意未被曲线通过的点能大致均匀地分布在曲线的两侧。

8.3　电阻的测量

8.3.1　实验原理

直流电阻的测量在电工测量中占有重要的地位。根据被测电阻的大小，通常分为小电阻（1Ω 以下）、中值电阻（1Ω~0.1MΩ）和大电阻（0.1MΩ 以上）的测量。

测量电阻的方法很多，每一种方法都有其优缺点。应根据具体条件，采用合适的方法以及合适的仪表进行测量。

几种电阻测量方法的比较如表 8-7 所示。

表 8-7　几种电阻的测量方法比较

被测电阻的大小	测量方法	优点	缺点	本次实验所用仪表
小电阻(1Ω 以下)	双臂电桥法	测量准确性高	操作麻烦	双臂电桥
中值电阻 (1Ω~0.1MΩ)	欧姆表法	直接读数 使用方便	测量误差较大	500 型指针式万用表
	伏安法	能够测量工作 状态下的电阻	结果要经过计算 才能得出且误差较大	

续表

被测电阻的大小	测量方法	优点	缺点	本次实验所用仪表
大电阻（绝缘电阻） （0.1MΩ 以上）	单臂电桥法	测量准确性高	操作麻烦	单臂电桥
	兆欧表法	直接读数 操作方便		兆欧表

8.3.2　电阻的测量

1. 实验目的

（1）进一步熟悉万用表欧姆挡的使用。

（2）练习使用直流单、双臂电桥和兆欧表。

2. 实验设备

序号	设备名称	型号与规格	数量	备注
1	直流单臂电桥	QJ24、QJ23	1	根据情况选择挡位
2	直流双臂电桥	QJ26-1	1	根据情况选择挡位
3	指针式万用表		1	
4	单相调压器		1	
5	绕线电阻或碳膜电阻		若干	
6	整流二极管		若干	
7	待测电阻长导线		若干	

3. 实验内容

1）欧姆表法测电阻

万用表的欧姆挡是一种用来粗测中值电阻的常见欧姆表。

使用万用表的欧姆挡时要注意以下几点：

（1）万用表的转换开关全部放置在测量电阻的位置上。

（2）不能测量带电情形下的电阻，要在被测电阻与其他器件隔离开时进行测量。测量时，注意不要用两只手同时接触万用表的测试棒导体部分，否则仪表指示值反映的是人体电阻与被测电阻的并联等效电阻。

（3）每次更换量限，都要先进行零欧姆调整，将两根测试棒短接，调节零欧姆调整器，使指针指向零欧姆处，然后开始测量。

（4）适当选择欧姆挡的量限，使指示值接近欧姆标尺的中间，即欧姆中心值。可以证明，此时指示值的误差较小。在读取仪表指示值时，应使观察视线垂直于标尺平面。如果标尺平面带有镜子，还应在眼、针、影成一条线时读数。

（5）在利用万用表欧姆挡测晶体二极管正、反向电阻时，应记住其"＋"插孔接的是表内电池的负极。此外，应用欧姆表测晶体管参数时，应避免电流过大或电压过高而损坏被测晶体管，常用"R×100"或"R×1k"挡。

（6）万用表常有"R×1"、"R×10"、"R×100"、"R×1k"等各欧姆挡并共用一条标尺。测量时，仪表指针所指标尺处的数值乘以这些倍数便可得到被测电阻值。

（7）用完之后，应将转换开关置于交流电压最高挡或空挡上，避免下次使用时误用欧姆挡去测电压。

（8）长期不用时，应取出表内干电池。

将红色测试棒的短插在标有"＋"的插孔内，黑测试棒插入"—"插孔。测量三只绕线电阻或碳膜电阻，以及二极管的正、反向电阻值。

在利用万用表欧姆挡测晶体二极管正、反向电阻时，因其"＋"插孔接的是表内电池的负极，所以测量二极管的正向电阻时，应用万用表的黑测试棒接二极管的正极，红测试棒接二极管的负极。两根测试棒对调后，测试的是反向电阻。因为二极管是非线性电阻元件，所以正、反向电阻相差很大，反向电阻远大于正向电阻。将实验数据记录在表8-8中。

表 8-8　万用表测电阻的数据记录

被测电阻	碳膜电阻或线绕电阻			二极管	
	R_1（标称值 30Ω）	R_2（标称值 510Ω）	R_3（标称值 1kΩ）	正向电阻	反向电阻
欧姆表倍率					
测试结果					

2）直流单臂电桥的使用（惠斯登电桥）

用万用表欧姆挡测量中值电阻时，误差较大。工程上广泛使用直流单臂电桥来测量 1Ω～1MΩ 的电阻。本实验室使用的是 QJ24 型和 QJ23 型携带式直流单臂电桥。它的总有效量程为 1～9999000Ω。电桥安装在仪器箱内。

（1）QJ24 型直流单臂电桥面板如图 8-9 所示。

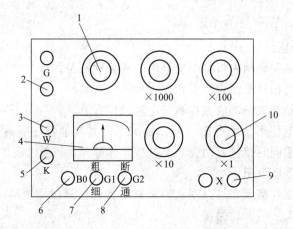

图 8-9　QJ24 型直流单臂电桥面板

1—量程因数（比例臂旋钮），共有 1000、100、10、1、0.1、0.01、0.001 等 7 个固定的倍率挡；2—G，为外接检流计端钮（共鉴定时用）；3—W，指零仪电气调零电位器；4—指零仪显示表头；5—K，晶体管放大器的电源开关（指向 K 为接通）；6—B0，电桥的电源开关；7—G1，指零仪的粗、细开关；8—G2，指零仪接通，短路开关。亦作外接检流计的开关，指向"短"为外接；9—X，被测电阻（R_X）的一对接线柱端钮；10—电桥的测试盘（比较臂旋钮），由分别为"×1Ω"、"×10Ω"、"×100Ω"、"×1000Ω"的 4 挡电阻组成的比较臂，各盘电阻之间相互串联，电阻接入电路的多少可直接在面板上读出。

使用方法如下所述：

连接被测电阻至"X"端钮。将 G2 开关指向"通",调节表头的调零器,使指针指零(机械零位)。将 K 开关指向"K",调节 W,使指零仪(电气)指零。观察片刻,使表头的指针稳定指零。将 G1 开关指向"粗",量程因数旋钮和测量旋钮(根据估计的被测电阻值,或先用万用表欧姆挡粗测)置于适当位置。要使比较臂的 4 挡电阻都能用上,从而保证读数的精度,即测量结果有 4 位有效数字。当被测电阻 R_X 为几百欧姆时,应选择 0.1 的比率臂;当 R_X 为几千欧姆时,应选择 1 的比率臂;当 R_X 为几万欧姆时,应选择 10 的比率臂,依此类推。

按下或旋下 B0 按钮,调节测量盘旋钮,使表头指针指零。当指针向标有"+"的方向偏转,应加大比较臂电阻;反之,指针若向标有"−"的方向偏转,应减小比较臂电阻,直至指针指零,电桥平衡。当灵敏度不够时,可将 G1 开关指向"细"进行测量。测量完毕,应放开 B0 按钮。即 $R_X = M \cdot R$,R_X 为被测电阻值(Ω),M 为量程因数指示值,R 为量程盘读数示值。

测量完毕,应放开 B0,关闭 K,将 G2 开关置于"短"的位置。

电桥长期不用时,应取出内部电池。

(2)QJ23 型直流单臂电桥的面板如图 8-10 所示。

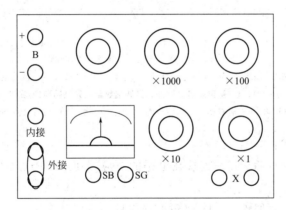

图 8-10 QJ23 型直流单臂电桥面板

当需要外接电源时,取出内部 3 节 1.5V 干电池之后,由"B"上标有"+"、"−"极性符号的端钮另外接入电源。当需要内附检流计时,金属连接片应连接左方最下面的两个接线端钮;当需要外附检流计时,用金属连接片连接上方的两个接线端钮,以便将内附检流计短接,同时将外附检流计接到左下角的两个接线端钮之间。测量完毕,先松开 SG,然后松开 SB 按钮。将测试数据记录在表 8-9 中。

表 8-9 单臂电桥测碳膜电阻的数据

碳膜电阻	比率臂	比较臂	阻值
30Ω			
510Ω			
1kΩ			
10kΩ			

3）用直流双臂电桥（凯尔文电桥）测量小电阻

凯尔文电桥适用于测量电机和变压器绕组的电阻等小电阻（1Ω 以下）。QJ26-1 型直流双臂电桥面板如图 8-11 所示。

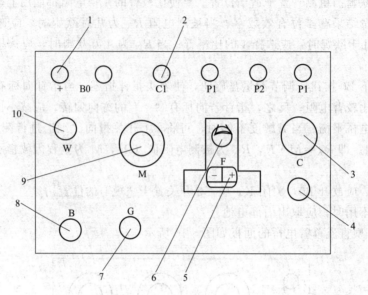

图 8-11　QJ26-1 型直流双臂电桥面板

1—外接电源端钮，使用外接电源时能自行断开内附电源；2—C1、P1、P2、C2，被测电阻（R_X）的接线柱端钮；3—C，×0.01 的读数盘（0～10）；4—微调旋钮；5—F，微调读数盘；6—机械调零旋钮（机械零位）；7—G，检流计按钮开关；8—B，电源开关；9—倍率盘（×100、×10、×1、×0.1、×0.01）；10—电气调零旋钮（电气零位）

使用方法如下所述：

（1）测量时，必须按四端钮法连接在电桥的对应端钮上，P1、P2 两点间为被测电阻的实际电阻值。

（2）按下或顺时针方向锁住 "G"（接通检流计的按钮开关）。

（3）调节机械调零旋钮，使检流计指零（机械零位）。

（4）按顺时针方向打开并旋转调节 "W"，使检流计指零（电气调零）。

（5）将倍率值 "M" 和 "×0.01" 置于适当位置。按下或锁住电源开关 "B"，随即调节 "×0.01" 的读数盘 C 和 "微读数盘 F"（必要时，需改变倍率值 "M"），直至检流计指零，则 $R_X = M(C+F)$，M 为倍率值，$(C+F)$ 为两个读数盘之和。

（6）使用完毕，应断开 "G"，断开 "B"，关闭 "W"。

测量步骤如下所述：

（1）仔细阅读双臂电桥使用说明及注意事项，并记录其型号。

（2）用直流双臂电桥测出一根连接导线的电阻（其数量级为 $10^{-2}\Omega$），将测试结果记入表 8-10。

表 8-10　用双臂电桥测电阻数据

被测电阻	电桥比率臂比率	电桥比较臂读数	测量电阻值
导线的电阻			

4）用兆欧表测量变压器绝缘电阻

如果用万用表来测量设备的绝缘电阻，测得的只是在低电压下的绝缘电阻值，不能真正地反映在高压条件下工作时的绝缘电阻。兆欧表与万用表的不同之处是本身带有电压较高的电源，一般由手摇直流发电机或晶体管变换器产生，电压为 500～5000V。因此，用兆欧表测量绝缘电阻，可得到符合实际工作条件的绝缘电阻。

兆欧表主要用来测量绝缘电阻，判断电机、变压器等电气设备的绝缘是否良好。兆欧表由直流电源和磁电系比率臂两大部分组成。其中，直流电源可以是手摇式直流发电机。首先要正确选择额定电压合适的欧姆表，应根据被测设备的额定电压来选择。兆欧表的额定电压及其内部电源的直流电压过高，可能在测试时损坏被测设备的绝缘；兆欧表的额定电压过低，所测结果不能反映工作电压作用下电气设备的绝缘电阻。

（1）在兆欧表的铭牌上找到其额定电压。因被测设备额定电压在 500V 以下，一般采用额定电压为 500V 的兆欧表进行测量。

（2）在兆欧表"E"端钮和"L"端钮之间开路和短时短路的情况下，接入兆欧表的工作电源或摇动手摇式发电机，看仪表指针是否分别指向"∞"及"0"。测试中若发现兆欧表指针指零，说明被测绝缘有击穿现象，应停止测试。

（3）顺时针方向转动手柄，使速度逐渐增值每分钟 120 转左右。

（4）用兆欧表测量变压器高压线圈对低压线圈的绝缘电阻，以及高压线圈和低压线圈分别对机壳的绝缘电阻，并将测试结果记录在表 8-11 中。

表 8-11　用兆欧表测绝缘电阻

被测绝缘电阻	相与相	相与地
测试结果/MΩ		

如测出的绝缘电阻在 0.5MΩ 以下，说明电动机或变压器已受潮或绝缘很差；如果绝缘电阻为零，说明绕组通地或相间短路。

4. 注意事项

（1）万用表使用完后置交流电压最高挡或空挡。

（2）电桥使用完毕，应及时采取保护检流计的措施。

8.4　基尔霍夫定律的验证

8.4.1　实验原理

基尔霍夫电流定律（KCL）指出：在集总电路中，任何时刻，对任一节点，所有流出节点的支路电流的代数和恒等于零，即 $\sum I = 0$。

基尔霍夫电压定律（KVL）指出：在集总电路中，任何时刻，沿任一回路，所有支路电压的代数和恒等于零，即 $\sum U = 0$。

基尔霍夫定律是电路的基本定律。测量电路中各支路电流及各元件上的电压应满足基尔霍夫定律。对任一节点，有 $\sum I = 0$；对任一回路，有 $\sum U = 0$。

　　参考方向不是一个抽象的概念，它有具体的意义。如图 8-12 所示，AB 为回路 ABDA 的一条支路，在事先不知道该支路电压极性的情况下，如何测量该支路的电压降 U 呢？首先假定一个电压的方向。设 U 的方向从 A 到 B，这就是电压 U 的参考方向。测量该电压值时，电压表的正极和负极分别与 A 端和 B 端相连；电压表显示出的数值如为正值，说明参考方向与实际方向是一致的；反之，若电压表的数值为负，说明参考方向和实际方向相反。当采用双下标记法时，例如 U_{AB}，其参考方向是由起点 A 指向起点 B。显然，测量该支路电流时与测量电压时的情况相同。

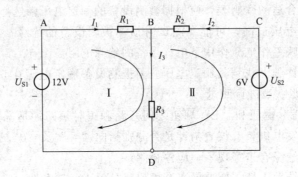

图 8-12　基尔霍夫电路分析图

由图 8-12 所示可得

$$U_{AB}+U_{BC}+U_{CD}+U_{DA}=0$$
$$I_1+I_2-I_3=0$$
$$U_{AB}+U_{BD}+U_{DA}=0$$
$$U_{BC}+U_{CD}+U_{DA}=0$$

注意线路中电压和电流的方向。

8.4.2　实验验证

1. 实验目的

（1）进一步熟悉数字万用表直流电压挡及电流表的使用。

（2）加深对基尔霍夫定律的理解。

（3）通过实验，加强对参考方向的掌握和运用能力。

2. 实验设备

序号	设备名称	型号与规格	数量	备注
1	基尔霍夫定律实验电路板		1	DGJ-03
2	直流稳压电源	0～30V 可调	2 路	
3	直流数字电压表	0～200V	1	
4	直流数字毫安表	0～200mA	1	
5	万用表		1	

3. 实验内容

实验电路如图 8-13 所示。

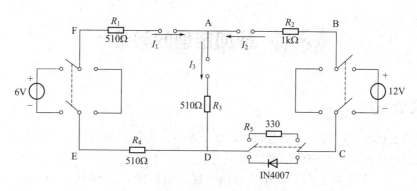

图 8-13 基尔霍夫实验电路图

1）练习数字万用表的使用

使用万用表时，首先将万用表上的电源按键按下，使其正常工作；再把红、黑表棒分别插在电表下方的"VΩ"插孔和"COM"插孔中。

（1）测量电阻值的大小：分别测量 R_1、R_2 和 R_4 这 3 个电阻的阻值大小，并记入表格。注意：测量电阻时，将两个表棒分别与电阻的两个引线端子相接触。

（2）测量直流电源电压：注意将万用表的挡位旋钮打在直流电压挡的合适量程上。测量直流电压源的端电压值时，注意电源的正、负极。将测量数据记录在表 8-12 中。

表 8-12 电路元件测量数据

测量项目	U_{S1}/V	U_{S2}/V	R_1/Ω	R_2/Ω	R_4/Ω
标称值	12	6	510	1k	510
实测值					

2）设定支路和闭合回路的电流正方向

实验前，先任意设定 3 条支路和 3 个闭合回路的电流正方向。图 8-13 中的 I_1、I_2 和 I_3 的方向已设定。3 个闭合回路的电流正方向可设为 ADEFA、BADCB 和 FBCEF。分别将两路直流稳压源接入电路，令 $U_1=6V$，$U_2=12V$。将电流插头分别插入 3 条支路的 3 个电流插座中，读出并记录电流值。用直流数字电压表分别测量两路电源及电阻元件上的电压值，记录在表 8-13 中。

表 8-13 电流及电压测量数据

被测量	I_1/mA	I_2/mA	I_3/mA	U_1/V	U_2/V	U_{FA}/V	U_{AB}/V	U_{AD}/V	U_{CD}/V	U_{DE}/V
计算值										
测量值										
相对误差										

4. 注意事项

（1）万用表挡位的选择。

（2）电压表、电流表极性的显示。

（3）加深对参考方向的理解。

8.5 叠加定理的验证

8.5.1 实验原理

叠加定理表述为：在线性电阻电路中，任一电压或电流都是电路中各个独立电源单独作用时，在该处产生的电压或电流的叠加。

在图8-14所示的参考实验电路中，有两个独立电压源 U_{S1} 和 U_{S2}。设在两个独立电源共同作用下，在电阻 R_1 上产生的电压、电流分别为 U_1、I_1，在电阻 R_2 上产生的电压、电流分别为 U_2、I_2，如图8-14(a)所示。令电压源 U_{S2} 和电压源 U_{S2} 分别作用：

（1）设电压源 U_{S1} 单独作用时（U_{S2} 置零）引起的电压、电流分别为 $U_1{}'$、$U_2{}'$、$I_1{}'$、$I_2{}'$，如图8-14(b)所示。

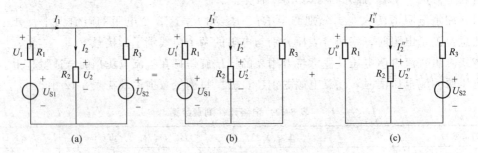

图8-14 叠加定律电路分析图

（2）设电压源 U_{S2} 单独作用时（U_{S1} 置零）引起的电压、电流分别为 U_1''、U_2''、I_1''、I_2''，如图8-14(c)所示。

这些电压和电流的参考方向均已在图中标明，有

$$\left.\begin{array}{l} U_1 = U_1{}' + U_1'' \\ U_2 = U_2{}' + U_2'' \\ I_1 = I_1{}' - I_1'' \\ I_2 = I_2{}' + I_2'' \end{array}\right\}$$

使用叠加定理使应注意以下几点：

（1）叠加定理适应于线性电路，不适用于非线性电路。

（2）在叠加的各分电路中，不作用的电压源置零，在电压源处用短路代替；不作用的电流源置零，在电流源处用开路代替。

（3）叠加时，各分电路中的电压和电流的参考方向可以取为与原电路中的相同，也可以不同。取和时，应注意各分量前的"＋"、"－"号。

（4）原电路的功率不等于按各分电路计算所得功率的叠加，这是因为功率是电压和电流的乘积。

8.5.2　实验验证

1. 实验目的

（1）验证叠加定理的正确性，加深对叠加定理的理解。

（2）学习自拟实验方案，合理设计电路，提高实验分析和研究能力。

2. 实验设备

实验设备同实验 8.4。

3. 实验内容

实验线路如图 8-15 所示，用 DGJ-03 挂箱的"基尔夫定律/叠加原理"线路。

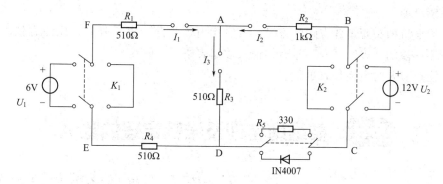

图 8-15　叠加原理实验线路

（1）将两路稳压源的输出分别调节为 12V 和 6V，接入 U_1 和 U_2 处。

（2）令 U_1 电源单独作用（将开关 K_1 投向 U_1 侧，开关 K_2 投向短路侧）。用直流数字电压表和毫安表（接电流插头）测量各支路电流及各电阻元件两端的电压，数据记入表 8-14。

表 8-14　$R_5 = 330\Omega$ 时测量数据

测量项目	U_1/V	U_2/V	I_1/mA	I_2/mA	I_3/mA	U_{AB}/V	U_{CD}/V	U_{AD}/V	U_{DE}/V	U_{FA}/V
U_1 单独作用										
U_2 单独作用										
U_1、U_2 共同作用										
$2U_2$ 单独作用										

（3）令 U_2 电源单独作用（将开关 K_1 投向短路侧，开关 K_2 投向 U_2 侧），重复实验步骤（2）的测量和记录，数据记入表 8-14。

（4）令 U_1 和 U_2 共同作用（开关 K_1 和 K_2 分别投向 U_1 和 U_2 侧），重复上述测量和记录，数据记入表 8-14。

（5）将 U_2 的数值调至 +12V，重复上述第 3 项的测量和记录，数据记入表 8-14。

（6）将 R_5（330Ω）换成二极管 IN4007（即将开关 K_3 投向二极管 IN4007 侧），重复（1）～（5）步测量过程，数据记入表 8-15。

（7）任意按下某个故障设置按键，重复实验内容（4）的测量和记录，再根据测量结果判断故障性质。

表 8-15　R_5 换成二极管 IN4007 时的测量数据

测量项目	U_1 /V	U_2 /V	I_1 /mA	I_2 /mA	I_3 /mA	U_{AB} /V	U_{CD} /V	U_{AD} /V	U_{DE} /V	U_{FA} /V
U_1 单独作用										
U_2 单独作用										
U_1、U_2 共同作用										
$2U_2$ 单独作用										

4. 注意事项

（1）用电流插头测量各支路电流时，或者用电压表测量电压降时，应注意仪表的极性，正确判断测得值的"＋"、"－"号后，记入数据表格。

（2）注意应及时更换仪表量程。

8.6　戴维南定理及诺顿定理的验证

——有源二端网络等效参数的测定

8.6.1　实验原理

1. 戴维南定理说明

任何一个线性含源网络，如果仅研究其中一条支路的电压和电流，可将电路的其余部分看作是一个有源二端网络（或称为含源一端口网络）。

戴维南定理指出：任何一个线性有源网络，总可以用一个电压源与一个电阻的串联来等效代替，此电压源的电动势 U_S 等于这个有源二端网络的开路电压 U_{OC}，其等效内阻 R_0 等于该网络中所有独立源均置零（理想电压源视为短路，理想电流源视为开路）时的等效电阻。

诺顿定理指出：任何一个线性有源网络，总可以用一个电流源与一个电阻的并联组合来等效代替，此电流源的电流 I_S 等于这个有源二端网络的短路电流 I_{SC}，其等效内阻 R_0 定义同戴维南定理。

U_{OC}（U_S）和 R_0 或者 I_{SC}（I_S）和 R_0 称为有源二端网络的等效参数。

2. 有源二端网络等效参数的测量方法

1）开路电压、短路电流法测 R_0

在有源二端网络输出端开路时，用电压表直接测其输出端的开路电压 U_{OC}，再将其输出端短路，用电流表测其短路电流 I_{SC}，则等效内阻为

$$R_0 = \frac{U_{OC}}{I_{SC}}$$

如果二端网络的内阻很小，若将其输出端口短路，则易损坏其内部元件，因此不宜用此法。

2）伏安法测 R_0

用电压表、电流表测出有源二端网络的外特性曲线，如图 8-16 所示。

根据外特性曲线求出斜率 $\tan\varphi$，则内阻 $R_0 = \tan\varphi = \dfrac{\Delta U}{\Delta I} = \dfrac{U_{OC}}{I_{SC}}$。

也可以先测量开路电压 U_{OC}，再测量电流为额定值 I_N 时的输出端电压值 U_N，则内阻为 $R_0 = \dfrac{U_{OC} - U_N}{I_N}$。

3）半电压法测 R_0

如图 8-17 所示，当负载电压为被测网络开路电压的一半时，负载电阻（由电阻箱的读数确定）即为被测有源二端网络的等效内阻值。

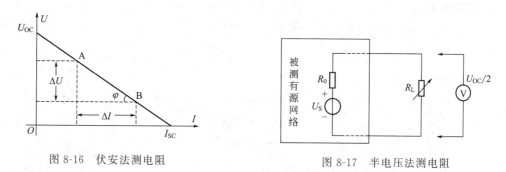

图 8-16　伏安法测电阻　　　　　　　　　图 8-17　半电压法测电阻

4）零示法测 U_{OC}

在测量具有高内阻有源二端网络的开路电压时，用电压表直接测量会造成较大的误差。为了消除电压表内阻的影响，往往采用零示测量法，如图 8-18 所示。

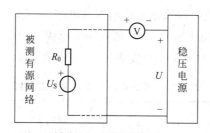

图 8-18　零示法测电压

零示法测量原理是用一个低内阻的稳压电源与被测有源二端网络进行比较，当稳压电源的输出电压与有源二端网络的开路电压相等时，电压表的读数将为"0"；然后，将电路断开，测量此时稳压电源的输出电压，即为被测有源二端网络的开路电压。

8.6.2　戴维南定律验证

1. 实验目的

（1）验证戴维南定理的正确性。

（2）掌握测量有源二端网络等效参数的一般方法。

（3）验证诺顿定理的正确性。

2. 实验设备

序号	设备名称	型号与规格	数量	备注
1	戴维南定理实验电路板			DGJ-03
2	可调直流稳压电源	0～30V	1	
3	可调直流恒流源	0～500mA	1	
4	直流数字毫安表	0～200mA	1	
5	直流数字电压表	0～200V	1	注意挡位的选择
6	万用表		1	
7	可调电阻箱	0～99999.9Ω	1	DGJ-05
8	电位器	1kΩ/2W		DGJ-05

3. 实验内容

被测有源二端网络如图 8-19（a）所示。

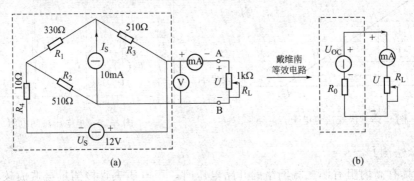

图 8-19　戴维南定律实验电路

（1）用开路电压、短路电流法测定戴维南等效电路的 U_{OC}、R_0 和诺顿等效电路的 I_{SC}、R_0。按图 8-19（a）所示接入稳压电源 $U_S=12V$ 和恒流源 $I_S=10mA$，不接入 R_L，测出 U_{OC} 和 I_{SC}，计算出 R_0（测 U_{OC} 时，不接毫安表），并记录在表 8-16 中。

表 8-16　开路电压、短路电流测量值

被测量	U_{OC}/V	I_{SC}/mA	$R_0=\dfrac{U_{OC}}{I_{SC}}/\Omega$
数值			

（2）负载实验：按图 8-19（a）接入 R_L。改变 R_L 阻值，测量有源二端网络的电压和电流值，并记录在表 8-17 中。

表 8-17　有源二端网络的外特性测量值

U/V							
I/mA							

（3）验证戴维南定理：从电阻箱上取得按步骤（1）所得的等效电阻 R_0 的值，然后令其与直流稳压电源相串联，如图 8-19（b）所示，调到步骤（1）时测得开路电压 U_{OC} 的值；

仿照步骤（2）测其外特性，并记录在表 8-18 中。

表 8-18　戴维南定理验证电路的外特性测量值

U/V								
I/mA								

（4）验证诺顿定理：从电阻箱上取得按步骤（1）所得的等效电阻 R_0 之值，然后令其与直流恒流源相并联，如图 8-20 所示，调到步骤（1）时所测得短路电流 I_{SC} 的值；仿照步骤（2）测其外特性，并记录在表 8-19 中，对诺顿定理进行验证。

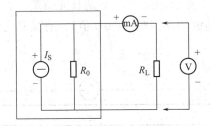

图 8-20　诺顿定律实验电路

表 8-19　诺顿定理验证电路的外特性测量值

U/V								
I/mA								

4. 注意事项

（1）测量时，应注意更换电流表量程。

（2）用万表直接测 R_0 时，网络内的独立源必须先置零，以免损坏万用表。其次，欧姆挡必须经调零后再进行测量。

（3）用零示法测量 U_{OC} 时，应先将稳压电源的输出调至接近于 U_{OC}，再测量。

（4）改接线路时，要关掉电源。

8.7 正弦稳态交流电路相量的研究

——感性电路（日光灯电路）功率因数的提高

8.7.1　实验原理

（1）在单相正弦交流电路中，用交流电流表测得各支路的电流值，用交流电压表测得回路各元件两端的电压值，它们之间的关系满足相量形式的基尔霍夫定律，即 $\sum I=0$ 和 $\sum U=0$。

（2）图 8-21 所示的 RC 串联电路中，在正弦稳态信号 U 的激励下，U_R 与 U_C 保持有 $90°$ 的相位差，即当 R 阻值改变时，U_R 的相量轨迹是一个半圆。U、U_C 与 U_R 三者形成一个直角形的电压三角形，如图 8-22 所示。R 值改变时，可改变 φ 角的大小，达到移相的目的。

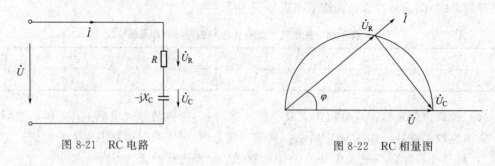

图 8-21 RC 电路 　　　　　　　　　图 8-22 RC 相量图

（3）日光灯线路如图 8-23 所示。图中，A 是日光灯管，L 是镇流器，S 是启辉器，C 是补偿电容器，用于改善电路的功率因数（cosφ 值）。有关日光灯的工作原理，请参阅有关资料。

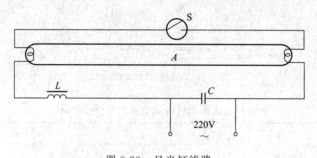

图 8-23 日光灯线路

8.7.2 日光灯电路功率因数的提高

1. 实验目的

（1）研究正弦稳态交流电路中电压、电流相量之间的关系。

（2）掌握日光灯线路的接线。

（3）理解改善电路功率因数的意义，并掌握其方法。

2. 实验设备

序号	名称	型号与规格	数量	备注
1	交流电压表	0～500V	1	
2	交流电流表	0～5A	1	
3	功率表		1	DGJ-07
4	自耦调压器		1	
5	镇流器、启辉器	与 40W 灯管配用	各 1	DGJ-04
6	日光灯灯管	40W	1	屏内
7	电容器	1μF，2.2μF，4.7μF/500V	各 1	DGJ-04
8	白炽灯及灯座	220V，15W	1～3	DGJ-04
9	电流插座		3	DGJ-04

3. 实验内容

（1）按图 8-24 所示接线。R 为 220V、15W 的白炽灯泡，电容器规格为 $4.7\mu F/450V$。经指导教师检查后，接通实验台电源，然后将自耦调压器输出（即 U）调至 220V。记录 U、U_R、U_C 值于表 8-20 中，验证电压三角形关系。

表 8-20　RC 电路测量值

测　量　值			计　算　值		
U/V	U_R/V	U_C/V	$U'=\sqrt{U_R^2+U_C^2}$	$\Delta U=U'-U(V)$	$\dfrac{\Delta U}{U}/\%$

（2）日光灯线路接线与测量。按图 8-24 接线，经指导教师检查后，接通实验台电源。调节自耦调压器的输出，使其输出电压缓慢增大，直到日光灯刚启辉点亮为止，记下三表的指示值。然后，将电压调至 220V，测量功率 P、电流 I 以及电压 U、U_L、U_A 等值并记录在表 8-21 中，验证电压、电流的相量关系。

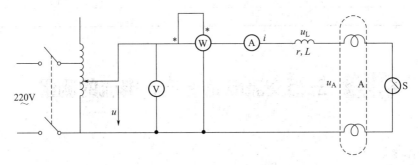

图 8-24　日光灯实验电路图

表 8-21　日光灯电路测量值

测量项目	测　量　数　值						计算值	
	P/W	$\cos\varphi$	I/A	U/V	U_L/V	U_A/V	r/Ω	$\cos\varphi$
启辉值								
正常工作值								

（3）并联电路——电路功率因数的改善。按图 8-25 组成实验线路，经指导老师检查后，接通实验台电源。将自耦调压器的输出调至 220V，记录功率表、电压表读数。通过一只电流表和三个电流插座分别测得三条支路的电流。改变电容值，重复三次测量，将数据记入表 8-22。

4. 注意事项

（1）本实验用交流市电 220V，务必注意用电和人身安全。

（2）功率表要正确接入电路。

（3）线路连接正确。日光灯不能启辉时，应检查启辉器及其接触是否良好。

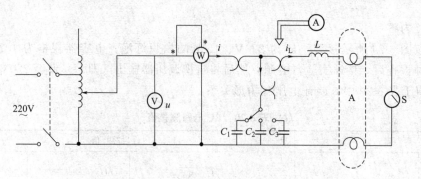

图 8-25　日光灯电路功率因数的改善实验电路图

表 8-22　日光灯电路功率因数改善测量值

电容值 /μF	测　量　数　值					计　算　值	
	P/W	$\cos\varphi$	U/V	I/A	I_L/A	I_C/A	I'/A	$\cos\varphi$
0							
1							
2.2							
4.7							

8.8　三相交流电路电压、电流的测量

8.8.1　原理说明

（1）三相负载可接成星形（又称 Y 连接）或三角形（又称△连接）。当三相对称负载作 Y 连接时，线电压 U_L 是相电压 U_P 的 $\sqrt{3}$ 倍。线电流 I_L 等于相电流 I_P，即

$$U_L = \sqrt{3}U_P, \quad I_L = I_P$$

在这种情况下，流过中线的电流 $I_0 = 0$，所以可以省去中线。

当对称三相负载作△连接时，有 $I_L = \sqrt{3}I_P$，$U_L = U_P$。

（2）不对称三相负载作 Y 连接时，必须采用三相四线制接法，即 Y_0 接法，而且中线必须牢固连接，以保证三相不对称负载的每相电压维持对称不变。

倘若中线断开，会导致三相负载电压不对称，致使负载轻的那一相的相电压过高，使负载遭受损坏；负载重的一相的相电压过低，使负载不能正常工作。尤其是对于三相照明负载，无条件地一律采用 Y_0 接法。

（3）当不对称负载作△接时，$I_L \neq \sqrt{3}I_P$，但只要电源的线电压 U_L 对称，加在三相负载上的电压仍是对称的，对各相负载工作没有影响。

8.8.2　电压、电流测量

1. 实验目的

（1）掌握三相负载作 Y 连接、△连接的方法，验证采取这两种接法时线、相电压及线、

相电流之间的关系。

（2）充分理解三相四线供电系统中中线的作用。

2. 实验设备

序号	名　称	型号与规格	数量	备注
1	交流电压表	0～500V	1	
2	交流电流表	0～5A	1	
3	万用表		1	自备
4	三相自耦调压器		1	
5	三相灯组负载	220V，15W 白炽灯	9	DGJ-04
6	电门插座		3	DGJ-04

3. 实验内容

1）三相负载星形连接（三相四线制供电）

按图 8-26 所示线路组接实验电路，即三相灯组负载经三相自耦调压器接通三相对称电源。将三相调压器的旋柄置于输出为 0V 的位置（即逆时针旋到底）。经指导教师检查合格后，开启实验台电源，然后调节调压器的输出，使输出的三相线电压为 220V，并按下述内容完成各项实验，分别测量三相负载的线电压、相电压、线电流、相电流、中线电流以及电源与负载中点间的电压。将测得的数据记入表 8-23，并观察各相灯组亮暗的变化程度，特别注意观察中线的作用。

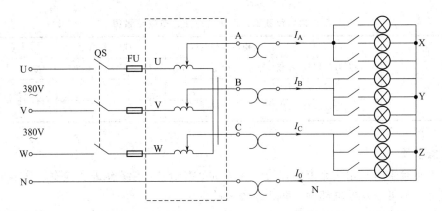

图 8-26　负载 Y 接法电压、电流测量图

表 8-23　负载 Y 接法电压、电流测量值

测量数据 负载情况	开灯盏数			线电流/A			线电压/V			相电压/V			中线电流 I_0 /A	中点电压 U_{N0} /V
	A相	B相	C相	I_A	I_B	I_C	U_{AB}	U_{BC}	U_{CA}	U_{A0}	U_{B0}	U_{C0}		
Y_0 接平衡负载	3	3	3											
Y 接平衡负载	3	3	3											
Y_0 接不平衡负载	1	2	3											
Y 接不平衡负载	1	2	3											

续表

测量数据 负载情况	开灯盏数			线电流/A			线电压/V			相电压/V			中线电流 I_0 /A	中点电压 U_{N0} /V
	A相	B相	C相	I_A	I_B	I_C	U_{AB}	U_{BC}	U_{CA}	U_{A0}	U_{B0}	U_{C0}		
Y_0 接 B 相断开	1		3											
Y 接 B 相断开	1		3											
Y 接 B 相短路	1		3											

2）负载三角形连接（三相三线制供电）

按图 8-27 所示改接线路，经指导教师检查合格后接通三相电源，并调节调压器，使其输出线电压为 220V，并按表 8-24 所示内容进行测试。

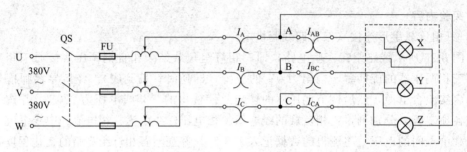

图 8-27　负载三角形接法电压、电流测量图

表 8-24　负载三角形接法电压、电流测量值

测量数据 负载情况	开灯盏数			线电压＝相电压/V			线电流/A			相电流/A		
	A-B相	B-C相	C-A相	U_{AB}	U_{BC}	U_{CA}	I_A	I_B	I_C	I_{AB}	I_{BC}	I_{CA}
三相平衡	3	3	3									
三相不平衡	1	2	3									

4. 注意事项

（1）本实验采用三相交流市电，线电压为 380V，应穿绝缘鞋进实验室。实验时，要注意人身安全，不可触及导电部件，防止意外事故发生。

（2）每次接线完毕，同组同学应自查一遍，然后经指导教师检查后，方可接通电源，必须严格遵守"先断电、再接线、后通电；先断电、后拆线"的实验操作原则。

（3）星形负载做短路实验时，必须首先断开中线，以免发生短路事故。

（4）为避免烧坏灯泡，DGJ-04 实验挂箱内设有过压保护装置。当任一相电压高于 245～250V 时，声光报警并跳闸。因此，在做 Y 连接不平衡负载或缺相实验时，所加线电压应以最高相电压低于 240V 为宜。

◉ 参考文献

［1］ 佟亮.电路分析基础［M］.北京：清华大学出版社，2010.

［2］ 周茜.电路分析基础［M］.北京：电子工业出版社，2010.

［3］ 邱关源.电路［M］.第 5 版.北京：高等教育出版社，2016.

［4］ 于歆杰，朱桂萍.电路原理［M］.北京：清华大学出版社，2015.

［5］ 姚年春，侯玉杰.电路基础［M］.北京：人民邮电出版社，2010.

［6］ 刘耀年.电路［M］.第 2 版.北京：中国电力出版社，2013.

［7］ 陈佳新，陈炳煌.电路基础［M］.北京：机械工业出版社，2015.

［8］ 刘健.电路分析［M］.第 3 版.北京：电子工业出版社，2016.

［9］ 董维杰，白凤仙.电路分析［M］.第 2 版.北京：科学出版社有限责任公司，2017.

［10］ 高继森，王芬琴.电路分析基础［M］.北京：清华大学出版社，2014.

［11］ 范承志.电路原理［M］.第 4 版.北京：机械工业出版社，2014.

［12］ 李玉玲.电路原理学习指导与习题解析［M］.第 2 版.北京：机械工业出版社，2010.

［13］ 冯澜.电路基础［M］.第 5 版.北京：机械工业出版社，2015.

［14］ 黄学良.电路基础［M］.北京：机械工业出版社，2009.

［15］ 唐朝仁.电路基础［M］.北京：清华大学出版社，2015.